2020年　2020（总第24册）

主办单位：中国建筑出版传媒有限公司（中国建筑工业出版社）
　　　　　教育部高等学校建筑学专业教学指导分委员会
　　　　　全国高等学校建筑学专业教育评估委员会
　　　　　中国建筑学会
协办单位：清华大学建筑学院　　　　　同济大学建筑与城规学院
　　　　　东南大学建筑学院　　　　　天津大学建筑学院
　　　　　重庆大学建筑城规学院　　　哈尔滨工业大学建筑学院
　　　　　西安建筑科技大学建筑学院　华南理工大学建筑学院

顾　　　问：（以姓氏笔画为序）
　　　　　齐　康　关肇邺　吴良镛　何镜堂　张祖刚　张锦秋　郑时龄
　　　　　钟训正　彭一刚　鲍家声

主　　编：仲德崑
执行主编：李　东
主编助理：鲍　莉

编 辑 部
主　　任：陈夕涛
编　　辑：徐昌强
特邀编辑：（以姓氏笔画为序）
　　　　　王　蔚　王方戟　邓智勇　史永　　　庄　冯　路　李旭佳
　　　　　张　斌　顾红男　郭红雨　黄　瓴　黄　勇　萧红颜　谭刚毅
　　　　　魏泽松　魏皓严
责任校对：张　颖
装帧设计：编辑部
平面设计：边　琨
营销编辑：柳　涛
版式制作：北京雅盈中佳图文设计公司制版

编委会主任：仲德崑　朱文一　赵　琦
编委会委员：（以姓氏笔画为序）
　　　　　丁沃沃　马树新　马清运　王　竹　王建国　王洪礼　毛　刚
　　　　　孔宇航　吕　舟　吕品晶　朱　玲　朱小地　朱文一　仲德崑
　　　　　庄惟敏　刘　甦　刘塨　刘加平　刘克成　关瑞明　孙　澄
　　　　　孙一民　杜春兰　李　早　李子萍　李兴钢　李岳岩　李保峰
　　　　　李振宇　李晓峰　时　匡　吴长福　吴庆洲　吴志强　吴英凡
　　　　　沈　迪　沈中伟　张　利　张　彤　张　颀　张玉坤　张成龙
　　　　　张兴国　张伶伶　张珊珊　陈　薇　陈伯超　邵韦平　范　悦
　　　　　周若祁　单　军　孟建民　赵　辰　赵万民　赵红红　饶小军
　　　　　桂学文　夏铸九　顾大庆　徐　雷　徐行川　徐洪澎　凌世德
　　　　　唐玉恩　黄　耘　黄　薇　梅洪元　曹亮功　龚　恺　常　青
　　　　　常志刚　崔　愷　梁　雪　梁应添　韩冬青　覃　力　曾　坚
　　　　　魏宏扬　魏春雨
海外编委：张永和　赖德霖（美）黄绯斐（德）王才强（新）何晓昕（英）

编　　辑：《中国建筑教育》编辑部
地　　址：北京海淀区三里河路9号　中国建筑出版传媒有限公司　邮编：100037
电　　话：010-58337110（7432　7092）
投稿邮箱：2822667140@qq.com
出　　版：中国建筑工业出版社
发　　行：中国建筑工业出版社
法律顾问：唐　玮

CHINA ARCHITECTURAL EDUCATION
Consultants:
Qi Kang　Guan Zhaoye　Wu Liangyong　He Jingtang　Zhang Zugang
Zhang Jinqiu　Zheng Shiling　Zhong Xunzheng　Peng Yigang　Bao Jiasheng
President
Editor-in-Chief:
Zhong Dekun
Deputy Editor-in-Chief:　**Editoral Staff:**
Li Dong　　　　　　　　　Xu Changqiang
Director:　　　　　　　**Sponsor:**
Zhong Dekun　Zhu Wenyi　Zhao Qi　China Architecture & Building Press

图书在版编目（CIP）数据
中国建筑教育. 2020：总第24册 /《中国建筑教育》
编辑部编. —北京：中国建筑工业出版社，2021.5
　ISBN 978-7-112-26188-8
Ⅰ.①中… Ⅱ.①中… Ⅲ.①建筑学-教育研究-中
国　Ⅳ.①TU-4
中国版本图书馆CIP数据核字(2021)第101905号

开本：880毫米×1230毫米　1/16　印张：11　字数：365千字
2021年3月第一版　2021年3月第一次印刷
定价：**48.00元**
ISBN 978-7-112-26188-8
　　（37236）

中国建筑工业出版社出版、发行（北京海淀三里河路9号）
各地新华书店、建筑书店经销
北京中科印刷有限公司印刷

CHINA ARCHITEC- TURAL EDUCATION

目 录

测绘与设计教学

5　欧洲历史建筑测绘评估修复课程体系研究——以加泰罗尼亚理工大学与米兰理工大学为例
　　／谭立峰　周佳音　张玉坤
12　低空摄影测量测绘成果辅助方案设计研究——以张家口沽源县支锅石村冰雪旅游设计为例
　　／闫宇　李哲　张玉坤　陈涛

建筑设计研究与教学

18　行动的物质呈现："木"营造毕业创作教学实录／傅祎　韩涛　韩文强
24　基于"空间叙事"方法的《建筑设计与构造 2》教学实践探索／金珊　徐带领　王鹏　杨怡楠　彭小松
31　以架构思维培养为目的大跨建筑设计教学改革／白梅　潘嘉杰　连海涛　张金江
36　思维的锤炼：从"概念"到"空间"——武汉大学—邓迪大学建筑学"中英班"二年级建筑设计教学
　　研究及实践／胡晓青　张点　毕光建
42　"模块化"理念下三年级建筑设计教学探索／陈林　贾颖颖　王茹

城市设计教学研究

47　公开评图中自然语言的语义分析——以"城市综合体设计"为例／周晓红　孙光临　陈宏
52　基于多种主体参与的建筑策划理论介入城市设计课程方法研究／涂慧君　李宛蓉　周聪　汤佩佩
59　论城市设计课程"循证"教学体系及支撑平台建设／戴锏　刘凡琪　董慰
65　"模块化"的本科城市设计教学研究／王颖　程海帆　郑溪
72　设计基础的"研究导向型"教学——以"城市公共空间调研与解析"教学组织为例／贺永　张迪新　张雪伟

教学札记

79　科研资源转化课堂内容的研究生教学改革与实践／苏媛　于辉　祝培生
86　由归属感出发的中国乡村更新模式探讨／罗瑾　金方
93　建筑学专业学位硕士研究生培养方法的教学研究——以华南理工大学建筑学院为例／傅娟　李彬彬
98　《中外建筑史》课程优化研究／罗薇
103　云南大学与法国 ENSAPVS 建筑精英学院联合毕业设计教学方法研究／汪洁泉　张军　徐坚　刘翠林

影像与教学

109　影像论史：都市空间的视觉证据／王为
119　设计作为研究的实验性考古——象棚：包豪斯人物空间剧场／胡臻杭

青年论坛

131　"之间"：中西方建筑边界综述及表层空间认知／孔宇航　宋睿琦　胡一可
139　"失"·"适"·"拾"——现代主义影响下中国建筑不同历史发展阶段的响应与进步
　　／蒋博雅　黄宝麟　胡振宇　于沛
149　现代主义建筑复杂性与城中村自生长活态研究——从韧性理论到参数化实践／练茹彬　胡映东
156　"无人之境"——万物互联时代的无人空间／于邈坤　徐跃家
163　"万物皆建筑"？——万物互联时代的建筑学与建筑批评的新观法／孙志健　韩晓峰

专栏

169　解读由"卢绳日记"引发出的几件史料——1950 年代卢绳先生与颐和园测绘及建筑史教学／梁雪

Surveying and Mapping and Design Teaching

5 Research on the System of Surveying and Mapping Courses and Historic Buildings Rehabilitation in Europe——take Polytechnic university of Catalonia and Polytechnic University of Milan as examples

12 Research of Low Altitude Photogrammetry Data as a Support for Planning and Architecture Design——Design Project of Ice and Snow Tourism in Zhiguoshi Village, Zhangjiakou

Research and Teaching of Architectural Design

18 Material Presentation of Action: Teaching Record of Graduation Creation by "Wood Construction"

24 Teaching Practice of "Architectural Design Studio 2" Guided by the Spatial Narrative Method

31 Teaching Reform of Large-Span Architectural Design for the Purpose of Cultivating Structural Thinking

36 The Cultivation of Thinking: From "Concept" to "Space"——Research and Practice of Year Two Architectural Design Studio, WHU-UoD Joint Program

42 Exploration of Architectural Design Teaching in the Third Grade Under the Concept of "Modularization"

Teaching Research of Urban Design

47 The Semantic Analysis of Natural Language in Public Comment——Taking the "Urban Complex Architecture Design" as an Example

52 Architectural Programming Based on Multi-Subject Participation in the Teaching of Urban Design

59 The Construction of "Evidence-Based" Teaching System and Supporting Platform of Urban Design Course

65 "Modularization" Teaching Research of Undergraduate Urban Design

72 Research-led Teaching of the Architectural Fundamental——The Case of the "Urban Public Space Surveying and Analyzing"

Teaching Notes

79 The Reform and Practice of Postgraduate Teaching in Transforming Scientific Research Resources into Classroom Contents

86 Research on Renewal Mode of Chinese Rural Area Based on the Sense of Belonging

93 Study on the Cultivation Method of Professional Master Degree in Architecture——Taking the Institute of Architecture of South China University of Technology as an Example

98 Course Optimizing Research of World Architecture History

103 From Teaching Reform Graduation Design of Architecture to Exploring the Teaching Method for Architect Elite Who Has National Sentiment and International Vision

Image and Teaching

109 Eyewitness: Visualizing the Argument for Urban Space

119 Experimental Archeology of Design as Research——Xiang Peng: Bauhaus Figural Space Cabinet

Youth Forum

131 "Inbetween": A Systematic Review of Chinese and Western Architectural Boundary and Cognition of Surface Space

139 Loss · Adaptation · Collection——Response and Development of Western Modernism for Buildings in Different Historical Stages of China

149 The Complexity in Modern Architecture and Self-growing Vitality of Villages-in-the-city — from Urban Resilience Theory to Parametric Design Practice

156 "No Man's Land"——Unmanned Space in the Era of Internet of Everything

163 Architecture is Everything?——New Perspectives of Architecture and Criticism in the Time of Internet of Things

Special Column

169 Interpretation of Several Historical Materials Triggered by Lu Sheng's Diary——Lu Sheng, Surveying and Mapping of the Summer Palace and the Teaching of Architectural History in the 1950s

欧洲历史建筑测绘评估修复课程体系研究

——以加泰罗尼亚理工大学与米兰理工大学为例

谭立峰　周佳音　张玉坤

Research on the System of Surveying and Mapping Courses and Historic Buildings Rehabilitation in Europe——take Polytechnic university of Catalonia and Polytechnic University of Milan as examples

■ 摘要：欧洲建筑遗产保护和价值评估体系相对成熟，在建筑院校有关测绘、遗产保护类课程中有鲜明体现。意大利与西班牙建筑修复与近代建筑改建项目众多，教学与实践紧密相连，形成历史研究、实地测绘与修复改建三者交替进行、同步推进的教育方式。依托实际项目，按测绘诊断到修复改建的流程同步教学，并渗透大量系统量化的遗产价值评估思维方式。本研究以实际课程为例，总结他们课程设计理念与教学方法，为国内同类课程的设计与发展提供参考。

■ 关键词：建筑测绘　历史建筑修复　欧洲建筑教育　建筑遗产保护

Abstract：Europe architectural heritage protection and value assessment system is mature，reflected in the courses of surveying and mapping and heritage protection. There are many restoration projects in Italy and Spain. Teaching and practice are closely linked，forming an educational mode in which historical research，surveying and mapping，restoration are carried out alternately together. Relying on true projects，teaching is according to the process from surveying and mapping diagnosis to restoration with systematic and quantitative thinking ways. This study takes these as an example to summarize their concepts and teaching methods，so as to provide references for the similar courses in China.

Keywords：architecture surveying and mapping，restoration of historic buildings，europe architecture education，protection of architectural heritage

基金项目：国家自然科学基金面上项目51678391；教育部哲学社会科学研究重大课题攻关项目19JZD056

一、引言

　　中国与欧洲遗产保护理念不同，中国古建筑以木结构为主，需要通过及时的修缮维护来保护或复原风貌，欧洲古建筑以石材为主要原料，通常采取维护遗址现有风貌，要求新修部分与原物保持明显分界。在实际项目中,国内主要为古建复原项目和建设仿古项目,欧洲石材建筑使用寿命长,以近代建筑修复改建项目为主。依托于理念与实际需求的不同,建筑教学中建筑测绘课程安排也有很大差异。

根据 2018 年版全国高等学校建筑学专业教育评估文件,对于建筑学生源的培养,要求学生熟悉历史文化遗产保护和既存建筑利用的重要性与基本原则,能够进行调查、测绘以及初步的保护或改造设计[1]。目前国内建筑教学中建筑测绘课程安排,大多是在集中时段对某时期保存较好的古代建筑或近代建筑进行测绘和测绘图绘制,部分建筑设计课程也常以近代建筑改造为课题。前者重视对历史与细部构造的直观认识和测绘图制图方法,后者关注改建设计的手段。但建筑学毕业生参与实际工作时,不仅需要完成对建筑遗产的记录与存档,也需要通过对测绘图和建筑病害的分析,定量比较,提出和选择可实施的最优方案。然而国内现有课程的测绘和制图教学,侧重于对建筑历史和古建构造的认知,缺少对分析问题与修复设计的训练。另一方面,对于历史建筑有多种遗产价值,必须慎重对待。学术界一直在不断建立与完善可量化的遗产评价体系,来实现以遗产价值作为明确的指标指导历史建筑修复或改建设计。这种遗产量化的评价方式也应逐步向建筑教育渗透[2],在学生时代就培养从业者重视遗产保护、尊重历史建筑的思维意识。

欧洲自 19 世纪初,以 AA 建筑联盟为代表的现代建筑教育院校,就以传统建筑材料、历史建筑结构、建筑物老化和修缮、历史建筑调查和评估、复兴改造和保护、现代城市环境设计与历史建筑之间的关系为核心,开展此类课程的教学[3]。整个 19 世纪,欧洲历史建筑修复领域的研究者经历了法国"风格性修复"、英国"反修复"、意大利"文献性修复"与"历史性修复"等理念的争论[4]。直至 20 世纪初意大利颁布遗产法,并建立欧洲第一个全面负责历史建筑遗产保护的行政分支[5],依托众多实际项目,一直发展至 20 世纪末,逐步完善了遗产政策和保护方法,得到了国际广泛认可。这些理论的实践经验也在建筑史、建筑测绘、遗产保护等课程的教学中得以体现。

加泰罗尼亚理工大学和米兰理工大学均为西班牙和意大利建筑学的领军院校,近代建筑测绘评估修复课程开设历史悠久,并在课程设计上有很多相同点。加泰罗尼亚理工建筑工程学院面向修读建筑技术与工程建设(Architectural Technology and Building Construction)四年制学士学位的三年级本科生开设三门必修课程:历史研究与建筑修复的制图表现(Historical study and Graphic Representation for Rehabilitation)、修复诊断(Diagnosis for Rehabilitation)、修复改建策划(Rehabilitation Projects),各 3 学分,共 144 学时[6]。三门课程由三位老师交替授课,统一管理。米兰理工建筑规划与工程学院面向修读建筑环境室内设计(Built Environment Interiors)两年制硕士学位研究生开设名为建筑保护工作坊(Architectural Preservation Studio)的必修课程,下设预测绘调查与表达(Advanced Survey and Representation)(4 学分课程)与建筑保护(Preservation)(6 学分课程)[7],共 160 学时。两门课程由两位老师交替授课,统一考核。两所院校均选取 20 世纪 80 年代末的实际修复改建建筑为研究对象,组织学生进行数次现场测绘,参观基地周边,收集历史资料,分析建筑病害,实地考察案例,评估建筑价值,最后提出修复改建方案。课堂以三人小组为单位进行讨论与汇报,以小组答辩和提交文本图册的形式进行考核。其授课内容的突出优点在于以下三个方面。

二、一分为三 共同推进

两所院校的实际授课内容都可以分成三个方面:测绘与历史研究、诊断、修复改建设计。以加泰罗尼亚理工课程设计中每周的具体内容为例(表 1):

加泰罗尼亚理工测绘与历史、诊断、修复改建课程安排　　　　　　　　　　　　　　　表 1

周数	授课地点	科目	授课内容
1	课堂	测绘与历史	介绍课程基本情况,测绘对象基本概况、注意事项
2	基地	测绘与历史	参观基地周边建筑,实地讲解周边历史发展,与周边居民进行访谈。第一次实地测绘,现场绘制测绘图,课后汇总各组手稿绘制 CAD 平立剖总图
3	课堂	测绘与历史	讲授基地历史资料的搜集方法,介绍本项目历史沿革。汇总 CAD 图纸,讨论数据不明确之处。课后查找并梳理本项目的背景资料
		修复改建	讲授修复改建的定义与价值,旧建筑的各类、各部分现有价值的评价标准
4	基地	测绘与历史	第二次实地测绘,补测第一次出现误差之处,重点测量结构部分完善剖面 CAD 绘制
5	课堂	测绘与历史	梳理各组收集基地历史资料,讨论 CAD 图纸中结构部分绘制存在的问题
		修复改建	课堂讨论世界著名的改造项目,常见的改建方法
6	课堂	修复改建	各组简略汇报本项目的改建方案和基本想法,课堂集体讨论
		诊断	讲解建筑病害诊断的基本方法、病害种类、建筑诊断维护的重要性
7	项目参观	测绘与历史	实地参观周边数个古建筑遗址和近代保护项目,讲解这些项目的历史和改造保护意图与方式
8	课堂		第一次集体汇报(包含项目历史沿革,测绘图纸,对病害的初步诊断,改建方案),分组答辩,汇总各组材料

周数	授课地点	科目	授课内容
9	课堂		由老师逐组提出上周集体汇报存在问题，各组互相指正
		诊断	分类讲解各类建筑病害的成因、影响因素、和维护方法
10	基地	诊断	第三次实地测绘，重点观察建筑结构裂缝等各种病害问题，绘制细部CAD
11	课堂	诊断	讨论测绘CAD图纸结构与裂缝等细部绘制的正确性
		修复改建	讲授建筑改建项目的完整流程，安排课后学习具体改建手法讲解资料
12	课堂	修复改建	讨论针对本项目建筑各部分的价值，各种具体改建手法与它们的可行性
	项目参观	修复改建	实地参观数个近代历史建筑改造项目
13	课堂		第二次集体汇报（建筑历史沿革、包含结构裂缝等细部的测绘图纸、改建修复方案与实施方法），分组答辩，老师提出修改意见
14	基地		在测绘建筑内面向本改建项目业主分组汇报，上交最终方案文本

历史研究与测绘课程中，（1）历史研究部分：通过文献查找和阅读来培养学生理解建筑历史，与建筑周边考察互为反馈，自主总结与本项目修复改建相关的历史沿革；（2）测绘部分：三次实地测绘针对点不同，重点明确，使学生对建筑病害的理解逐渐加深。与国内绘制完好的建筑复原图的制图标准不同，加泰罗尼亚理工的课程中强调记录真实细节，碎片、裂缝、倾斜、受潮、斑块等问题，要求图纸汇总全部实际现状，作为保护修复的一手材料。并不强调"修复测绘""文物保护测绘"或"绘制复原图"，只强调全面表达建筑的历史和现状信息，最终根据不同的设计目的差异化的表达[8]；（3）实际项目参观部分：在课程后半段学生已有一定认知和设计想法的基础上，将已建成或正在进行的改造修复案例考察与课堂教学相穿插，最直观地为学生提供参考。这些项目以社会需求为导向，包含了经济政策等因素对建筑遗产保护的影响，从而补充课堂上的理论教学（图1）。

诊断课程中，首先讲解建筑病害的分类、产生原因、各类病害的基本处理方法，训练学生看现状图片和测绘图、判断病害产生原因。其次以实际建筑病害为例，与测绘制图相结合，强调学生现场手绘并将所有信息以图解的形式表达，绘制建筑裂缝受力图示。其侧重点与国内不同，国内测绘课程大多选择木结构明清皇家建筑、宗教建筑作为测绘对象，让学生直观学习木结构建筑构件的链接方式，制图要求还原木构件的原有结构，表达完整好的建筑立面和复杂的装饰纹样。实地测绘作为中国古建历史学习的延伸，更倾向于对古代木结构建筑的认知学习，缺少对学生掌握分析病害、修复设计能力的训练（图2）。在加泰罗尼亚理工的现场教学中，除了讲解原有建筑结构的连接方式，教师会重点讲解裂缝等病害的产生和受力方式，要求学生按照"研究现有条件—几何调查—材料调查—综合分析缺失部分"的顺序完成自主分析，重点培

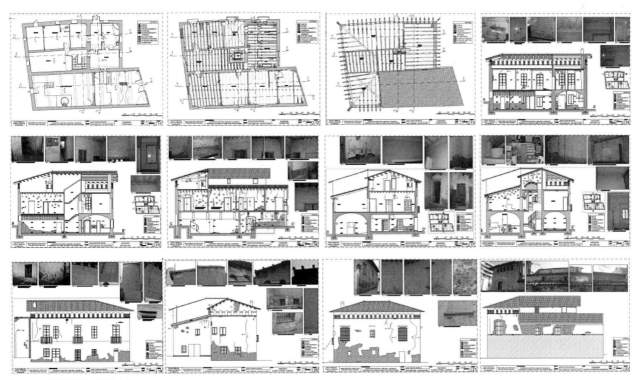

图1 加泰罗尼亚理工测绘文本

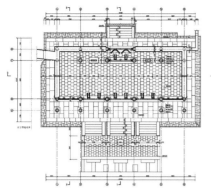
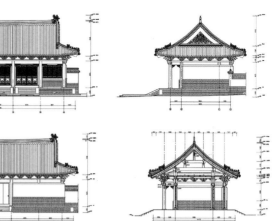

图2　国内建筑系学生测绘图示例

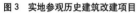

图3　实地参观历史建筑改建项目

图4　测绘建筑屋架结构

图5　最终集体面向业主汇报

养研究产生这种病害的不同原因和如何用可量化的依据判断出病害源头的能力。

　　修复改建课程中，学生课后阅读资料学习各类改建方法，课堂中重点讨论这些方法的实际可行性，即课下学习通识概念，课上结合实地参观学习应用的方法。教师引导学生以量化的手段先列举处理问题的全部方法，再集体讨论每种方法的优缺点，从实际项目出发分析具体问题，从而引申此类问题的通用解决办法。中期答辩和最终面向业主的汇报，要求数字化、媒体化的表达，对业主的现实问题作出反馈，使学生练习方案表述，体验实际项目的完整流程（图3~图5）。

　　三个方向交替授课，理论知识与实践认知互为反馈，直接研究与间接研究相互促进，使学生在实践中体会理论知识，又将所学体现在自己的设计中。在国内类似的课程，通常只包含三个方向中的一到两个，并独立授课，很少可以在一个大系统中连续培养学生掌握测绘、历史研究、病害分析、修复改建等多种能力。理论与实践相剥离或先理论后实践，两者没有时间线上的交叉，缺乏联动递进，难以衔接或相互重复，降低了学习效率。

三、用量化手段分类评估遗产价值

　　两所学校的授课中均全程贯彻了遗产思维与价值量化的方法。无论是建筑测绘、价值评估，还是改建修复，量化手段都使定性问题的实际操

作有据可依。所有的措施都应该在全面考虑历史、文化、经济、可操作性等多个方面后，最大限度保留原有建筑价值，并创造新的价值。面对一个待修复改建项目，首先要评估该建筑全部要素的各类遗产价值。遗产价值的分类方法众多，在1933年的《雅典宪章》中提出了建筑遗产的价值类型包括艺术价值、历史价值、科学价值。1998年国际古遗迹理事会的《巴拉宪章》中提出了美学价值、历史价值、科学价值、社会价值（政治、民族、文化等）的分类方法[9]。2017年修订版的《中华人民共和国文物保护法》中提出具有历史、艺术、科学价值的古建筑文物受国家保护[10]。但当建筑遗产，特别是近代历史建筑作为教学实例时，价值分类方法将直接指导建筑的测绘、诊断、修复改建设计，侧重点又会有所不同。以米兰理工的授课内容为例，又将建筑遗产价值分为三类[11]：

　　历史价值（Historical Value）。历史研究学家蔡靖泉曾这样解释历史价值：" 文化遗产是人类在社会历史实践活动中创造的财富遗存，因而其基本的特征就是历史性，其首要的价值也是反映历史。"[12] 建筑物本身是社会文化历史发展的一部分，不仅是建筑自身的建造历史，还包含这个地区的历史发展。历史价值越高的部分越需要减少改动，保留原有状态。

　　纪实价值（Documentary Value）。建筑作为一种文化遗产载体、史料载体、有纪念性价值，是

某近代建筑及院落各要素价值评估表格汇总　　　　　表 2

	纪实价值 Documental	有效价值 Significant	历史价值 Historical	价值总和 Value	可用度 Use	危害度 Damage	O	D
墙体 Wall	4	4	4	12	4	3	15	15
塔 Tower	4	1	4	9	2	2	11	11
立面 Facades	3	4	3	10	4	3	13	13
梁 Beam	5	4	3	12	5	3	15	15
地面 Pavement	4	2	2	8	3	4	12	12
环境 Location	4	5	5	14	5	0	14	19
围墙 Fence：砖 Brick	3	1	3	7	1	3	10	8
铁 Iron	2	1	2	5	1	5	10	6
屋顶 Roof：瓦 Tiles	3	3	3	9	2	4	13	11
结构 Structure	4	4	4	12	4	3	15	16
天花板 Ceiling	2	2	1	5	3	1	6	8

记录事实的一种依据，等同于实体文档，如某种建筑使用的痕迹、装饰，也包含建筑材料、建筑技艺等。

有效价值（Significant Value）。奥地利艺术史家李格尔曾提出"新物价值"的概念，体现在一件作品的完整性，在新物变成旧物的过程中，由于各类磨损消耗建筑的完整性逐步破坏[13]，即有效价值逐渐降低。

以 5 分制为每类价值进行打分，最后相加的总和就是建筑该部分的综合遗产价值，实现了价值的量化。总价值（VALUE）越高，越应优先保护，减少改动。其次根据实际情况，为建筑每一部分病害的危险程度（Damage）和可继续使用程度（Use）以 5 分制进行评分。当实际项目受时间经济等的制约，危害越大部分特别是使用时存在危险的部分越要优先设计，现状可利用程度越高的部分越适合保留继续使用。以最大限度保留价值、解除危害、经济实用为原则，汇总 Value、Damage、Use 值。以 O 表示设计的顺序，O=Value+Damage，即价值越高、危险程度越高的部分越应优先设计；以 D 表示设计应该维护现状的程度，D=Value+Use，即价值越高，可继续使用程度越高，越应保护建筑现状。最后优先考虑 O 值更大建筑部分的设计方法，针对某一具体项目，列举其所有的修复改建方法，将每一种方法与 D 值对比，兼顾经济性与可实施性选出最优的设计方法。至此通过全程量化，得到了可以明确指导设计方向的结论。

四、建设可实际应用的完整体系

在实际工作中，历史建筑的项目工作周期长，并非独立展开测绘或设计，而是一套相互穿插、动态反馈的体系。以上三部分课程，测绘与历史研究和病害诊断都是为修复改建设计提供基础知识和设计依据的。米兰理工和加泰罗尼亚理工的课程设计与实际的工作流程一致，强调

"Rehabilitation as a process"，重点培养学生掌握这套完整系统的能力。在考虑设计手法前，要完成许多准备工作：首先划分多个阶段并具体化各阶段目标；其次确定用于优化管理和实地工作的工具（如技术、行政和法律）；之后才能明确指导设计的标准。如图 6 所示，在加泰罗尼亚理工的课程中将设计流程划分成五个部分：方向、诊断、策略、行动、监测，按顺序进行的八个步骤：明确设计意图、预设计、全面分析、综合诊断、战略制定、计划制定、实施计划、跟踪评价。其中也包含反向调节，如全面分析结果对设计意图的反馈，跟踪评价的结果对战略制定和全面分析的影响。课程中覆盖了前三部分和六个步骤，每部分也具体讲解了更细致的框架体系，如图 7 所示。

如图 8 所示，在米兰理工的课程中，将改建修复项目划分成四个部分[17]：知识储备、反馈与设计、计划实施、全生命周期监测，和按顺序进行的七个步骤：预设计、多学科分析、系统诊断、反馈与决策、方案设计、修复改建计划的实施、持续维护。其中分析和诊断之间互为反馈，方案实施后的持续维护过程中，建筑中也可能触发更深层次的问题，则将进入下一设计周期；而每次预设计后也可能得出继续维持原有保护措施的结论。通过实际项目参观为学生讲解该系统每一步骤的具体做法与要求，并在课堂中归纳总结，应用到自己的设计，如表 3 所示。

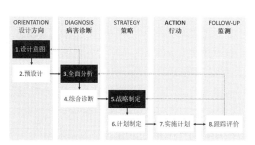

图 6　加泰罗尼亚理工流程框架图[14]

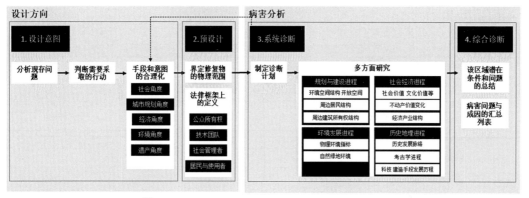

图7 加泰罗尼亚理工流程框架图[15]

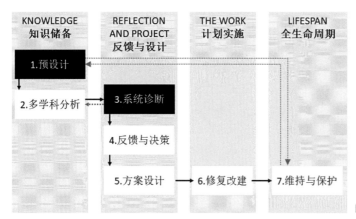

图8 米兰理工流程框架图[16]

流程各步骤具体做法与要求汇总   表3

预设计	多学科分析	系统诊断	反馈与决策	方案设计	修复改建	维持与保护
与业主交流；初步实地调研；明确实际需求；明确实际问题；预先合理定位；确定相关法律；撰写报告；	全面系统收集资料；阐述初步诊断假设；向专家咨询；	整合碎片化的信息；使用图示语言表现病害；论证前期假设；撰写报告；	明确哪些是需要设计；明确哪些是可以设计；明确标注；做出决策；	与前期决策相一致；	获得建筑许可；全程跟进和组织工作进行；工作对接；现场持续调整细节设计；	明确维护类型；阻止病害发展或修正病害部分；持续向公众宣传建筑价值；申请政府保护；

五、结语

在欧洲不仅西班牙和意大利的建筑院校，其他地区也有例可循。德国有建筑院校专门开设历史建筑修复专业，培养历史建筑建筑修复师，参与建筑保护修复的全过程和重点部分的实地施工。英国设立专门的注册保护建筑建筑师，由皇家建筑师教育委员会下属分会设置建筑保护训练会，在21所大学设立研究生课程，8所大学设立本科生课程，10所大学设立学位课程[18]。

现阶段国内历史建筑修复改建项目日益增多，许多建筑学毕业生，特别是历史方向研究生选择进入历史建筑设计单位。其所学的修复改建知识将直接应用于与建筑工匠的对接和实际项目设计，并与这些建筑遗产的保护息息相关。国内建筑教育体系培养学生这种能力，通常依托于历史建筑测绘、建筑遗产保护、历史建筑改建设计等课程的教学，测绘课为唯一的实践课，课程之间具有独立性。部分建筑学院也开设了专门培养此类人才的专业，如同济大学向本科生开设的历史建筑保护工程专业，从三年级至毕业课题，都以历史建筑保护设计作为课程设计，开设了保护现场实习、历史建筑实录、历史环境实录三门实践课程，以及材料病理学、历史建筑形制与工艺、建筑遗产保护法规与管理等针对性极强的理论课程。可以借鉴欧洲近代建筑测绘评估修复课程体系，完善国内现有的课程，使课程内容与实际项目紧密贴合，先建立提高学生宏观认知的水平，再同时提高多种能力，输送更多优秀的历史建筑保护修复工程师和设计师人才。

参考文献：

[1] 全国建筑学专业评估委员会本科教育专业评估文件 2.1（15）[EB/OL]. http：//www.mohurd.gov.cn/jsrc/zypg/201806/t20180622_236511.html，2019-3-13.

[2] 邹胜兰，黄丽坤，吴麒. 从二维到多维：关于中国建筑史课程教学体系的思考 [J]. 建筑与文化，2018（12）：41-42.

[3] 王旭. 从包豪斯到 AA 建筑联盟 [D]. 天津大学，2015.

[4] 约翰·H 斯塔布斯，艾米丽·G·马卡斯. 意大利：建筑保护的先行者（下）[N]. 中国建设报，2016-7-12（004）.

[5] Gregory Marinic. Bubble Up：Alternative Approaches to Research in the Historical Architecture Studio[J]. Archnet-IJAR：International Journal of Architectural Research，2010，4（2/3）：61.

[6] Course of Politecnico di Milano [EB/OL]. https：//www4.ceda.polimi.it/manifesti/manifesti/controller/ManifestoPublic.do?EVN_DETTAGLIO_RIGA_MANIFESTO=evento&k_corso_la=1195&k_indir=BEI&idItemOfferta=138947&idRiga=232669&codDescr=051566&semestre=1&aa=2018&lang=EN&jaf_currentWFID=main，2019-3-28.

[7] Course of Politècnica de Catalunya[EB/OL]. https：//www.upc.edu/content/grau/guiadocent/pdf/ing/310151，2019-3-28.

[8] 里卡尔多·达拉·内格拉，田阳，李悦. 建筑修复课程：研究与设计 [J]. 建筑遗产，2017（4）：16-28.

[9] Casanovas X . RehabiMed Method. Traditional Mediterranean Architecture I. Town & Territory Rehabilitation[J]. 2007.

[10] 陈耀华，刘强. 中国自然文化遗产的价值体系及保护利用 [J]. 地理研究，2012（6）：1111-1112.

[11] John H. Stubbs. Time Honored：A Global View of Architectural Conservation[M]. America.Wiley，2009.

[12] 孙华. 遗产价值的若干问题——遗产价值的本质、属性、结构、类型和评价 [J]. 中国文化遗产，2019（1）：4-16.

[13] Monjo J. Patologia de cerramientos y acabados arquitectónicos [J]. Madrid：Ed. Munilla-lería，2010.

[14][15][16] Casanovas X，Cusidó，Oriol，Graus R . RehabiMed Method：Traditional Mediterranean Architecture[J].2008.

[17] Michael J. Crosbie. Mission as a Pedagogical Roadmap：One Architecture Program's Use of "Mission" to Help Direct and Focus Learning[J]. Archnet-IJAR：International Journal of Architectural Research，2010，4（2/3）：32.

[18] 朱晓明. 英国历史建筑保护执业资格与教育体系 [J]. 华中建筑，2005（5）：189-191.

图表来源：

图 2 为天津大学建筑学院历史所提供，其余图表均为作者自制或自摄

作者：谭立峰，天津大学建筑学院副教授，建筑和文化遗产传承文化和旅游部重点实验室，博士，博士生导师；周佳音，天津大学建筑学院建筑系博士研究生，建筑和文化遗产传承文化和旅游部重点实验室；张玉坤（通讯作者），天津大学建筑学院教授，建筑和文化遗产传承文化和旅游部重点实验室主任，博士，博士生导师

低空摄影测量测绘成果辅助方案设计研究

——以张家口沽源县支锅石村冰雪旅游设计为例

闫宇　李哲　张玉坤　陈涛

Research of Low Altitude Photogrammetry Data as a Support for Planning and Architecture Design——Design Project of Ice and Snow Tourism in Zhiguoshi Village，Zhangjiakou

■ 摘要：测绘测量作为建设工程项目的最开端，为整个基地的开发过程提供基础的数据资料。低空摄影测量技术手段除了可以快速获取场地地形测绘数据外，还可以生成彩正射影像、三维模型、三维分析数据等更多种数字化成果作为方案策划及设计的支撑，尽可能地缩短外业和手工作业时间，达到测绘与设计的顺利衔接。以张家口沽源县支锅石村低空摄影测量测绘为例，获取地形资料的同时，探讨所得多种数字测绘成果的使用方式。同方案设计人员相互协调，相互配合，从"需求表达—作业沟通—问题反馈—反向验证"整个流程，寻找问题总结经验。这对于在实际工程中最大化地发挥现代测绘技术的效用，缩短项目周期，完善整个工作流程，达到测绘与设计无缝衔接又相互影响、相互渗透所具有的重要意义。

■ 关键词：数字化测绘成果　辅助设计　量化分析　相互配合　理念更新

Abstract：Surveying and mapping is the beginning of a construction project，which provides basic data for the development of the base. Low altitude photogrammetry technology can quickly obtain site topography data，and it can also produce digitized results as the support of project plan and design，such as color orthogonal projection，3 d model，3 d analysis data etc.. Besides that，it may shorten field and manual work time as much as possible，which can achieve smooth transition between the surveying and mapping as well as design. Taking the low-altitude photogrammetry surveying and mapping as an example in Zhiguoshi village，Guyuan county，Zhangjiakou，we aim to acquire topographic data and discuss the use of various digital surveying and mapping results. Cooperating with the program designers，we learn lessons from problems through the whole process of "requirement expression—operation communication—problem feedback—reverse verification". It is of vital significance to maximize the utility of modern

本文受国家自然科学基金项目(51478298)、国家自然科学基金(51478295)资助

surveying and mapping technology，shorten the project cycle and improve the whole working process，which makes surveying and mapping influence and connect with design.

Keywords：digital mapping data，design assistant，quantitative analysis，interworking，idea innovation

一、引言

随着技术手段的发展与进步，测量技术与建筑设计作为两个相对独立发展的学科并驾齐驱。然而因设计师在设计前期非常需要对于场地多角度的了解与分析，故两学科之间的相互渗透和相互了解十分必要。低空摄影测量手段及其点云数据成果可以在很大程度上对建筑设计前期及设计过程中提供很大的帮助，使得建筑师可以在设计的前期对于项目所在场地情况有广泛而丰富的了解，同时在项目设计的过程中不断地与场地信息交互融合，并且在设计完成之后能够得到场地的验证。要实现这一与场地协调贯穿始终的过程，就需要建筑设计师与前期测绘人员在沟通上实现 "需求表达—作业沟通—问题反馈—反向验证" 这一流程。这就需要建筑师了解现有的场地信息获取成果及分析技术手段，以更好地实现这一相互配合的过程来优化设计手段和设计结果（图 1）。

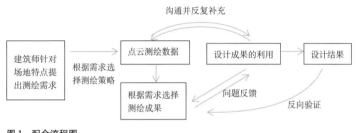

图 1　配合流程图

二、测绘成果汇总及需求解决

低空摄影测量测绘成果可以总结为四类（图 2），分别是点云数据（衍生出其他三类数据的基础）、三维等高线 CAD 数据、三角网模型以及可供进行量化分析的数据（DEM、TIN 等）。这一成果的汇总有助于设计人员了解现有的场地资料获取手段，明确如何有针对性地传递需求信息，并且将测绘成果更有效地利用于建筑设计或者方案构思过程中。

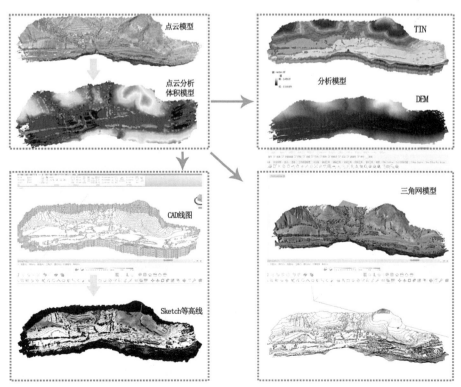

图 2　低空摄影测量测绘成果集成

低空摄影测量手段更适合用于场地尺度较大、地形复杂、前期资料稀缺地区的规划设计项目。而以上所总结的测绘成果类别可以分别发挥其特点，以用于解决建筑师的三项需求，分别是基础地形资料的收集以及场地现状多种图式表达、对于场地的直观空间感知，以及对场地的理性量化分析。

张家口沽源县支锅石村冰雪主题旅游规划设计因以下原因能够很好地诠释低空摄影测量的这一系列效用：

（1）沽源县地处山区，经济较为落后，并无下级村落的详细的规划图纸，而且目前支锅石村已不具备基本的生活环境或设施，建筑师对于场地的可达度有限。

（2）支锅石村得名于其拥有大自然鬼斧神工的地势构造，山上三石自然形成炉鼎之象，故此地势特征必然成为整个设计中的重要参考因素或线索。

（3）冰雪旅游规划较为依赖地形原貌，不仅需要准确的地形资料，还应在量化分析上得以验证。

（4）项目遵循返璞归真、回归自然的旅游定位，故设计方案应重视视线分析，并对乡村自然景观进行突出表达。

支锅石项目的现状以及设计需求可以作为设计内容与地形地貌紧密结合的代表，除具有自身的特殊性之外，也有很多方面在同类型的规划设计中得以普遍体现（图3）。

三、测绘成果之场地数据

1．点云模型

点云数据在测绘领域应用已久，其成图特点和应用模式已经广为熟知，本文不再赘述。然而点云与建筑设计人员的工作内容也许并没有丰富的交集，原因有：(1) 点云数据为非拓扑的离散数据，很难转化为建筑设计师所常用的建模以及绘图为具有一定拓扑结构的结构化数据，两者从数据类型上来说并不兼容，这也是点云数据难以被设计人员直接使用的原因。(2) 点云数据完全反映现状特征，与建筑设计的整合化、归纳化的哲学理念有一定的矛盾。

点云作为摄影测量测绘的最初始数据成果，具有至关重要的作用。首先，点云的正射影像（图4）具有可量性、综合性、易读性等地形图的特点，具备自身成图的特性，可以作为规划或设计的资料之一，而且点云数据具有每个位置的高程信息，是生成其他一系列模型和线图的基础。其次，点云作为基础测绘成果，是生成或转化成一系列建筑设计师所熟悉的数据文件的起始，而这些转化的过程即可描述为将点云数据所蕴含的大量信息抽丝剥茧、提炼拟合的过程。

2．CAD 图纸的生成

点云数据及正射影像具备了独立成图的能力，同时可快速自动生成等高线 CAD 图，其过程如图5 所示，所成地形图可以达到厘米级精度[1]，同时能够根据需求得到任意高差的等高线。

然而从成果使用的角度存在的问题可以总结为以下三点：

（1）**手工完善**。现有的软件能够对点云进行一定的矢量化，但是其能力尚不足以达到完全自动化而节省手工工作量的程度。自动生成的 CAD 中只依据每个点的高程生成等高线，场地的地物特征无法得以反映，道路和房屋需要根据点云正射影像图手工描绘。

（2）**突出现状**。因点云反映现状特征，所生成的等高线并不平滑。可以与内插法的立杆测绘形成对比。

（3）**人为甄别**。如果不对点云数据本身进行清理，则树木也会生成等高线，其优点能够反映树木的准确位置，缺点则会影响整个图面的效果，尤其是小型的灌木或杂草会在图面上生成大量的无意义闭合曲线。此问题还需要设计人员的进一步甄别。

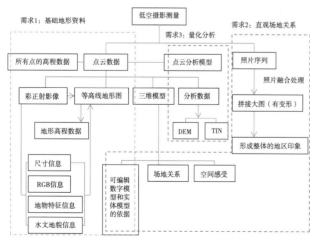

图3 成果框架图

每个网格尺寸：100m*100m

图4 正射影像图

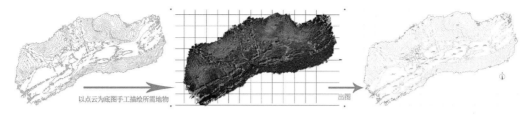

以点云为底图手工描绘所需地物　　　　　　　　出图

图5　CAD成果转化过程

整个过程如图5所示：

3.三角网模型

将点云转化为实体模型并不困难，其中最基础的是对点云 mesh（三维网格模型）过后生成三角网模型。目前工业设计与制造领域的逆向工程中，可以通过 geomagic studio、Imageware 等软件和多种算法将 mesh 转化为 Nurbs 曲面模型，以供设计人员学习和研究。[2] 但是因多数建筑棱角分明、构件突出，一些几何形体的直接交接如墙体转折、踏步、屋檐的构造等处若都用曲面平滑过渡（点云自动识别能力不足）似乎对于建筑的建模来说并不能接受或是意义并不明显。[3] 所以将点云自动生成符合建筑师习惯、逻辑以及便于编辑的数字模型应用于建筑设计依然是全球研究的尖端问题。根据精细的点云的尺寸数据，通过建筑设计人员人为的识别、筛选和判断，手动建模依然是目前最快捷高效的建筑建模方法，从而使点云所得三维成果可以在以下方面为设计提供帮助（图6）：

（1）场地建模的依据

三角网模型之所以可以作为建模的依据，因其两个特性：①从数据特性上来说，三角网模型具有测绘数据的数学期望意义。同时作为一次整合后的结果，其数据量相比点云较少。②从数据类型上来说，可以和建筑师所熟悉的软件，如 sketch up、Rhino、Maya 以及 CAD 等软件兼容。[4]

但三角网格模型只能作为建模依据是因其可操作性不强，对于模型的编辑和修改操作不便，只能根据重新拉伸体块，点云向可编辑的模型互相转化是现有的研究课题。测绘技术在应用于建筑单体的建模时还不能完全摆脱一定量的手工作业，从而必须经历"最后真三维实体模型的重建，具体包括获取建筑物轮廓线、三维几何建模和纹理贴图3个部分"①这样的非完全自动过程。[5]

（2）场地感知与设计思考

受建筑现象学的影响，建筑师对于场地感知和场所营造也许会一直贯穿在整个设计过程中。诺伯格·舒尔茨说："场所不只是抽象的区位，我们所指的是由具体事物的本质、形态及颜色的具体的物所组成的整体。这些物的总和决定了一种'环境的特性'，亦是场所的本质。"他将这种"特性"解释为"气氛"，并认为"气氛"是所有场所中所具有的最丰富的特质。②并且建筑师从感性与理性相结合的角度对于场地把握的精确程度会对整个项目起到至关重要的作用。[6]

除亲临现场之外，建筑师需要借助多种手段来营造现场的"气氛"，[7] 测绘所得带有真实感的三维模型（图2之三维网格模型）及其衍生模型的多种表达形式可以为建筑师从"场地认知—对应关系—脉络梳理—方案构思—草图勾画"这一流程来提供辅助。[8]

（3）可塑性模型

与场地感知相得益彰，建筑师对于场地的塑造和修改也是设计构思及表达中至关重要的一部分。无论摄影测量或是激光扫描所得三角网模型都有编辑困难的特点，其更适合用来做手动新建体块拉伸的依据。然而正如上文所述，目前尚没有切实可行的办法将测绘成果转化成易编辑的模型，在所生成的成果中，Dwf 的等高线模型可以被看作台地模型的简化版，所含信息量较少，但是可塑性强，可用于生成设计用的台地式的基地模型，更适合概念方案的生成（图7）。

四、测绘成果之量化分析模型

与传统的建模并利用软件模拟相比，较为直接的量化分析是点云测绘数据的最重要特点之一。

图6　成果利用之区域划分

图7　成果利用之草模建立

点云模型中的每个点都具备方向性、空间性、关联性等属性，从而使点云模型作为一种含有大量基础信息的数据本身具有便于做数字化处理和分析的特点，并且可以在软件中进行很好的可视化表达。在与建筑师充分沟通并了解设计需求的情况下，首先基于量化数据的分析可以强调在对于场地的理解与表达过程中的"事物之间的因果关系"[3]，其次直接利用测绘数据代替模拟来进行相应的场地分析可以避免"舍近求远"。

1. 点云数据的处理及表达

点云数据信息的可视化表达，图2中的"点云分析体积模型"为点云高程和点云体积参数自动计算，此数据可以大大简化土石方量的计算。[9] 除此之外以体积量化数据为依据，设计者能够更清晰地处理场地的功能分区、空间序列和功能关系的梳理，以及规划项目流线的组织等。点云自身的数据特性根据项目需求的不同有待继续开发。

2. 基础要素的分类与整合

点云作为离散的数据，数据的识别和分类、资源分类，对于场地资源的制约性要素和价值型要素，尤其对于开发类项目具有重要意义。对于设计者的需求，如环境要素、交通要素，在设计思维中存在"整体—要素个体—要素整合"的过程。[10]

3. 衍生数据的广泛分析

与空间分析软件的兼容、空间句法及 GIS 等，除了制图用之外，如 Dem、Tin 等文件在 GIS 中的分析[11]，可达性、坡度坡向数据可以帮助设计师快速地确定如滑雪场（规范）等，"至少有一条主要在自然山坡上修建的滑雪道""初、中、高级雪道要求的坡度范围分别为 8°，9°—25°，16°—30°"[④]以此项标准为参考，对于场地进行坡度和坡向的筛选（图8），目的为发现自然满足此要求的山体为冰雪娱乐区，从而合理地控制施工量。[12]

图8　滑雪场选址分析图

以支锅石冰雪旅游规划设计项目为例，冰雪娱乐区的选址为项目的起始，通过对于场地进行坡度坡向的量化分析，结合现有地形特点，从结果中选取需要人为改造最少的区域规划为滑雪场。同时契合乡村文化旅游的主题，强调自然景观在项目中的突出地位，并结合当地独特的三石炉鼎地貌特征，将视线规划上升为项目的核心理念，从而根据冰雪娱乐区的可视域分析[13]结果得到的景观规划，串联整个旅游项目的空间序列组织（图9）。

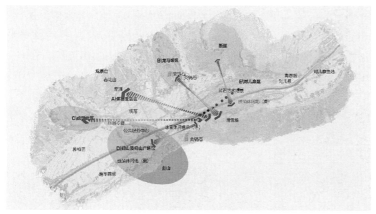

图9　视线分析图

五、反算验证

反算验证是点云工具的重要特点之一，可作为软件模拟分析的手段之外的另一分析工具以加强设计成果的准确度和执行度。同时此手段可以进一步发挥测绘数据的辅助功能，参与到设计过程的各个阶段。以支锅石项目为例，设计后的三维模型经过格式转换被赋予到原始点云（图10、图11），形成"设计后的"

图 10　设计后点云总平面　　　　　　　　　　**图 11　设计后点云透视**

点云模型，并以此为平台来进行相应的量化分析，以验证概念与设计结果是否一致。①数据的准确性，即实际而非人为的参数设定。②分析的一致性，即设计前后分析手段与平台的统一。③对比计算，即前后数据差异体现得较为直观，可用于土方量的计算等。

六、总结

　　低空摄影测量数字化测绘不仅能够在应对复杂地形、场地资料难以获取等情况时发挥优势，其更大的价值在于所得数字化测绘成果已具备深度辅助建筑设计的潜力。从精确地形数据资料获取，地形数据的多种适用于建筑师习惯的表达方式，多种三维模型建立辅助，场地量化分析及计算等多个角度分别介入于规划设计工作的前期、过程以及设计后验证整个流程，完成测绘与设计工作的交互对接并螺旋式推进，从而形成一个良性循环系统。对于增强设计结果的准确性、理性度和科学性及设计方法和设计思维的创新具有重要意义。

　　目前两项工作尚有可发展空间，首先设计人员需更加普及低空测绘手段及其成果的特征，从而能够有的放矢提出恰当需求。其次测绘成果的自动成图及矢量化能力有待进一步提高，从而大幅提高工作效率。

注释：

① 何原荣，郑渊茂，潘火平等.基于点云数据的复杂建筑体真三维建模与应用 [J].遥感技术与应用，2016.31（6）.
② 诺伯格•舒尔茨.场所精神——迈向建筑现象学.施植明译.武汉：华中科技大学出版社，2011.7.
③ 杨会会，近代美国规划设计中生态思想演进历程探索 [D].重庆大学，2012.
④ 《中国滑雪场所管理规范（2017 年修订版）》，2017 年 10 月 30 起实施.

参考文献：

[1] 倪峰，邹秀琼，李传方.摄影测量大比例尺地形图测绘的数学精度研究 [J].地理空间信息.2016（11）.
[2] 黄佳彪，熊岳山，何鸿君.基于无人机航拍序列的建筑三维模型重建 [J].湖南工业大学学报，2017-09，31（5）：6-10.
[3] 张东霞.近景摄影测量和三维渲染技术在建筑物精细建模中的应用 [D].山东农业大学，2015.6.
[4] 史宜南，代侦勇，刘鹏.激光点云建模与传统建模方法的比较 [J].地理空间信息，2017，14（8）：41-43.
[5] 何原荣，郑渊茂，潘火平等.基于点云数据的复杂建筑体真三维建模与应用 [J].遥感技术与应用，2016.31（6）：1091-1099.
[6] 诺伯格•舒尔茨.场所精神——迈向建筑现象学 [M].施植明译.武汉：华中科技大学出版社，2011.7.
[7] 詹姆斯•安布罗斯.简明场地设计 [M].李宇宏译.北京：中国电力出版社，2006.
[8] 单阳华.多尺度混合审视基地分析方法构建研究——以渭南沋河郊野公园为例 [D].西安建筑科技大学，2014.5.
[9] 李天子，刘志奇，杨振明，王晓华.基于近景摄影测量的基坑土方量计算及精度评价 [J].测绘工程，2017，26（9）：37-40.
[10] 张东红.城市规划设计中的基地分析方法 [J].山西建筑，2012-3，38（7）：22-23.
[11] 刘森，张前进，张兰春.GIS 在场地分析中应用实例研究 [J].现代园林，2008（8）：34-40.
[12] 李哲，卓百会，刘海滨，郑振婷，张颖.山水环境场地分析与选址的参数化方法研究 [J].规划师，2016（6）：128-133.
[13] 张邻.基 BIM 与 GIS 技术在场地分析上的应用研究 [J].四川建筑科学研究，2014（10）：327-329.

图片来源：

本文所有图片均为作者自绘

作者:闫宇,天津大学建筑学院博士生;李哲,天津大学建筑学院副教授,博士;张玉坤(通讯作者),天津大学建筑学院教授,博士;陈涛,天津大学建筑学院博士生

行动的物质呈现：
"木"营造毕业创作教学实录

傅祎　韩涛　韩文强

Material Presentation of Action：Teaching Record of Graduation Creation by "Wood Construction"

■ 摘要：本文是对中央美术学院建筑学院十工作室 2016-2017、2017-2018 两个学年毕业设计教学的记录与思考，是基于对人才培养"福特制生产"模式的反思，针对目前建筑与环境设计教学的一些缺陷，在毕业设计教学环节所采取的行动。木构营造课题从结构、行为、身体三个角度的设计研究开始，以此转化为设计行动的学术资源，以木为材的小型构筑物设计与足尺搭建活动，是十工作室教学模型方法的进一步实验，伴随而来的室内设计专业毕业创作从方案性到作品性的成果转化。同时探索协同社会资源，创新建筑与环境设计专业人才培养机制的可能性。

■ 关键词：模型方法　设计行动　木构营造　毕业创作　实验

Abstract：This paper is a record and reflection on the Undergraduate Architectural Teaching of studio10 of the School of Architecture，CAFA in 2016-2017 and 2017-2018. It is based on the reflection of the "Ford system" education model，focusing on the defects in the teaching of architectural and environmental design at the present，then，responding by taking actions in the Undergraduate Architectural Teaching. The topic of wood construction starts with the design research from three angles：structure，behavior，and body，which are transformed into the academic resource of design actions. The design of small structures made of wood and the full-scale building activities are further experiments of the teaching model method of Studio10. On top of this，the accompanying graduation creations of interior design specialty are transformed from schemes to works. At the same time，it explores the possibility of cooperating with social resources and innovating the training mechanism of architectural and environmental design professionals.

Keywords：modeling method，design action，wood construction，graduation creation，experiment

本文为中央高校基本科研业务费专项资金资助项目 (20KYZY025)

"纸上得来终觉浅，绝知此事要躬行。"

——南宋诗人陆游《冬夜读书示子聿》

一、背景思考

文艺复兴时期随着维特鲁威《建筑十书》的重见天日，与数字、几何、透视科学、抽象思维紧密勾连的投影方法让图成为中介，建筑师从而获得了独立的身份，从工匠行会中脱离，这加速了设计与建造分离的趋势，在属于建筑师的新知识架构中，艺术与科学方面的知识凌驾于基本的建造知识与技能之上。17世纪，法国巴黎布扎学院（Ecole des Beaux-arts）和国立公路与桥梁学校（Ecole Nationale des Ponts et Chaussées）双双成立，建筑教育机构化，建筑和土木工程脱离，进入美术学院。20世纪初泰勒式流程管理和福特制生产流水线诞生，此后其影响从生产领域逐步扩展到消费（比如机场免税店模式）和教育医疗等领域，成为现代社会的主流形态。

工匠时代建造的每一个过程都是在一种被审视、然后被重新调整设计的状态下完成的，这个过程包含了一个设计、建造、审视、再设计、继续建造的反馈。如果说完成建筑教育后必须通过实践与建造才能成为建筑师，那么实践与建造的阶段在现代建筑教育体系中比较难以做到有机的结合，建筑学生比较少有机会让自己的设计成为一种物质的存在。对此1930年代赖特创办了塔里埃森（Taliesin）建筑学院（SOAT），以"边做边学"为主旨，"从建造入手"，实行"师徒制"体验式教学模式；由查尔斯·摩尔创建的耶鲁大学建筑学院一年级夏季建造课程，从1967年开始延续至今；中国美院建筑教育从一开始，手工艺传统的基因就有着重要的位置；近些年来张永和主持的同济大学建筑城规学院研究生课程系列"建筑学前沿：手工艺（Craft）"，回到建筑学本体，探讨"绘"与"造"的关系，这些实验是对主流建筑教育模式之外的自然建筑和工匠传统的重视，也是全球化背景下在地文化身份意识的觉醒。而数字化条件下的定制设计与建造的发展，使这一支脉得以延续壮大，如同济大学创办的数字未来工作营，历时十年发展成为有全球性影响力的数字设计与智能建造的学术与实践平台。

二、"模型"方法

工作室教学模式是中央美术学院本科高年级教学的传统，建筑学院十工作室成立于2008年，教师团队包括傅祎、韩涛和韩文强，教学工作主要围绕本科最后一年毕业设计教学和室内建筑学方向的研究生指导。十工作室成立之初提出以城市研究为基础的建筑及室内空间一体化设计作为教学主导方向，思考的基础是认为建筑设计有一种维度是组织具有内在逻辑的整体的空间系统，在递进的尺度层级上操作逐步放大的空间分辨率和越来越清晰的颗粒呈现度，因此十工作室主张用"模型推进设计"，这也可以突破传统室内设计"图式教学"的局限，从而在方法上保证实验性。

"模型（modeling）"方法是通过实物的总体模型、体量模型、空间模型、结构模型、材料构造模型，比例逐步放大，将设计的总体问题解构成不同的部分和步骤，纯化和强化具体的小问题，通过制作、观察、记录、试验、比较、取舍、修正、概念整理和提炼的反复过程，边做边思考，心手合一，这是数字模型不能替代的部分。在模型推进设计的过程中，图像的作用是作为想法的雏形、"实验"过程的记录，以及分析和表达的功能。相较于图像（drawing）方法，模型方法不失为一条在当下移动互联网和新媒体发展背景下，抵抗以视觉为中心的"屏幕性设计"，而强调具身性和体验感的空间环境设计的有效路径（图1、图2）。

三、课题设置

2016年，韩文强老师设计的唐山乡村有机农场项目落成，使用的是胶合木装配式结构，设计

图1 2017央美毕业季建筑学院十工作室展区

图2 2018年十工作室毕业设计的中期成果（1：5模型）

在业界引起反响，与之合作的北京欣南森木结构工程有限公司愿意为我们工作室的毕业设计教学提供从材料、加工到技术支持方面的无条件援助。这给了我们一个契机，深入和延展十工作室"模型推进设计"教学方法的实验，将模型方法推进到 1∶1 足尺模型的搭建，尝试建筑专业的毕业创作从方案性到作品性的转型。从 2016 到 2018 这两个学年度，十工作室以木为材进行毕业创作空间建构的教学实验，木材易于加工和运输，现场施工周期短，自带自然和文化的信息，与人有亲近感，LSL（层叠胶合木）、PSL（平行胶合木）、LVL（单板胶合木）、胶合木等结构工程木合成材材性相对稳定耐久，能兼顾一定的耐候和审美的需求。

第一年毕业创作的题目为"3×3×3"，课题要求每个学生通过参与一个具有围护要求的小型构筑物从概念设计到实施建造的全过程，从而获得尺度、材料与使用三方面的真实性体验，以结构的方式塑造空间，用材料和节点来表达结构，通过空间氛围的营造而获得身体的感知体验。手工感和现场感、物质性与体验性、浸润式教学与体悟式训练相结合，最终的成果要呈现形态与结构、材料与构造、空间与氛围之间的有机整合。把课题的规模控制在 3m×3m×3m 的尺寸范围，一方面是把结构设计的难度控制在可能实现的范围内，另一方面能将设计往纵深发展，同时也有成本控制和展览场地条件的考虑。

第二年的题目增加了主题限定，为了适度降低结构难度，尺寸限定较前一年有缩减，要求以"庇护所"为题构筑公共空间中的"身体建筑"，通过构筑微型"乌托邦"，表达对现实的抵抗（图 3）；"庇护所"还有另一层含义，就是借助在现场的、物质性的、身体性的劳动，每个学生建构一段属于自己的时间，探讨阿伦特所说的"劳动、工作与行动"的关系，思考今天的智力劳动者如何自觉地跨越社会规范与工具理性的职业分工？如何在使用技术中超越技术？如何重新返魅到不可量度的身体劳动与场所感知？如何在身体力行中把建造实践转化为心性的磨砺？如何在持续的自我否定中完成对自我的最终重塑——在毕业的最后一刻重新成为一个新人？

 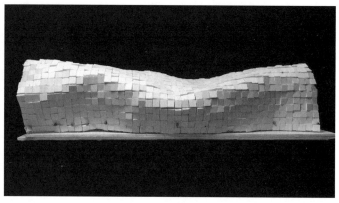

图 3 穆怡然《木下赏味》
26×22 块 180mm×180mm 等大木方，由软性的钢索串联而成的一个柔性曲面空间，空间依宽窄形成高低变化，右图为方案模型，人通过时能与木墙面产生一定的互动。左图为最终成果，连接节点做了调整。

四、设计研究

对于极小尺度木造构筑物设计、家具化和装置化木构营造来说，我们在课题开始就要求学生从结构、行为与身体三个角度出发，收集案例，研究木构营造的源流、演进与创新，设计研究的目的是为了激发学生们寻找自己毕业创作的独特角度。

首先是了解框架、互承、叠涩、张拉等结构形式及现代轻木复合体系和重木结构体系等木结构类型，榫卯、钢构、钉铆等构造节点类型，实木、集成木、竹钢等材料类型，以及西方建筑院校近十年来在数字创新技术下木构营造方面的突破性尝试，比如哈佛大学、美国麻省理工学院（MIT 媒体实验室）、苏黎世联邦理工学院（ETH）、德国斯图加特大学、英国 AA school、UCL 巴特雷建筑学院等，聚焦在轻型的、灵活的、适应性的、单元装配、空间表演等方面的数字设计与建造实验。以此为知识背景，作为对照组，思考在我们已有的学术准备和教学条件框架内如何实现小微的创新突破（图 4、图 5）。

其次，强调地点与事件的特殊性。在这类木构作品的案例中，或以行为诱导作为空间形式发生的依据，通过改变场地、改变空间来改变行为，总结归纳为"停"与"流"两类行为：停留是人群的聚集，事件发生的容器，比如剧场空间、冥想空间、个人蜗居的空间、对坐交谈的空间等，私密空间与公共空间常常发生嵌套。流动，表现为通道性空间，但要强调行为方式与构筑物形式之间的互动关系。案例研究还聚焦在微型构筑物搭建设计，关注特殊的场地条件所诱发的空间类型，包括如楼梯空间、夹缝空间、斜坡空间、下沉空间、树林空间等（图 6、图 7）。

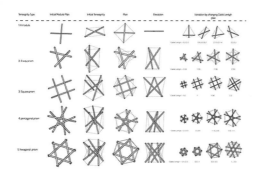

图 4 胡悦《一墙之亭》
基于对富勒发明的张拉结构的谱系研究，对这种轻质平衡结构的原型进行发展，升降、扭曲、旋转，以适应特定的场地条件。

图 5 张艺《织山》
利用绳子和木条编织成一座山。面对当代工业化的标准型材，通过延续传统的编织的手法，形成褶皱化的有机形态空间。

图 6 陈建盛《源涧舍》，兼及景观与观景双重功能　　　　图 7 莫奈欣《雾林》，喧嚣城市里的心灵"隐居"

图8 王铁棠《障碍物》
聚焦身体与空间的关系。这个超越常规的极窄长的木屋具有带领人暂时逃离集体无意识状态的潜能，单元木片的构筑应和巴赫12平均律，形成节奏，编织光影。

强调"身体"是课题的重点，作为身体的展示，我们研究表演的历史谱系，以及受传统、宗教、科技、媒介等诸多因素影响的关于身体认知的观念史，从身体惩罚到身体塑造，从身体表演到身体空间，以及赛博化趋势，具身性案例研究总结出三个方向的设计策略：(1)"针灸"方法，微小的改变带来放大的扰动，通过人与人之间的关系交互来改变日常的经验与感知，形塑个人与众人之间的动态关系所带来的感知上的变化；(2)以现象作为媒介，如奥拉维尔·埃利亚松的环境艺术作品和卡普尔的镜面装置作品，将体验者的视觉、听觉、触觉加以延伸，得到陌生的、非常的、反相抑制的感知；(3)"极限"方法，在有限的容积里实现功能最大化，契合"城市游牧""隐居""蜗居"等概念（图8）。

五、设计行动

汉娜·阿伦特用"积极生活"(vita activa)的术语，来指示三种根本性的人类活动：劳动(labor)是为了维持人作为生物的生存，劳动的人之条件是生命根本；工作(work)生产了一个完全不同于自然环境的人造物的世界，这个世界成为每个个体的居所，工作的人之条件是世界性；行动(action)不以物或事为中介，是直接在人们之间进行的活动，行动的人之条件是复数性，不是单个的人，而是人们，这就是人活着的事实。面对现代化带来的人的异化和自然的异化，阿伦特主张积极的行动，而十工作室木构营造课题的设置，就是尝试作者、作品和行动合而为一的"身体力行"，作为对人才培养"福特制生产"模式的反思的回应。

整个毕业创作过程，模型推进分为三个阶段，先是1：10方案模型，多方案比较实验，整体性和逻辑性非常重要，这一点在过往的其他类型的课题设置中并不明显。再是1：5的中期模型，

这步很关键，方案的结构基本成型，学生还必须思考材料和加工工艺以及工序要求，"欣南森"的技术员也会到学校参与教学，从方案实现的可能性上提出建议，同时教师根据当年的展览条件，按照每个方案的特点向学校落实具体场地，学生们根据场地条件和技术限定来调整改进方案，出加工图纸。1：1实体搭建的部分要到工厂加工定制，并在工厂里预搭，这个过程学生一直在厂子里盯着，和技术工人一道，检验施工工序，调整节点设计，一切完成之后，将1：1的模型拆解运回学校，在展位上再次搭建，时间控制和人员组织是这一阶段学生们要处理的重点，"柔软""装配""轻质""脱离机械""降低成本""开箱即用"……成了设计的关键词。我们要求学生用视频记录过程，最终剪辑成展览成果，作为与非专业人士沟通传播的有效手段。

空间设计不仅是文字、图纸、图解和效果图，核心目标是指向建造。一个建造结果既包括概念、尺度、结构、材料、构造，又包括造价、工期、人员、工具等，它们共同构成设计师完整的知识系统。课题的挑战在于如何将不可量度的最初意象，经过一个可量度的过程，最终回到不可量度的现实。在被计划过的偶然中，时间重新变为空间，那些经过工业化技术的标注、量度、切割、加工、连接、运输等诸多过程之后，仍无法被约简的东西，才是目标与价值所在。课程的设置像一条不可回头的路，学生们在哪些地方绕道了，最后都将明明白白地呈现出来，在无数个困难决策中历练心性与决断力；体察所有因素之间的内在关系，感受自我边界和极限的状态；努力、用力、尽力、不遗余力，从而格物致知、知行合一；技巧、能力、态度得到锤炼，感知力、决断力、忍耐力、控制力、协作能力得到提升。美院的传统敬重手艺，手艺不只是制作方法，更是工作方式，其中包含了身体的劳动、专业的工作，以及社会介入的行动。

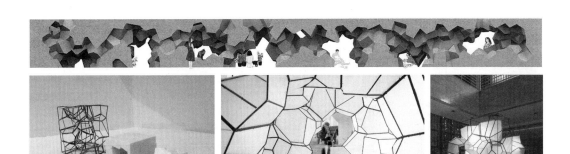

图9 栗韵清《近山形石》
取太湖石鉴赏类别6要素中的"形姿"与"洞穴"之意，营造具身体验空间，以 3D Voronoi 算法将51个体块组织成不易察觉然而有规律的变化模块，由于未突破木构节点的设计，最终成果改用钢筋焊接和螺丝固定，但保留了模件思维和装配特点。

六、效果与反思

十工作室木构营造毕设课题的成果形式令人喜闻乐见，毕业展期间观展群众积极参与，特别是小朋友们非常喜欢，常常找到作品最合适的"打开"方式，超出了设计者的预想，这给了学生们以特别的经验。还有一些茶文化商业品牌将毕业展场选作拍摄场地。作为建筑学院室内设计专业毕业选题的新的尝试，获得了学校大力支持，特别在展览场地和施工条件方面，教学成果也获得学校教学委员会的认可，并形成建筑专业的毕设作品与其他专业间更广泛的交流。

十工作室这一课题的毕业设计教学成果受邀参展2017年和2018北京设计周展览、第24届北京国际图书博览会文创展区的展览。学生栗韵清、刘璇、穆怡然作为独立艺术家受邀，将其毕业作品在今日美术馆展出。学生张艺的作品获得2017金点奖概念设计奖、中国环境设计高等院校优秀作品展技术创新奖，作品在台北和上海分别展出，并被中央美院美术馆永久收藏。

Architizer、Archdaily、Gooood、Domus Web、Archiexpo、Arqa、Archidust、Retail Design Blog、Wood in Architecture Asia、WA COMMUNITY、Gigantic Forehead、BERLOGOS、有方、HI 设计、建筑学院、网易家居、专筑网和 *Constructiont*、*INTERIORS monthly*、*CA Press Publishing*、《装饰》《艺术与设计（理论）》《中国建筑装饰装修》《设计》等几十家国内外网络媒体和专业杂志对此进行了报道。

我们的教学实验引来了社会资源的继续介入，北京欣南森木结构工程有限公司、北京西海四十八文化创意中心、北京腾龙博艺雕塑艺术中心、上海农道乡村规划设计有限公司、中国建筑学会室内设计分会给我们教学以各种形式的支持。北京西海四十八文化创意中心还与同学生们签约，尝试将他们的作品进行产品转化和展览推广。

这一段毕业创作旅程对学生们来说，体验极致，终生难忘；对老师们来说，角色有些转移，除了学术把关、设计辅导，还要整合调配资源，给学生做心理"按摩"。木营造课题的教学要有所创新，则需要在三个方向上有所精进：（1）对木构营造成体系地研究整理与发展创新；（2）从在地的手工艺传统，结合工业化加工和机械化施工，迈向数字化应用；（3）创新人才培养机制，从一间教室就是一座学校，到一座学校就是一间"教室"，最后整个社会就是一间"教室"。最终探讨的是在技术全球化趋势下，如何因地制宜存留文化基因得到可持续发展（图9）。

参考文献：
[1] 汉娜·阿伦特著，王寅丽译. 人的境况 [M]. 上海人民出版社，2017.
[2] 傅祎. "实验十年：室内建筑教学思考"，中国设计40年——经验与模式 国际学术研讨会论文集 [M]. 河北教育出版社，2019.

图片来源：
中央美术学院建筑学院十工作室

作者：傅祎，中央美术学院教授，博士生导师，建筑学院总支书记，十工作室责任导师；韩涛，中央美术学院教授，博士生导师，设计学院副院长；韩文强，中央美术学院建筑学院副教授，建筑营设计工作室创始人

基于"空间叙事"方法的《建筑设计与构造 2》教学实践探索

金珊　徐带领　王鹏　杨怡楠　彭小松

Teaching Practice of "Architectural Design Studio 2" Guided by the Spatial Narrative Method

■ **摘要**：将"空间叙事"的概念引入二年级学生的设计课程，通过记忆实录、"记忆盒子"设计、选址及任务书设置、记忆档案馆建筑设计、方案深化与表达五个教学阶段，逐步引导学生经历"叙事主题选择""空间叙事尝试""限制条件转化""具体建筑设计"以及"完善叙事表达"这一系列以"空间叙事"为目的的设计过程，培养学生形成思考空间意义表达的建筑设计思维。

■ **关键词**：建筑设计　教学实践　空间叙事　记忆展陈

Abstract：The concept of "spatial narrative" is introduced into the design curriculum of second year students. The course guides students to experience a series of design processes with the purpose of "spatial narrative" through memory recording, "memory box" design, site selection and programming, memory archive architectural design, and design expression. In these five stages, the students are trained in "narrative theme selection", "spatial narrative design", "adaptation to constraints", "architectural design", and "improved narrative expression". The purpose of the course is to train students to form the design thinking of the expression of spatial meanings.

Keywords：architectural design, spatial narrative, the exhibition of memory

一、引言

建筑系本科学生在经历了第一年的制图规范、造型能力、色彩感受、平面构成、立体构成等基本功训练后，二年级开始接触具体的建筑设计，该阶段是引导学生建筑设计入门的重要阶段。

基于"空间叙事"方法的《建筑设计与构造 2》的教学实践尝试为引导学生的设计入门打开一个新的突破口，用"空间叙事"的概念辅助理解空间设计。所谓"空间叙事"，可以通俗地理解为：运用叙述的方式，以空间为载体，将城市、场所、建筑等与空间相关的信息

深圳大学教学改革研究项目（编号 0000290528）；深圳市孔雀计划科研启动基金（编号 827000254）

呈现出来，从而使得隐性的、片段的信息可以较为直观、完整地凸显，进而建构使用者与空间场所之间的情感或感知联系。

在课程教学中，建筑设计的过程被等同为一种类似于"叙述性写作"的创作过程，以"空间组织"作为"文字段落"来表达令学生印象深刻的"叙述主题"。在这样的设计过程中，无论是空间叙述"主题"的选择，还是"主题"在空间设计中的实现途径，都带有深深的个人化烙印。以"空间叙事"的方式引导二年级学生的设计入门，无论是在设计兴趣的建立、设计主动性的培养，还是设计思考深度方面的挖掘，都是值得探索的。

二、实践教学过程

1. 早期试验总结

教学团队曾在《建筑设计与构造1》的设计单元"书吧设计"中尝试引入"空间叙事"的教学，要求学生以一系列的"阅览行为事件"为线索，通过体验、认识、研究建立各类型事件与其发生空间的关系。同学们根据自己的调研选定设计的主题，最终呈现一个建筑面积约为150m²的休闲文化交流场所。由于同学们初次涉及"空间叙事""意境表达"等概念，所以大多数同学还是从自己熟悉的平面组织、功能布局入手，在建筑的局部如"阅览室""庭院空间""交通空间"等进行了"空间叙事"的尝试。由于缺少源头"事件"的筛选、设计整体的逻辑把握，以及"意境"转译手法的欠缺，最后呈现的结果参差不齐。

2. 具体教学步骤

通过对早前"空间叙事"教学尝试的经验总结，发现了以下问题：(1)在常规的建筑设计教学中突然地加入"空间叙事"的概念会让学生束手无策，只能在局部空间进行叙事尝试，缺乏连贯性，叙事逻辑片段化；(2)规定指标的设计任务书与意境表达为主的"空间叙事"要求并列时，难免会在设计的思维定式下顾此失彼，导致叙事表达不完整或指标相差悬殊的状况；(3)空间对"事件"或"意境"转译能力的欠缺，呈现的结果与设计初衷相差较远。

此次基于"空间叙事"方法的《建筑设计与构造2》中的"记忆档案馆"设计分为5个单元，根据"空间叙事"的认知深度设计了大小任务7项，基于选题适宜性和教学高效性原则，限定了"叙事主题——记忆"和"建筑类型——展陈建筑"，要表达的记忆内容和表达方式则不做限制。有了早期尝试性探索的经验总结，此次的课程设计在各个教学时期设置了不同的侧重点，循序渐进地引导学生实现叙事性的空间设计。

第一阶段，"记忆实录"阶段。根据人类的一般认知结构，所有的设计作品最初始的灵感来源都是成长经历中的"物象"经验，再经历感官的"媒象"和主观"意象"的融合，形成大众能普遍感知的"意境"，再对意境表达的主要元素进行提炼和转化，形成最终的"作品"[1]。因此在课程的最初始阶段，学生只需要明确一件事——记忆的主题，即在"记忆"这个大范围内明确想要表达的具体内容，并以绘制能代表该记忆的"物品""场景"的方式记录下来，作为该记忆后续空间化的"物质"基础。在这门课程中，"记忆主题"的选择尤为重要，它是"空间叙事"的核心，该主题是否存在高度空间化的可能性是该阶段筛选主题的主要原则，教师在这一阶段的职责主要是辅助学生确定可行性强的"记忆主题"，并在此过程中为学生讲授"空间叙事""意境营造"的经典案例，完成空间叙事教学的基础性入门。

第二阶段，"记忆盒子"展陈空间设计。该阶段是记忆主题明确之后的首次"空间化尝试"，要求选择与该记忆有关的物品作为展品，结合相应展陈空间设计实现记忆的再现。这是一个小体量的无明确要求的空间设计，目的在于激发学生的设计表达欲，尽可能地将记忆里的要素抽象出来实现记忆的展示。该阶段教师的主要职责是讲授展陈空间的基本设计概念、空间转译的手法，以及叙事性流线的组织方式等内容，为后续记忆档案库的展陈空间设计做铺垫。

第三阶段，选址、任务书及初步方案的确定。经历了上一阶段的初步空间转译尝试，该阶段开始发布正式的设计任务。学生根据各自的"记忆主题"思考需要怎样的空间类型去表达主题，需要多少的空间量去满足主题，需要怎样的在地条件（真实环境）去烘托主题，完成一份可行性报告作为该阶段"自拟"的设计任务书。这是一个将学生从理想状态拉回现实条件的重要阶段，也是将"叙事空间"真实落地的前提。经历了前期自我经验性记忆主题的选择和小空间叙事性转译的实验，该阶段是建筑"落地性"设计的前期保障。

第四阶段，方案设计。前三阶段的引导性教学已基本完成，正式的建筑设计在这一阶段展开。根据选择主题的不同，重点思考实现该"记忆主题"的功能布局、流线组织、结构构造等空间营造问题。即用设计语言表达思考，选取适当的空间表现手法进行建筑创作，将各类型空间有机整合，形成较完整的叙事逻辑。

第五阶段，方案深化及设计表达。组织一次全年级各班之间的交流，目的在于回顾设计过程，分享不同设计主题的设计成果，通过受叙者的反响检验"空间叙事"的实现程度，总结问题，为后续教学积累经验。

三、教学成果分析与总结

1. 记忆实录成果分析

在记忆实录阶段，学生选择的记忆内容几乎全部与日常生活场景有关，例如"潮汕民居天井里的夏天""家乡菊花会""与父母相处的记忆"等等。实录的形式大都选择用绘画描绘记忆场景中人的活动，以及代表这些记忆的物品，场景呈现以空间透视为主。

例如，吴同学的记忆实录展现了潮汕民居的家庭活动及各区域的功能形式，将潮汕传统居民的宗教信仰、饮食起居、休闲娱乐等日常生活充分地展现出来（图1）。梁同学通过绘画呈现了她记忆中家乡菊花会的场景，着重表现了菊花会举办的场所特征和各类活动。熙攘的街道、鳞次栉比的建筑等，为后期的叙事建筑设计提供了可以发散的方向（图2）。缪同学选择的实录主题是儿时的记忆，将童年时期的"动画片""零食""文具""游戏"等物品做了详细的实录（图3），让人产生对其相应空间转译的期待。

记忆实录的结果呈现出学生强烈的设计表达热情，该阶段"激起创作兴趣"的教学目的得到了较好的实现。

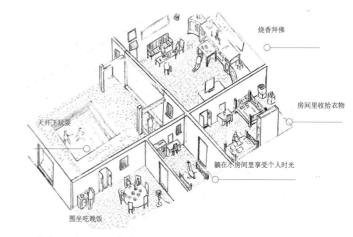

烧香拜佛
天井下玩耍
房间里收拾衣物
躺在小房间里享受个人时光
围坐吃晚饭

图1 潮汕民居生活场景记忆实录（吴唯煜）

图2 家乡"菊花会"记忆实录（梁炜宁）

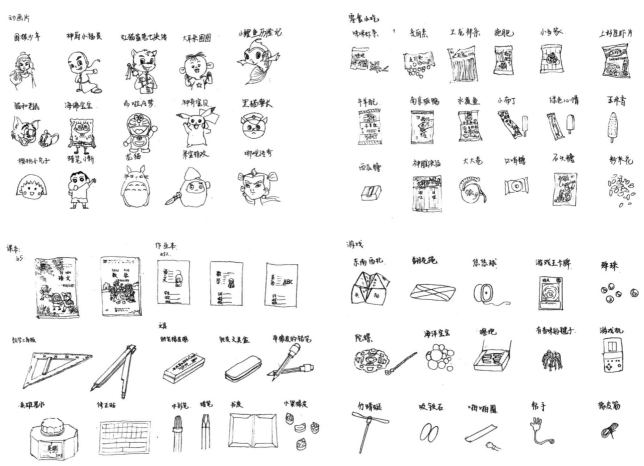

图3 儿时记忆（缪蓉蓉）

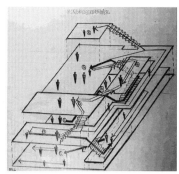

图4 空间转译"童年""少年""青年"（邱向鹏）

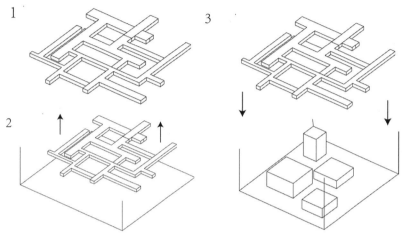

图5 上下布局的潮汕民居记忆展陈空间（吴唯煜）

2. 小尺度空间尝试性转译成果分析

这一阶段是场景意象向具体空间转型的第一步，从"叙事性""意境"等概念出发的空间创作教学给予学生们固定思考模式以外的启发。例如邱同学通过回忆自己与父母相处的几个阶段提炼出不同的空间表达要素：童年——封闭、围合的空间用来表达父母的保护；少年——半围合的、漏景、透景的空间，表达了孩子开始在父母的"阻止"下探索世界；青年——开放空间，孩子理解了父母的爱，隔阂消减，趋于融合（图4）。

吴同学抽象出了记忆空间内要展示的"行为"要素。吴同学对于记忆中总是"抬头看"潮汕民居中繁复精致的梁部装饰印象深刻，他尝试将这种"抬头看"的肢体记忆转译为展陈空间中的"行为"要素，通过"上下"的方式组织展陈空间（图5）。

梁同学的菊花会记忆盒子无论从造型、空间组织还是结构构造都呈现出较为成熟的趋向。张拉膜结构的顶棚是她希望表达的重点，该结构形成视线通透的半开放顶部空间，结合光影和空气流通的实用效果，重现了对菊花会的时空记忆（图6）。

在小尺度空间的叙事性转译表达中，从记忆中提取空间要素的概念设计得到了学生们热烈的回应，取得了较好的教学效果。

3. 自拟任务书成果分析

学生根据自己选择的记忆内容，拟定一份"专属"的、展陈该记忆的设计任务书。前两阶段的引导教学充分激发了学生的创造力，该阶段要将"天马行空"拉回"现实"。设计任务书首先要考虑对场地的选择，思考该记忆的展示需要在怎样的环境中去体现它的价值，引起人们的记忆或情感共鸣。基地选取的过程锻炼学生思考如何让设计融入现有文化、环境肌理等。任务书设计的第二个要点是罗列空间需求，针对记忆主题分析其需要的空间类型、大小和数量，并罗列出来，锻炼其从前期需求分析到后期设计实现的统筹把控能力。

缪同学根据"儿童的秘密乐园"的回忆主题，将基地选在了自己乡村小学的旧址，满足儿童类展陈建筑视线良好、围合安全的要求；在空间需求中考虑了在乡村普遍照料孩童的老年人的需求，为其增加了当地戏曲文化的交流场所，同时在展览空间设计中提出"游乐场"的概念，让观展的儿童在游玩中了解"过来人的童年"，为正在发生的童年传承属于新一代的记忆（图7）。

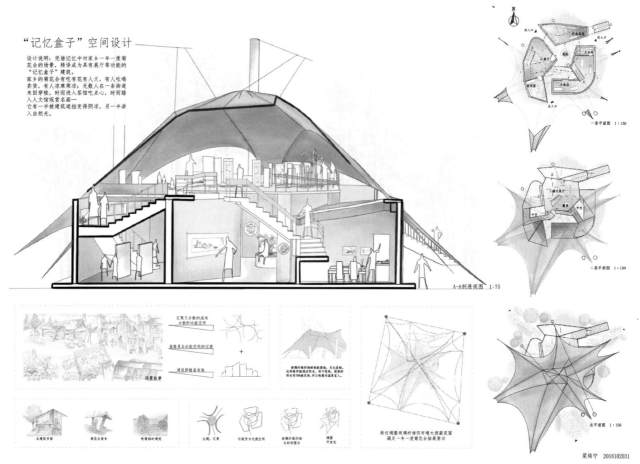

"记忆盒子"空间设计

设计说明：凭借记忆中对家乡一年一度菊花会的场景，转译成为具有展厅等功能的"记忆盒子"建筑。

家乡的菊花会有吃有玩有人卖菊，有人凉鹰乘凉；无数人在一条街道来回穿梭，时而进入茶馆吃点心，时而踏入人文观赏者其画......

它有一半被建筑遮挡变得阴凉，另一半渗入自然光。

一层平面图 1：150

二层平面图 1：150

总平面图 1：150

A-A剖透视图 1：75

梁炜宁 2018102031

图6　菊花会记忆盒子（梁炜宁）

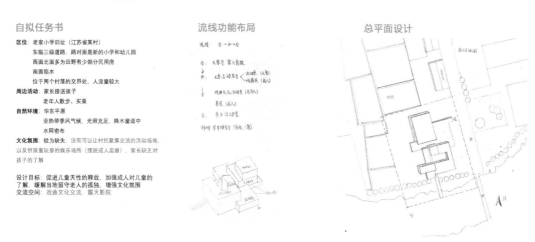

自拟任务书

区位： 老家小学旧址（江苏省某村）
东临三级道路，路对面是新的小学和幼儿园
西面北面多为田野有少部分民用房
南面临水
位于两个村落的交界处，人流量较大

周边活动： 家长接送孩子
老年人散步、买菜

自然环境： 华东平原
亚热带季风气候，光照充足，降水量适中
水网密布

文化氛围： 较为缺失，没有可以让村民聚集交流的活动场地，以及供孩童玩耍的娱乐场所（摆脱成人监督），家长缺乏对孩子的了解

设计目标： 促进儿童天性的释放，加强成人对儿童的了解，缓解当地留守老人的孤独，增强文化氛围

交流空间： 戏曲文化交流、露天影院

流线功能布局

总平面设计

图7　"儿童的秘密乐园"基地分析及功能需求分析（缪蓉蓉）

4．最终建筑设计成果分析

"空间叙事"教学的本质还是关于建筑设计的教学，最终呈现的设计作品中场地设计、平面布局、功能组织、流线设计等基本内容依旧是教师关注的重点。但最终成果设计是否都服务于"记忆展陈"这一主题，是否形成了完整的叙事逻辑，是课程关注的重中之重。

吴同学的记忆档案馆设计——厝下生活，四水归堂，来源于对于潮汕传统民居的记忆和实地调研，利用建筑的空间围合感、结构形式、建筑构件等体现叙事主题，同时增设了满足潮汕居民饮茶、聚集交谈等传统活动习惯的场所（图8）。结合福田赤尾村这一特殊选址，一定程度上满足了该地区潮汕人的地域文化需求，在忙碌拼搏的大城市中打造了一处可以安放思乡情愫的温暖净土。

梁同学的设计作品"菊花会"较好地实现了她的叙事主题，分散式的平面布局呼应家乡菊花会鳞次栉比的商家、展位；展览功能、休闲功能、娱乐功能穿插布局体现的是菊花会可展、可游、可玩的特点；自由式的交通流线组织和汇聚式交通节点的设置映射的是菊花会中熙攘穿梭的人流；最终选择张拉膜结构体系覆盖下的半围合开放空间来营造设计者参加菊花会的光影变幻、气体流转的时空记忆（图9）。

空间转译

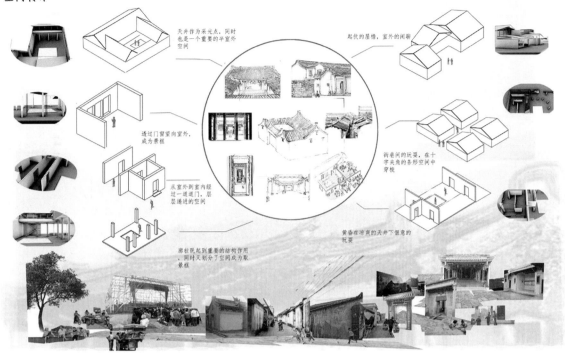

图8 厝下生活，四水归堂（吴唯煜）

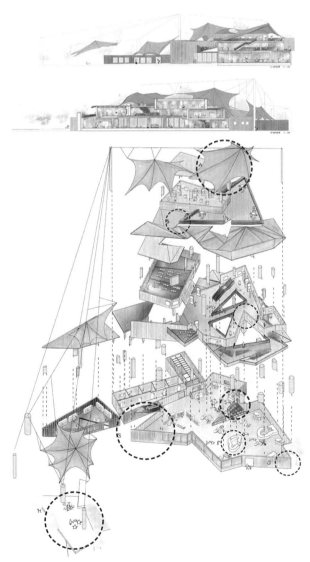

图9 菊花会记忆档案馆设计（梁炜宁）

四、意义与思考

1. 对于学生设计能力提升的意义

在强调个性化和创造力的现代建筑学教育环境之下，基于"空间叙事"方法的《建筑设计与构造2》教学实践是一种与时俱进的实验性探索。"空间叙事"的教学方法将课程的"主体"由老师转变为学生，让学生自己在发现问题、解决问题的过程中通过老师的引导自然地成长。

此次关于"记忆展陈"的初次实践性教学取得了较好的效果，学生们从记忆主题的选择了解到什么样的设计立意适用于展览类建筑；从场地任务书的分析中懂得不同"性格"的建筑应该用怎样的场地条件来承载；在具体空间设计中锻炼了空间营造手法的运用。从最终的成果表达中可以看出学生们对日常场景的关注、个性记忆的提炼和空间意境的呈现。空间叙事的教学将教育目标从满足外在需求转向同时满足外在需求和个体表达，体现了建筑学教育更人文的一面，该方法如果运用得当，将进一步激发学生的设计热情，挖掘其自身潜力，也有助于教师因材施教。

2. 对于创新建筑设计教学体系的意义

（1）教学方法的革新。引导学生通过空间设计来表达思考逻辑的教学一直是"常"而"新"的话题，传统的教学方式多从功能出发，有固定的"设计任务书"，学生的设计首先要满足各功能指标，空间生成的逻辑容易被忽略。基于"空间叙事"的教学实践课程从设计最开始的"主题选择""主题的可行性分析"，到中期的"叙事主题的空间转译",最后到"转译结果的总结评价",整个教学周期都以学生的自我选择为主,结合"概念授课""分组讨论""小组辅导""集体评图"等形式多样的课堂组织模式,进行相应的课程设计指导,较有效地引导学生加深对某一空间类型的理解、表达及运用,创作方法的引入能带来创新意识和视野、观念的拓展。

(2)教学体系的完善。经过一年级的基础技能教育,学生已经具备了一定的空间布局、建构能力,但对于空间设计逻辑从始至终的连贯性思考有所欠缺。基于空间叙事方法的教学中,学生从空间要表达的意义出发,并以实现该意义为目标。这一过程不仅能培养学生的分析能力、表达能力,还能完善并强化其知识结构和创新技能,从而实现整个建筑设计教学体系的扩充和完善。

(3)实现多学科融合。在引导学生进行空间叙事设计的过程中,除了运用到基本的建筑设计方法以外,还会多方面地引用其他学科的理论和方法。例如在挖掘叙述空间背后的信息时会涉及对于史学、人文学等方面的研究;分析特定空间成因时会涉及行为心理学方面的研究;最终设计成果的表达会涉及美学、材料学、光学、声学等方面的内容。且空间叙事的设计方法不仅适用于建筑设计,教学实验成熟后也可向城市规划和风景园林等设计专业引进。

由于是首次尝试,"空间叙事"方法的设计教学依旧存在不足,例如,如何定义叙事主题的空间意义,是否存在更有利于学生理解"空间叙事"概念的训练方式,如何将空间设计者的个体意义与群体意义实现连接等。但不可否认的是,基于"空间叙事"方法的《建筑设计与构造2》教学实践无论是对于学生能力的培养、教学体系的革新,还是对建筑教育意义的挖掘,都值得探索。

参考文献:

[1] 戴秋思,刘春茂. 从话语思维到设计实践——限定环境要素的空间构成教学过程探究[J]. 高等建筑教育,2011(2):9-13.
[2] 胡滨,金燕琳. 从大地开始——建筑学本科二年级教案设计[J]. 建筑学报,2008(7):81-84.
[3] 陆邵明. 当代建筑叙事学的本体建构——叙事视野下的空间特征、方法及其对创新教育的启示[J]. 建筑学报,2010(4):1-7.
[4] 张楠. 叙事空间设计解读[J]. 城市发展研究,2009(9):12-13.
[5] 吴良镛. 中国建筑与城市文化[M]. 北京:昆仑出版社,2009.
[6] 张愚,张嵩. 空间体验的"创意写作"教学初探[J]. 全国建筑教育学术研讨会论文集,2017:89-94.
[7] 张建龙. 基于日常生活感知的建筑设计基础教学[J]. 时代建筑,2017(3):34-40.
[8] 丁沃沃. 过度与转换——对转型期建筑教育知识体系的思考. 建筑学报[J]. 2015(5):4.
[9] 刘加平. 时代背景下建筑教育的思考[J]. 时代建筑2017(3):71.

图片来源:

所有图片均来自参与该教学课程的学生设计作品

作者:金珊,深圳大学建筑与城市规划学院副教授,深圳市建筑环境优化设计研究重点实验室;徐带领,深圳大学建筑与城市规划学院,硕士研究生;王鹏,深圳大学建筑与城市规划学院助理教授;杨怡楠,深圳大学建筑与城市规划学院,助理教授;彭小松(通讯作者),深圳大学建筑与城市规划学院副教授

以架构思维培养为目的大跨建筑设计教学改革

白梅　潘嘉杰　连海涛　张金江

Teaching Reform of Large-Span Architectural Design for the Purpose of Cultivating Structural Thinking

■ 摘要：针对传统教学中学生相对薄弱的建筑结构基础和缺乏架构意识的现状，以《大跨建筑——邯郸客运东站设计》为例阐述河北工程大学建筑三年级课程教学改革思路，通过植入架构思维，建立建筑设计与建筑结构相互融合的教学方式，引导学生将架构思维融入建筑设计之中。经过多年的教学实践发现，课程激发了学生对建筑设计的学习兴趣，学生开始从结构知识分析入手，在方案设计中完成将结构与设计的有机结合。

■ 关键词：大跨度筑结构　教学改革　建筑设计

Abstract：In view of the relatively weak building structure foundation and lack of architectural awareness among students in traditional curriculum teaching, this paper takes "Large Span Building-Handan Passenger Transport East Station Design" as an example to illustrate the teaching reform ideas of the third-year architectural curriculum of Hebei University of Engineering, through implanting architectural thinking Establish a teaching method that integrates architectural design and architectural structure, and guide students to integrate architectural thinking into architectural design. After a semester of practical teaching, the course stimulated students' interest in architectural design. In the program design, students can start with the analysis of architectural structure knowledge and organically combine structure and design.

Keywords：long-span building structure, teaching reform, architectural design

基金项目：2019—2020年度河北省高等建筑教育教学改革研究与实践项目（项目编号：2019GJJG249）

河北工程大学教育教学研究项目　项目名称：新工科背景下建筑参数化设计教学改革

引言

坂本一成提出"架构"（Tectonic）概念，指结构与场所的结合物，是结构融合了场地、功能、尺度等建筑要素后的结果[1]。在建筑设计中，建筑结构决定建筑的空间和体量，而建筑形态是建筑结构的延伸。维特鲁威提出建筑三要素：坚固（Firmitas）、实用（Utilitas）和美观（Venutas），坚固为其首。阿尔伯蒂提出建筑物是由外形轮廓和结构所组成，结构的三重性体现在空间要素、力学要素和象征要素。路易斯康毕生都在探寻建筑结构逻辑真实清晰的基础上进行创新设计。佩雷始终坚信只有结构可以赋予建筑以真实的品格、比例和尺度[2]。

然而建筑行业的快速发展和细化分工，结构与设计的有机关系正在被割裂，结构仅被看作支撑建筑的一部分，忽略了其对于建筑设计的生成意义。柳亦春认为：建筑设计往往通过建筑内在化的设计与周边环境进行表达，当建筑和结构分离时，结构在空间、力学和象征方面的作用开始消失[3]。赫尔穆特·杨和韦尔纳·索贝克提出"Archi-Neering"理念，要求结构和建筑促成一种相互渗透、解放、激发本体创造的动态设计过程[4]。

在建筑学教育中面临着同样的困境，引发我们重新思考结构教学在建筑学中的方式和途径。这方面的优秀代表是瑞士的ETH、日本的东京工业大学等院校，日本的建筑学课程直到四年级才开始区分设计、结构和设备专业，这有助于培养建筑师的结构和技术意识。相比之下，国内建筑学教育往往陷入"重艺轻技"的宿命，表现为结构技术在建筑学中的地位是次要的，建筑与结构的专业融合是薄弱的。如何使学生具备概念性的结构知识，以便灵活运用结构技术构思出合理的建筑设计方案，成为建筑课程改革的重点。

一、结构与设计教学融合现状

在建筑学本科教育中，建筑结构课程扮演着重要角色，能够开拓建筑设计思路，将建筑设计与结构选型有机结合，使结构受力更加合理，建筑设计更富于表现力、更多样化，最终达到结构受力合理与建筑艺术效果的协调统一。在大跨建筑设计中，结构问题成为建筑设计主导问题，以河北工程大学大三下学期大跨建筑设计为例，发现学生对于结构的认识停留在概念层面的粗略认知，学生无法为自己的设计选择适合的结构体系，从而习惯性地选择桁架等常见结构体系。同时发现学生在面对建筑设计与建筑结构时，往往是脱离的甚至是对立的，存在着重艺术、轻技术的现状。

长期以来，建筑学教育中存在着建筑设计和建筑结构教学割裂的状态，分别以不同的课程、不同专业方向的教师去授课，仅仅依靠学生自己进行理解，效率和效果均不令人满意，以至于常常有学生抱怨机构计算、结构选型课对于建筑设计没有作用。之所以产生此现象，一方面由于建筑结构内容繁多且专业性强与学生薄弱的基础之间存在着矛盾，建筑结构涉及建筑材料、建筑结构、建筑力学等方面，因为关系复杂，学生面对庞大的知识网络结构时，经常感到无从下手。另

一方面学生很难将建筑结构知识与建筑设计进行有机结合，尤其在方案设计期间无法充分应用结构选型和结构特性的理论知识。因此，很有必要探索综合性的教学模式，将架构思维融入设计之中，将建筑设计与建筑结构进行有机融合。

二、课程目的、内容与方法

本次课改以邯郸市新客运站设计为例，在设计的整个阶段引导学生重视建筑结构与建筑设计之间的联系，并且关注建筑形态产生的内在动因。设计要求选择大跨度结构类型中的壳体、折板网架、悬索等新型大跨结构，并结合邯郸地貌、景观视觉轴线等多种环境因素展开设计。整个教案共计八周，分为四个阶段，其中植入架构概念阶段和结构的验证阶段为课改重点阶段。

1. 植入架构概念

本文所讲的架构思维（Constructive Thinking）是指在方案设计初期就应该积极思考材料和建构方式对于建筑形态的限制和调整作用，将其转化为产生建筑特征的有效手段。通过培养架构思维能够帮助学生深入发掘建筑造型的建构性基础，从而更加关注建筑本体的营造。在以往的大跨设计中，学生在完成整体的设计后才开始考虑结构选型，最后导致建筑设计与建筑结构完全脱离，因此在课程开始时不仅要求学生学习客运站设计方法，同时展开对大跨建筑结构的理论教学与动手实践。以"架构思维"为设计出发点，以便学生能够灵活运用结构技术构思出合理的建筑设计方案。

在建筑结构课程安排上，传统授课往往是对各个结构进行逐一介绍，容易导致学生对结构特性产生混淆，难以使学生对大跨结构有整体而深刻的理解，因此课改通过讲述不同结构间的关联和演变过程，进而梳理各结构间的异同点（图1）。首先将板状结构作为初始状态，经过折叠、弯曲

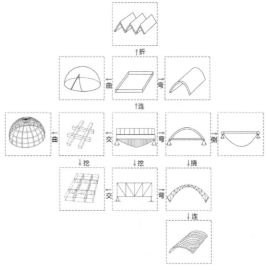

图1 大跨结构间的演化

等变化得到不同的结构，通过变形过程和分步演化使学生对结构受力特征有了更加直观的认识。

在对建筑结构特性有了整体的了解后，开始对大跨结构进行受力分析。受制于学生在建筑物理上薄弱的理论基础，在对结构受拉受压分析中学生往往感到抽象不易理解。因此，课程首先引导学生对生活中常见物体进行受力分析来辅助学生理解，并与大跨结构进行类比和归纳。例如，生活中常见的马扎与悬索结构受力类似，通过对马扎进行受力分析，然后逐步深入对客运站、体育馆等大跨建筑展开研究。通过由简到繁一步步进行深入，使原本枯燥、平面的教学变得更加生动、立体起来，为接下来的实践奠定理论基础。

接下来对以上所学内容进行实践操作，以动手搭建简单构筑物的方式为起点，让学生对结构选型、材料和节点处理有直接的理解。老师首先布置简单的结构设计任务，学生以组为单位选择不同的结构类型进行设计，并制作简单模型。通过亲自体验结构和构造过程，将之前学到的大跨结构知识转变为切身感受的直接认知，进而验证并改进设计方法。通过这种教学方式把架构思维融入大跨建筑设计中。

2. 验证并优化建筑结构

在第四阶段通过制作大比例的结构模型，进行受力分析并验证结构的合理性。首先根据强度、挠度和经济性等因素选取合理的建筑材料，之后通过3D打印或激光切割机制作模型，依据合理的建构方式搭建成为精细模型。在模型制作的同时，通过测试结构荷载和关键节点来验证建筑结构的稳定性。另外引导学生使用计算机辅助平台如PKPM结构软件对大跨结构的合理性进行验证分析，并对杆件受力进行优化以及对建筑受力节点进行推敲。学生需要超越第一阶段小型结构模型的局限性，通过理性的结构知识去把握较大规模的建筑和结构形态，也需要超越单纯的结构理性主义，去适应基地条件、功能要求和外观造型的表现性需要。最后阶段为表达与评图，邀请建筑专业和结构专业的教师进行评图。整个教学过程将结构教学、建筑设计教学和动手能力的培养有机的融为一体（表1）。

课程设置   表1

	课程组成	课程目的	教学过程	表现方式	评价标准	评价方式	图示
概念	A.讲解：讲授客运站设计方法以及建筑结构基础知识	对客运站设计要点和设计方法以及大跨结构有基本的认识	由结构老师开展大跨结构专题讲座，引导学生对生活中常见物体进行对比分析	实体模型、PPT	评价标准①客运站设计要点掌握程度（50%）②大跨建筑构造理解程度（50%）	评价方式：授课老师同结构专业老师共同讲评	
	B.实践：对客运站进行案例分析。制作简单模型，分析大跨建筑的受力特点	深入理解大跨结构的受力原理、创作手法，夯实理论基础	布置简单的结构设计任务，学生以不同结构分组，研究结构受力方式、节点建构				
	C.表达：制作实体模型并以PPT形式完成汇报	提升模型制作能力，图面表达能力，文字表达能力	由授课老师以及建筑结构专业老师共同参与讲评				
场所	A.讲解：分析结构如何塑造建筑空间的场所性	理解场地设计要素及场地设计方法	公共课	草图绘制、SU模型	评价标准①建筑与场地协调性（50%）②场地环境分析（50%）	评价方式：①授课老师讲评②学生朋友圈投票评选优秀作品	
	B.实践：对House SA进行分析，并基于此理念进行场地设计	结合建筑功能与场地环境，构思建筑结构类型，塑造场所精神	学生调研后，对场地要素进行分析，基于建筑结构类型进行场地设计				
	C.表达：场地设计图纸与模型，分析图图纸	提模型制作能力，图面表达能力	对方案草稿、模型进行集中讲评，学生进一步修改				

	课程组成	课程目的	教学过程	表现方式	评价标准	评价方式	图示
行为	A.讲解：以代代木体育馆为例，分析结构如何塑造空间并影响人的行为	通过分析行为偏好，结合结构设计明确功能分区和流线关系	公共课	草图绘制、SU模型	评价标准①总图布置(50%)②功能分区(25%)③流线合理(25%)	评价方式：授课老师同结构专业老师共同讲评	课改框架 跨度与主次
	B.练习：基于对行人行为的分析，反馈到空间和结构进行优化	从建筑结构特点出发，结合空间中使用者行为偏好进行建筑设计	指导学生对各功能模块空间进行划分，以及流线和布局优化				
	C.表达：将设计的多种方案以图纸、模型的方式进行表达	提高模型制作能力、图面表达能力	对学生设计方案进行集中讲评，挑选最优方案				
结构	A.讲解：大跨结构与方案设计的有机融合	验证建筑结构的合理性	优化结构方案，推敲材料表现与建筑形式之间的关系	正式图纸、实体模型	评价标准①结构方案(50%)②总图布置(25%)③功能布局与流线组织(25%)	评价方式：①授课老师讲评②教授集中评图③学生朋友圈投票评选优秀作品	验证与优化 设计与表达
	B.练习：制作实体模型，评价结构稳定性并进行优化	验证结构稳定性以及细化结构节点	选择合理建筑材料，制作大比例结构模型，测试结构荷载，验证关键节点				
	C.表达：制作A3号作品集，两张1号正式图纸，1：100模型	提高模型制作能力、图面表达能力	结构实体模型及平、立、剖平面图				

3. 成果图展示以及作品点评

通过课程中几个阶段的学习实践，学生夯实了建筑结构基础知识，并且能够结合方案的设计理念选择合理的结构类型，其中包括折板结构、壳体结构、张悬梁结构、混凝土薄壳结构和膜结构等结构（表2），最终设计成果在结构形式和材料运用上才能比较丰富。对于学生而言，通过该课程的学习，首先加深了对结构基础知识的认识，通过不断地试错，架构思维才得以增强，也对结构和建筑之间的关系有了更深的认识。经过一学期的教学磨合和检验，新的教学方案取得了一些成果，课改后的课程作业获得东南建筑新人赛等奖项（图2）。学生们在概念初期就将建筑设计与结构优化同步进行，随着建筑设计的深入，通过不断调整、优化结构方案，再将结构的修改反馈回建筑。最终方案中，结构不再仅仅作为建筑的从属，而是支撑和确定建筑方案的有利因素，甚至成为建筑的点睛之笔。

作业及教师评价 表2

结构类型	悬索结构	悬索结构
模型照片		
评价分析	具有一定美感，但结构缺乏稳定性	造型极富张力，底部支撑须加粗
优化建议	加固结构两翼	加固底部支柱 调整悬索位置

注释 左1学生姓名：安雪男，右1学生姓名：姚青伶

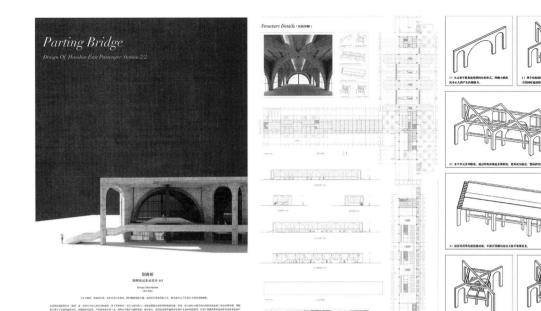

图2　获得东南新人赛奖项的学生作业

三、教学成果与反思

在课后针对教改效果进行调查问卷以及对个别同学进行访谈，发现课改激发了学生建筑设计和建筑结构的学习兴趣，在后续的建筑设计课程中，学生更加关注材料、构造、建造等问题，开始主动收集和利用新的构造形式来表达和深化自己的设计方案，而不少同学与老师的紧密交流就是最好的证明。经过课改总结经验得出：在教学过程中以结构为导向，使学生重新理解结构之于建筑的意义，从而形成具有逻辑性、精确性的设计思维。这是帮助建筑学学生建立综合性设计思路的新尝试，也是对传统建筑学教育中结构方向薄弱环节的有力补充。

图3　教授讲评

参考文献：

[1]　郭屹民.建筑的诗学 对话坂本一成的思考[M].南京：东南大学出版社，2011.
[2]　尼古拉斯·佩夫斯纳，理查兹[M].北京：中国建筑工业出版社，2010：173.
[3]　柳亦春.结构为何?[J].建筑师，2015（2）：43-50.
[4]　Jahn Helmut，Sobek Werner.ARCHI-NEERING[M].Hatje Cantz，1999：10.

图表来源：

图1：作者自绘
图2、图3：作者自摄
表1、表2：作者自绘

作者：白梅，河北工程大学硕士，教授；潘嘉杰，河北工程大学在读研究生；连海涛（通讯作者），诺丁汉大学硕士，副教授；张金江，河北工学院学士

思维的锤炼：从"概念"到"空间"

——武汉大学—邓迪大学建筑学"中英班"二年级建筑设计教学研究及实践

胡晓青　张点　毕光建

The Cultivation of Thinking：From "Concept" to "Space"——Research and Practice of Year Two Architectural Design Studio，WHU-UoD Joint Program

■ **摘要**：本文介绍了武汉大学—邓迪大学建筑学"中英班"二年级的建筑设计教学研究和实践，通过教学思路、教学步骤、学生作业的分析和展示，阐释了从"概念"到"空间"的教学方法。该方法基于场地分析、客户需求、调查研究来发现问题，定义概念；基于概念设定务实明确的目标，并探索实现目标的空间组织方法。在教学的不同阶段坚持使用合理的工具推进方案。在学生成绩评定中，以概念落实的准确性为重要的评价内容。在教学全过程中建立起从"概念"到"空间"的科学严谨的教学主线。

■ **关键词**：概念生成　空间组织　建筑教育

Abstract：This paper introduces the year two architectural design studio of WHU-UoD Joint Program. Through demonstrating the teaching program and students´ work，it articulates our teaching method ″from concept to Space″.This method emphasizes：problem identification and concept definition through analyses of site and customer demands as well as research；exploration of spatial organizations to achieve clear goals based on concept；using reasonable tools for design development from one stage to another；evaluation of students´ work based on the accuracy of design execution.

Keywords：concept definition，spatial organization，architectural education

一、前言

　　我国现代建筑教育受到了西方建筑教育，尤其是布扎（″the Beaux-Arts″）体系和德国包豪斯学院式设计教育的深远影响。"布扎"体系源于法国巴黎美术学院，重视建筑知识体系传授，注重历史经验传承，但不太重视学生创造力的培养。"布扎"体系成为中国建筑教育的主流，造成学生习惯于模仿，创新意识不够。[1]德国包豪斯学院式设计教育的构成训练如今仍广泛作为我国建筑学院（主要是低年级）造型基础训练的一部分。两者的重点均在于训练建筑设计中空间和形体的形式美学处理的技巧。

2000年以后，人类面临环境、社会、科技、市场的巨变。国家引领产业转型，产业转型驱使专业重新定位。建筑产业无法置身事外，建筑教育必须担负起专业转型的责任。当代建筑学的学科边界、核心知识、热点话题，一直随着复杂的现实不断发生着或大或小的变化：如功能 (fuction) 概念逐渐向空间计划 (program) 概念转变，形态风格创造的主观性逐渐向"设计解决问题"意识下的理性推导过程转变……[2]

当下我国各高校的建筑教育正在不断进行实验和探索，多样化的教学方法与尝试不断涌现。在此背景下，笔者所在的武汉大学—邓迪大学建筑学"中英班"（武汉大学城市设计学院与英国邓迪大学社会科学学院建筑学本科中外合作办学项目）二年级教学组进行了多年的建筑设计教学研究和实践，逐步凝练和形成了统一的教学思想：将"创造性"思维的培养融入建筑设计课程教学；以"概念生成"—"空间设计"为主线，循序渐进地培养学生设计的基本功（包括思考的基本功和技术的基本功）；探索科学逻辑地实现建筑设计的方法。基于场地分析、客户需求、调查研究来发现问题，定义概念；基于概念设定务实明确的目标，并探索实现目标的空间组织方法。在教学的不同阶段坚持使用合理的工具推进方案。在学生成绩评定中，以概念落实的准确性为重要的评价内容。

本文将介绍我们在该教学思想下进行设计教学研究和实践，通过教学思路、教学步骤、学生作业的分析和展示，阐释从"概念"到"空间"的教学方法。

二、教学介绍

1. 教学思路

建筑学是一门将多学科离散知识及经验信息转变为建筑创作的学科，每一个设计任务都是一个新问题。这种多因素制约的、建立在设计者个人经验和文化背景之上的、具有很强个人色彩的创造性工作，往往容易给初学者难以入门的感觉。建筑设计课程教学方法的科学性和可操作性一直是建筑教育者关心的话题。从"概念"到"空间"的教学方法，就是要在教学过程中建立起科学严谨的教学主线，从课题设置到成果检验，从知识讲授到设计实操，都依照此主线展开。设计选题从学生容易掌握的自身的经验开始，各有重点地组织四个设计实践课题：House+、Student Dormitory、Community Kindergarten 和 Community Center（表1）；一以贯之地执行教学思路，使得教学有方，学习有法。因篇幅所限，本文仅详细介绍上学期的两个课题。

武汉大学建筑系中英班二年级建筑设计课程教学安排 表1

二年级	类型	基地	课程题目	面积	训练工具
第一学期	个体生活经验	校园	House +	250m²	plan/section/ elevation/ PPT Massing model
	公共生活经验	校园	宿舍	1500m²	site plan/structure plan & section/Diagrams
第二学期	单一功能	城市	幼儿园	1500m²	Infrastructure/Programming/Discourse
	复合功能	城市	社区中心	2200m²	Infrastructure/Programming/Discourse

设计因概念而发生，概念因设计而赋形。客观事物和主观文章都有中心思想，万物围绕繁衍和生长呈千姿百态之式样，伦理道德围绕人类灵光有儒道佛法。表达人类生活和审美的建筑岂能没有中心思想？有了中心思想之建筑方能纲举目张。建筑设计的中心思想，我们不妨称之为"概念"。认知心理学认为：概念是一种复杂而又真实的思维活动，概念是反映对象本质属性的思维形式。依据系统分析方法，人的思维空间可以分为两个部分，一个是概念空间，一个是形象空间。人的思维状态进行推理的过程涉及这两个空间的协调。[3]空间设计是三维形象空间思维，是感性与理性、逻辑与非逻辑的综合体。如果没有概念作为引导，这种三维空间思维犹如无源之水、无本之木。

Asimow 提出至今仍被广泛认同的三阶段设计流程：分析阶段着重了解设计问题与设定设计目标；综合阶段着重于替代方案的产生；评估阶段依据设计目标，衡量各替代方案的可行性并作出选择。[4]在教学步骤的安排中，中期评图 (Mid-review) 之前教学重点在于分析阶段：关注设计形成的过程 (Design Formulation)；培养包括逻辑、推理、铺陈 (Logic, Reasoning, Discourse) 的思考能力。教师需要帮助学生理解何为建筑设计中的概念？概念如何产生，如何判断哪些概念是可以通过空间实现的，从而选择可以实施的概念？

2. 教学步骤及学生作业

以第一个课程设计 House+ 为例，基地选址于武汉大学信息学部校园内临马路的一处家属院。要求学生自己设定客户，新建筑不仅要满足客户一家四口人（父母加两个孩子）的居住要求，还要为客户提供一个面向社会可以经营的工作空间。题目要求学生在一个 9m x 9m x 9m 的体量里处理居住、工作以及交互空

图1　中村拓志 & NAP 事务所，*Roku* 博物馆

图2　库哈斯的建筑作品《波尔多住宅》

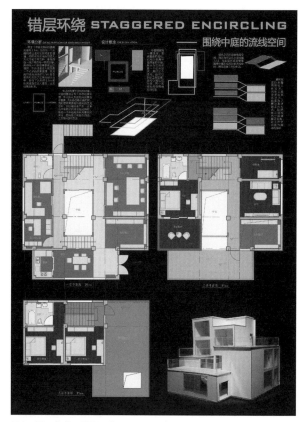

图3　周凡作业《错层环绕》

间这三者之间的关系。在题目设置时，教师有意抛出一个话题：如何定义和理解工作与生活的关系？并引导学生从"基地分析"和"客户需求"中来定义概念。在课堂讲授中，通过案例分析来进行说明。关于从"基地分析"中确定概念，案例选择了日本建筑师中村拓志在2010年完成的作品 Roku museum（图1）。这是一个位于郊区的约100m²的展示空间，基地上散布着郁郁葱葱的乔木。设计师尊重树木成荫的自然环境，对所有树木枝干的形态精心测量。以树木生长所剩下的负空间来定义新建建筑的形态轮廓，并选择便于灵活组织的木作梁柱结构的结构形式实现富于变化的屋顶形态。这个设计的概念可以描述为：the shape of the building is the infill of the void left by trees，the negative space of the trees.

关于从"客户需求"中确定概念，案例选择了库哈斯的波尔多住宅。住宅建在法国波尔多郊外的一座小山上，这栋住宅是库哈斯为一对老年夫妇设计的，这对夫妇中的丈夫出过一次严重的车祸，在那之后他只能在轮椅上生活。客户在讲述需求时这样表述："Contrary to what you would expect，I want a complex house because the house will define my world." 客户的特殊需求成了这栋住宅设计的出发点。住宅看上去是三个完全独立的实体叠加而成（图2）。底层以沉重的体积嵌入山体，室内空间如洞穴般，这里是亲密的家庭生活发生的场所。中层是完全透明的，提供一览无

余的室外风景。顶层是不透明的实体，这里是家人休息之处。有趣的是，这样三个不同的空间体积通过一个特殊的垂直电梯紧紧地联系和组织在一起。垂直电梯为男主人提供了到达住宅任何一处的帮助，从底层的厨房到顶层的卧室。

不可否认的是，在清晰的教学思路引导下，学生可以很好地理解和掌握设计方法，找到清晰的概念，创造性地解决问题。下面以学生作业为例进行说明。

周凡同学的作业《错层环绕》就是从基地南北1.5m的高差利用出发来形成设计概念（图3）。设计力求用最少的面积、最简单有效的交通来实现工作空间和生活空间的组织。具有私密性要求的生活空间的主入口设置在高处，面向具有生活气息的街坊内道路。具有开放性要求的工作空间的主入口设置在低处，面向校园内的主干道。因为两入口之间存在1.5m的高差，在建筑内部东西轴线上形成了错层关系。建筑体的下部布置工作空间，上部布置生活空间。围绕中庭的环形流线便捷的联系错层平面，并形成各自功能空间的下一级的动静划分。

孟媛同学的作业《谜》选择了一个特殊的职业"侦探"作为客户（图4）。为了追寻重重疑云遮掩下的真相，作为侦探，不但应该具备博闻强识的素养，且在身份多重转换的同时，其行踪也要让人难寻轨迹。设计者以这一职业的特殊性为基点分析，衍生出了"谜"这一概念。考虑到侦

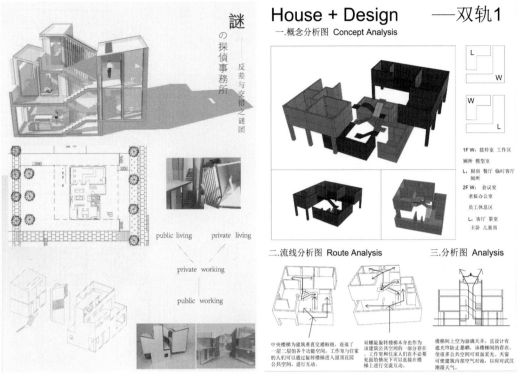

图4　孟媛作业《谜》

图5　李语昕作业《双轨》

探的工作对隐私性、便利性有强烈需求，设计者将生活区划分至场地南面，与视野宽阔的大路相邻；将工作区划分至场地北面，与隐蔽狭窄的小道相邻。同时加入错层的手法和格栅的运用，在增添便利性和隐蔽性的同时，为居住者带来了光影变幻的丰富感与空间过渡的趣味感。

李语昕同学的作业《双轨》更是提出了她对"工作与生活"的合理关系的哲学思考（图5）。工作与生活是客户日常的两个面向，它们发生在这个紧凑的空间里。工作是严肃、高效和社会化的；生活是随意、舒适和隐私性的。它们有各自的空间性格，就像两条不同的轨道；但它们又是保持着相互吸引和相互顾盼的暧昧关系。设计者将工作空间和生活空间设计成两个相对独立的子系统，利用两组螺旋楼梯实现子系统之间既相互独立又相互关联的关系。这样一种类似DNA的双螺旋结构在建筑空间上的实现，很好地回答了课程设置所抛出的问题："如何定义和理解工作与生活的关系？"

概念来源的另一方面是调查研究。通过调查研究进行信息的收集和发现，对信息进行加工和理解，整合和建构从而形成自己的"概念"。第二个课程设计为 Student Dormitory，宿舍是学生熟悉的环境，便于学生利用自己的经验，通过观察宿舍的日常生活和空间的关系来发现问题，寻求设计概念。题目要求在总建筑面积不超过 1500m² 的空间中提供120人的大学生住宿，其中40%的面积用于公共空间和交通空间。题目的设置抛出一个具有研究型的课题：如何理解新时代大学生的个性特征对宿舍空间的需求？如何处理好在相对紧张的面积下私密性和公共性之间的矛盾和平衡？

霍霆钧同学的设计 Treasure box 的概念在于实现开放和冥想两种空间氛围的并置（图6）。场地位于教师生活社区的道路转角处，基地环境具有很强的商业氛围；而学生宿舍追求私人空间的安静和隐秘。基地环境和客户需要的综合考量成为概念的来源。在开放性上，充分考虑学生与社区之间的共生关系，完全开放出一二层的空间，作为与社区的共享空间。同时充分考虑宿舍的社交需求，在不同楼层中安排不同的功能，如同一个百宝盒，实现不同需求人群的分流。在宿舍单元的设计部分，将冥想与睡觉作为高度隐私性的空间设计，在极小的空间内为每个人设计了单独的冥想空间。将学习、洗漱等功能空间安排于宿舍的公共空间中，使得室友之间产生分享与交流。

熊莞仪同学调查分析了作为使用者的95后以及00后人群对于社交网络的依赖而导致的喜欢独处、疲于日常交际以及注重自我和隐私的特质（图7）。设计者利用四周外墙，以"每个人拥有一扇窗户"为目标，为使用者设计十分紧凑却具有领域感的"一桌一床"的个人空间。同时四位同学共用一套洁具来平衡隐私感与经济性的矛盾。以切割体块产生的狭缝来组织公共空间，这一策略很好地回应了场地过于开放与宿舍生活所需要的私密性的矛盾。沿狭缝布置的公共空间因为整合了交通功能更具有活力，公共活动发生的随机性大大增加。

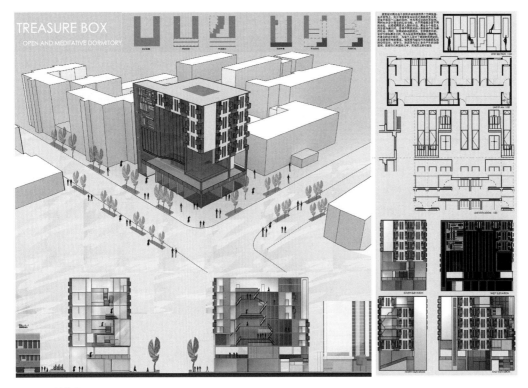

图 6　霍霆钧作业 *Treasure box*

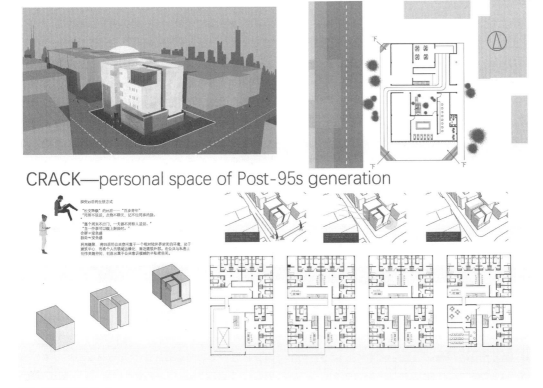

图 7　熊莞仪作业 *Crack*

　　每个学生的切入点都不同,在如此短的教学周期内苛求和纠缠概念的"正确性"难以实现,何况"正确性"的检验需要时间和实践。在教学中我们强调概念产生相对的科学性、客观性和真实性,并将重点放在从"概念生成"到"空间设计"的逻辑性上。

　　从概念生成到空间设计是设计的综合阶段。不可不谈概念, 又不可空谈概念。我们重视概念的形成, 更重视概念的执行。概念的执行是一个从抽象(abstractive)到具象(figurative)的过程。在此教学阶段, 采用什么设计工具、如何利用设计工具以帮助快速思维来推进方案是其关键。运用设计工具进行思维和创作是建筑师思考和工作的基本方法, 我们称之为"技术的基本功"。在教学的不同阶段坚持使用不同的合理的工具，包括关键词、简图、轴测图、PPT、平立剖图纸等。通过为设计取标题和副标题来不断清晰概念，使得概念趋于准确和真实。在设计中不断修改设计说明以及绘制说明简图来丰富和润色设定的概念，设定实际的评价条款（criteria）来具体化地落实概念。

从基地环境到建筑到室内，不同尺度、不同系统下的空间生成相互关联、相互制约。在设计创作中这种生成逻辑既可能是从大到小推进，也可能是从小到大进行推演，两者通常不是线性发展的过程，而是反复调整、不断深化的过程。在教学中特别强调通过不同比例的模型来完成不同阶段的方案推演，因为模型较之图纸更容易帮助初学者进入空间思维的世界。在教学中要求学生通过不少于 3 个 1：300（或 1：200）的体块模型来探讨外部（环境和周边建筑）与内部的关系（次组织／功能空间／交互面）。通过不少于 3 个的 1：200（或 1：100）的模型探讨从体量到内部空间划分的关系。通过 1：50 的室内模型探讨簇群或者单元内部布置的合理性。在方案推进的过程中，始终围绕、回到和反思概念的定义，并强调在架构和体系（infrastructure）上达到概念的执行，实现不同层级空间关系的逻辑化。

终期评图是思考基本功和技术基本功的最终检验，同时训练学生的表达能力，包括图纸和语言。要求学生在终期答辩的方案陈述中突出思维过程的呈现，具体内容中包括：概念的定义 Concept Defining，概念的推演（从抽象到具象）Discourse（from abstractive to figurative），概念落实的准确性 Conceptual Precision in Schematic Design。教师在评图介绍中强调从"概念"到"空间"的教学方法，引导评图嘉宾聚焦教学思路，形成有效的讨论氛围。评图并不过多讨论"概念"的准确性，而更加强调从概念到空间的完成度和对应度。可以说，自圆其说是重要的评价标准。因此，学生如何利用空间组织来回应概念含义是首要的。

三、结语

通过四年的教学研究和实践，事实证明这种教学方法以学生"创造性"思维培养为目的；基于基地分析、客户需求、调查研究产生科学的、真实的概念，从而使得设计教学逻辑化、目标化；采用合理的设计工具推进概念的落实和空间生成，从而使得设计教学程序化和可操作化；在学生成绩评定中，以概念落实的准确性为重要的评价内容，使得设计成果的评价指标化。当然，在教学实施过程中不免会受到老师和学生多方面的质疑；我们相信任何探索和研究都可能存在争议，也欢迎各种不同的意见，以便在以后的工作中不断改进和完善。本文用教研组负责人毕光建老师的一段话来作为结束："概念取向"与"务实取向"不仅不相冲突，而且相辅相成，彼此缺一不可。设计的原因是要解决问题，而要解决问题，往往要跳出陈窠，方有活路，因此具体务实的问题，是好的设计的起点，而欲达提问的彼端，则需由概念下手，方可引出切题的答案。特别是陌生的问题，或是在陌生的涵构中熟悉的问题。我们训练理解问题的能力，策略性思考的习惯，组织解决问题的知识架构，应用知识与工具的能力。培养思考的习惯和面对问题的心态，学生才有创造自我学习、自我成长的空间。[5]

参考文献：

[1] 刘克成. 自在具足，心意呈现——以建筑学认知规律为线索的设计课改革 [J]. 时代建筑，2017（3）.
[2] 范文兵. 建筑学在当今高校科研体制中的困境与机遇——从建筑教育角度进行的思考与探索 [J]. 建筑学报，2015，（8）.
[3] 高畅. 钢琴演奏思维中的形象空间和概念空间 [J]. 北方音乐，2018，（10）.
[4] Asimow，M. Introduction to Design [M]. Englewood Cliffs，NJ：Prentice-Hall，1962.
[5] 毕光建. 建筑的理由：成长于变迁中的文化理解 [M]. 新北市：淡大出版中心，2003，11.

图片来源：

图 1：https：//www.archdaily.cn/cn/923671/rokubo-wu-guan-rang-zi-ran-jian-zhu-yu-ren-lei-kao-de-geng-jin-zhong-cun-zhi-tuo-and-nap
图 2：https：//en.wikiarquitectura.com/building/house-in-bordeaux/#
图 3～图 7：分别来自周凡、孟媛、李语昕、霍霆钧、熊莞仪同学的作业
表 1：作者自绘

作者：胡晓青，武汉大学城市设计学院讲师；张点，武汉大学城市设计学院讲师；毕光建，武汉大学城市设计学院教授

"模块化"理念下三年级建筑设计教学探索

陈林　贾颖颖　王茹

Exploration of Architectural Design Teaching in the Third Grade Under the Concept of "Modularization"

■ 摘要：三年级建筑设计教学目的是为了帮助学生实现复杂知识体系的统筹并将其转换为具体的设计操作，训练学生从认知到逻辑、从片段到整体、从简单到复杂的解决设计问题的思维方式。在三年级建筑设计长期教学过程中，原有的"布扎"式教学体系存在一定的问题，教学小组希望引入"模块化"理念，在教学目标、教学过程以及教学评价三个方面加以改进，以此达到控制整体教学质量的目的。

关键词：教学目标　教学过程　教学评价　模块化

Abstract：The purpose of architectural design teaching in the third grade is to help students realize the overall planning of complex knowledge system and transform it into specific design operation，train students from cognition to logic，from fragment to whole，from simple to complex thinking mode of solving design problems. In the long-term teaching process of the third grade architectural design，there are some problems in the original "Buza" teaching system. The teaching group hopes to introduce the concept of "modularization"，improve the teaching objectives，teaching process and teaching evaluation，so as to achieve the purpose of controlling the overall teaching quality.

Keywords：teaching objectives，teaching process，teaching evaluation，modularization

一、引言

　　三年级建筑设计课处于专业课学习过程中承上启下的位置，是从简单问题处理过渡到复杂问题处理的重要阶段，此阶段教学一直采用秉承多年的"布扎"式教学体系[①]，希望通过教师一对一改图、手把手讲授的方式将多种类型建筑的设计方法传授给学生。在长期的教学过程中，教学小组通过对学生学习全过程的观察与分析，发现原有类型式教学虽然能够传

基金：2018年山东省本科教改项目M2018X196

授给学生一些具体建筑设计的相关知识，但是并不能有效地帮助学生建立从认知到逻辑、从片段到整体、从简单到复杂解决设计问题的思维方式，这对于学生长期的发展显然不太有利。如何将体系庞杂的知识内容传授给学生，帮助学生实现复杂知识体系的统筹并将其转换为具体的设计操作，这些是三年级建筑设计教学中需要思考的问题。

二、三年级建筑设计教学问题具体分析

1. 教学目标设定不够清晰

三年级建筑设计内容比较复杂，需要考虑的问题比较多，以往教学是以传授某种类型建筑的具体设计方法为主，目标设定过于笼统，不仅每个课程作业之间的目标设定没有紧密的联系，就连一个课程作业自身的训练点和重点都梳理得不够清晰。在教学目标设定不够清晰的前提下，一对一授课方式又放大了教师个体的差异性，导致学生在学习过程中完全以任课教师个体关注点为训练目标，容易造成学生学习内容的片段化以及学生学习效果巨大差异。

2. 教学过程控制不够详细

三年级建筑设计课在每个学期分别设置了两个课程作业，每个课程作业历时 7 周，在以往教学过程中只规定了课程作业开始和交图的时间节点，对于每个课程作业在认知、构思、深化和表达几个阶段并没有详细的规划。部分学生不能很好把控并分配时间，反复和老师讨论前期的构思，影响了整个设计的深化和表达，有的同学甚至因此耽误了课程作业提交的时间。为了保证每一位学生的课程作业能够达到训练的整体要求，同时保障教学过程中时间分配的合理性，教学小组对教学过程的控制也提出了新的要求。

3. 教学评价方式不够完善

在教学评价方面，通常是以学生上交的最终图纸为依据，由任课教师单独评定。评价方式往往是学生学习的风向标，此种重结果轻过程的评价方式，在一定程度上弱化了设计逻辑的重要性，也不能反映出学生学习的全过程。此外，由于前期没有制定明确的教学目标，在评价内容上也无法建立与目标一一对应的关系，最终评价还是以教师个体对设计任务的理解和主观判断为依据，

这也不利于学生实现复杂知识体系的统筹并建立解决设计问题的思维方式。

三、"模块化"理念渗透课程教学全过程

针对三年级建筑设计教学的具体问题，教学小组希望从教学目标、教学过程以及教学评价三个方面对每一个课程作业加以模块化限定：明确每一个课程作业的教学目标模块，建立教学目标模块之间的逻辑关系；对教学过程采用模块化控制，使教师和学生在教与学的过程中对整体的教学过程有完整的认识；在教学评价方面建立与教学目标一一对应的评价模块，以此达到控制整体教学质量的目的。

1. 教学目标模块化

为了实现最终"知识＋能力""创新＋应用"复合型人才培养的目标，山东建筑大学建筑设计课设定了从设计基础、设计入门、拓展提升、专题设计、实践综合这样一个从一年级到五年级逐步提升的完整的教学体系（图1）。三年级的设计课处于教学体系中关键性的一环，在这个阶段的学习中，既要巩固之前学习的内容，包括加深对建筑基本要素的认知以及对空间限定、分化、群组、叠合等具体操作手法的梳理，同时又要增加与建筑设计相互交叉学科相关知识的学习，只有处理好这些内容，才能保证学生顺利地从拓展提升过渡到四年级更为综合的专题训练。

教学小组将三年级拓展提升部分按上、下学期分为两大部分，三年级上学期延续并深化二年级的学习内容，侧重于建筑内在复合要素制约下的综合设计，三年级下学期拓展为建筑外在复合要素制约下的综合设计。四个课程作业以此为依据，结合交叉学科的相关知识，提炼出四个不同的核心要素：建构、技术、场所与文脉、社会与人文，而相关知识性内容从"环境、功能、技术"三方面被归纳为三个基本要素。围绕一个核心要素和三个基本要素，呈现"空间再生""技术综合""场所营造""概念统筹"四个教学目标模块（图2）。四个教学目标模块在训练的基本要素要求上是紧密联系、螺旋上升的，在训练的核心要素的要求上由易到难，由片段到整体，具有明确的针对性与指导性。

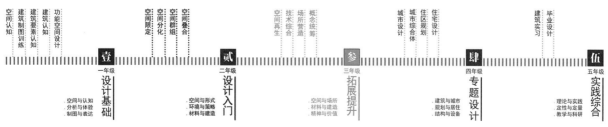

图 1　教学体系

43

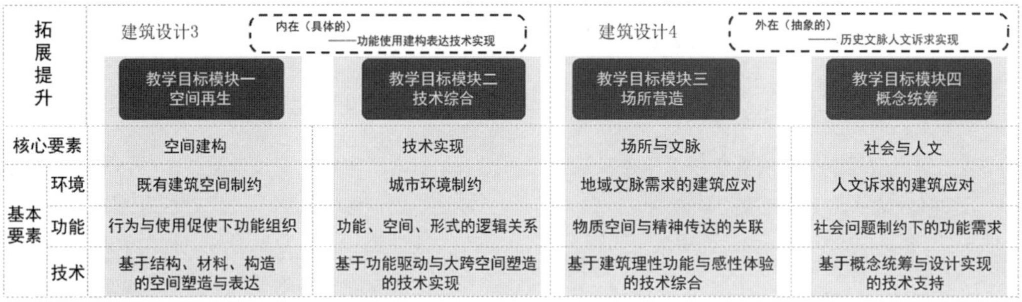
拓展提升
建筑设计3
内在（具体的）
——功能使用建构表达技术实现
建筑设计4
外在（抽象的）
——历史文脉人文诉求实现
教学目标模块一
空间再生
教学目标模块二
技术综合
教学目标模块三
场所营造
教学目标模块四
概念统筹
核心要素
空间建构
技术实现
场所与文脉
社会与人文
基本要素
环境
既有建筑空间制约
城市环境制约
地域文脉需求的建筑应对
人文诉求的建筑应对
功能
行为与使用促使下功能组织
功能、空间、形式的逻辑关系
物质空间与精神传达的关联
社会问题制约下的功能需求
技术
基于结构、材料、构造的空间塑造与表达
基于功能驱动与大跨空间塑造的技术实现
基于建筑理性功能与感性体验的技术综合
基于概念统筹与设计实现的技术支持

图 2　**教学目标模块**

2. 教学过程模块化

为了将每个课程作业的核心要素和基本要素理性地传授给学生，教学小组将“空间再生”“技术综合”“场所营造”“概念统筹”四个教学目标模块在教学过程中做进一步拆解。按照学习从认知到逻辑逐步加深的特点，目标模块在整体教学过程中被分解为认知、构思、深化和表达四个教学过程模块（表 1），每个教学过程模块对阶段目标及教学时间有详细的控制，有利于教师和学生在教学和学习过程中有整体的了解，并且有利于帮助学生实现复杂知识体系的统筹，并将其转换为具体的设计操作。

教学过程模块　　　　**表 1**

目标模块 / 过程模块	空间再生	技术综合	场所营造	概念统筹
认知模块	历史环境、建筑再利用	形态与、表征对都市环境影响	文化认知与场所分析	人文主导下概念提取
构思模块	功能置换与空间改造	观演空间功能、结构整体实现	符号提取与空间转译	空间设想与功能配置
深化模块	基于建构的空间生成	视线、构造、声学、光线分析	展览空间具体设计	概念引导的社区中心
表达模块	空间实现与建构表达	技术为基础的空间表达	空间气氛与场所表达	概念统筹下空间表达

结合每个课程作业历时 7 周，14 次课的教学时长，对教学过程中的认知、构思、深化及表达四个模块在具体课次上进行详细控制。以概念统筹教学目标模块为例，其教学过程模块在具体课次上的划分为认知模块 1—3 课次，构思模块 4—6 课次，深化模块 7—10 课次，表达模块 11—14 课次（图 3）。同时，为了避免学生在设计前期花费大量的时间去整理繁琐、枯燥的理论知识，教学小组在认知和构思教学过程模块中穿插了相应的专题授课，保证知识性内容高效快速地灌输给学生，提高教学的整体效率。教学过程模块的设定为教师和学生的教与学提供了良好的保障，确保课程作业能有效高质地完成。

概念统筹目标模块
课次
过程模块
1
2
3
4
5
6
7
8
9
10
11
12
13
14
认知模块
构思模块
深化模块
表达模块

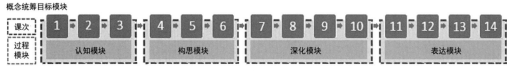

图 3　模块与课次

3. 教学评价模块化

教学评价直接影响教师和学生对教学目标的实施，合理的教学评价可以有效地引导学生循序渐进地处理课程作业中的重点与难点。为了更好地落实三年级建筑设计课程教学目标模块，同时强调设计课从认知到逻辑的过程，教学小组在评价的内容和方式两个方面对教学评价进行了完善。结合每一个课程作业教学目标模块中的具体内容，设定了与目标一一对应的评价内容；结合教学过程认知、构思、深化与表达四个模块，设定了与之对应的汇报节点。以场所营造课程作业为例，在评价内容上对教学目标模块中核心要素“场所与文脉”和基本要素“环境、功能、技术”的具体要求有明确的呼应，在评价方式上设置了应对认知、构思、深化与表达教学过程模块的汇报节点（图 4）。评价内容和方式共同确定了教学评价的四个模块：认识汇报、初期汇报、中期汇报与终期汇报，课程设计的最终成绩是依据初期、中期和终期汇报三个环节分值比例 10% ：30% ：60% 进行累加，评价主体也由指导老师一个人变为教学小组中随机的两位教师，因此评价结果更加客观，权衡的范围也更加全面（图 5）。

四、模块化理念下教学成果展示

1. 阶段成果展示

通过〝模块化〞理念的引入，教学小组在教学目标、教学过程以及教学评价三方面对三年级建筑设计的四个课程作业进行了细致的梳理，使整体教学更加合理高效，教学成果也不仅仅局限于最后的图纸内容，教学小组对于阶段成果也进行了汇总（图6），通过阶段成果可以及时发现教学中存在的问题，并借鉴阶段成果进行小组讨论修改，通过阶段成果提升了对教学过程的重视程度，还增加了教学小组对课程作业纵向和横向的比较，大大提高了整体教学质量。

2. 最终成果展示

建筑设计课程最终成果是对〝模块化〞理念下三年级建筑设计教学探索的检验，将数年三年级建筑设计课程的优秀作业进行汇总（图7），通过学生优秀作业展览，促使教师引导学生在分析方法、策略手法、设计立意、表达效果方面进行思考，使得学生对四个课程作业的教学目标模块更加明确，对教学过程模块更加清晰，对教学评价模块也有了充分的了解。

五、总结

自借鉴〝模块化〞理念对三年级建筑设计不断进行教学探索开始，教学小组发现〝模块化〞教学有一定的优势能有效地提高教学效率和质量，例如：依据明确具体的教学目标模块，教师面对不断变化的具体环境和多样的建筑类型，可以不改变训练点而灵活调整具体的题目；教学过程的模块化，使学生和教师能准确把握各阶段的时间分配，总体上提升了教学效率；教学评价的模块化，使得教学研究更加深入，有利于教师纵向比较学生对个阶段教学的学习情况。当然，在〝模

图4 汇报节点

图5 评价模块

图6 阶段成果

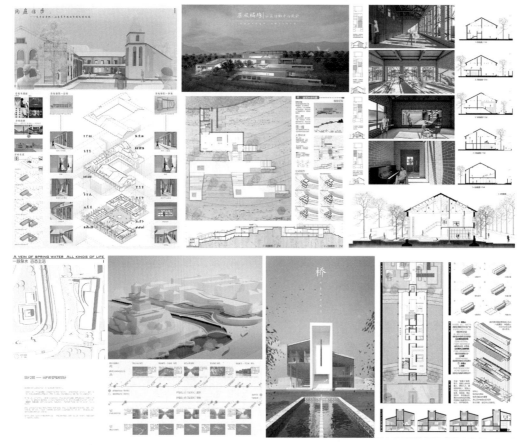

图7　优秀作业（局部）

块化″理念与教学目标、过程和评价的结合上依然存在一定的漏洞，希望能借此文章引起广大教师学生的关注，并提出宝贵意见。

注释：

① 马立，冯伟，周典，贾建东.幼儿园建筑〝模块化″设计教学探索——西安交通大学人居学院建筑系模块化建筑营造工坊教学实践.[J].中国建筑教育，2019（10）：57.

参考文献：

[1] 戴俭，窦强，张勇.建筑构成方法在建筑设计教学的运用与探索[J].建筑学报，2015（5）：29.
[2] 马立，冯伟，周典，贾建东.幼儿园建筑〝模块化″设计教学探索——西安交通大学人居学院建筑系模块化建筑营造工坊教学实践[J].中国建筑教育，2019（10）：57
[3] 薛春霖，郭华瑜.何以〝授渔″？——关于〝身体力行″示范式教学方法的探讨[J].建筑学报，2017（6）：101-104.
[4] 韩冬青，赵辰，李飚，童滋雨.阶段性＋专题性＋整体性——东南大学建筑系三年级建筑设计教学实验[J].新建筑，2003（4）.
[5] 石媛，李立敏.基于模块化教学体系下的〝由情及理″环节教学探索[J].中国建筑教育，2017（5）：19-23.
[6] 李晓东，仝晖，赵斌，贾颖颖.基于空间结构分析的建筑认识实习教学研究[J].建筑学报，2019.11.
[7] 刘克成.自在具足，心意呈现——以建筑学认知规律为线索的设计课改革.时代建筑，2017（3）：24-30.
[8] 贾颖颖，王茹，陈林.建筑设计课程中建筑史类专题授课的教学探索.2017年中外建筑史教学研讨会论文集，2017：124-130.
[9] 孙崇勇，李淑莲著.认知负荷理论及其在教学设计中的运用[M].北京：清华大学出版社，2017.
[10] 王毅，王辉.转型中的建筑设计教学思考与实践——兼谈清华大学建筑设计基础教学[J].世界建筑，2013（3）：125-127.
[11] 许莹莹，蔡华.网络环境下建筑设计课程混合式教学模式的研究与实践——以桂林理工大学三年级建筑设计课程为例[J].高等建筑教育，2018（3）：114-118.
[12] 石英.模块化导向下小型公共建筑设计课实践与思考[J].中国建筑教育，2016（3）：11-15.

图片来源：

均为作者自绘、自制，或来源于学生作业

作者：陈林，天津大学在读博士，山东建筑大学建筑城规学院讲师；贾颖颖，天津大学在读博士，山东建筑大学建筑城规学院副教授；王茹，山东建筑大学建筑城规学院副教授，博士

公开评图中自然语言的语义分析

——以"城市综合体设计"为例

周晓红　孙光临　陈宏

The Semantic Analysis of Natural Language in Public Comment——Taking the "Urban Complex Architecture Design" as an Example

■ 摘要：本文以本科三年级"城市综合体建筑设计"课程中，学生与指导教师的一段自然语言为观察对象，分析了双方所用词语的特征，提出学生、教师在各类词性的词语使用上存在差异。

■ 关键词：课程设计　指导教师　本科生　自然语言　语义分析

Abstract：This article takes a section of natural language between students and instructors in the third-year undergraduate course "Urban Complex Architecture Design" as the observation object，analyzes the characteristics of words used by both sides，and proposes that students and teachers have differences in the use of various parts of speech words.

Keywords：course design，mentor，undergraduate，natural language，semantic analysis

一、前言

××大学建筑系是同行业中较为靠前的专业，本科生需要较高的高考成绩才能入行学习，也就是说高中生们为了进入该大学建筑系，需要较高的数理化等理工科成绩，需要在高中阶段接受海量、地毯式轰炸般"高"强度的"理性思维"训练，且逻辑思维能力相对较强。

但极为不幸的是，同学们无论进入国内任何高校的建筑学专业，无论来者何人，他们都会被要求全面接受发散性思维、设计感觉、美学培养等，"诗与远方"般"感性思维"的主导教育模式，并不得不再次接受一次为期4～5年，以"设计能力""方案想法"等想象力、感染力为核心的形象思维训练，其中尤以贯穿本科整个学年的"课程设计"为重点主线。

站在同学们的角度来看，该生要经历高中的理性与逻辑洗脑，再进入大学本科的感性与形象纠偏，甚至清空，再填充，直至最后本科毕业被培养成一名具有一定空间想象能力，相对擅长或擅长形象思维的人。在此过程中，该生必然要经历一系列习惯思维转换，以实现最终飞跃式的质变。那么，该变化究竟是如何逐步实现的呢？建筑学教育，或者更确切地追问，建筑学教育的何种教育起到何种作用，又是如何发生的呢？

由于这种变化是在相对时长有限的情况下完成——4～5年、意识受刺激方式特殊——建筑学教育、前后外在效果变化明显——设计表达，因此，假如将这个相对半结构化的受教环境、本科阶段受教过程作为一个18～22岁人思维方式变化的"实验场"，是否能够通过某些技术，一窥教育对人类认知心理下形成确切影响的蛛丝马迹呢？

人之所以区别于动物，就在于人有思维，可以认识自我，因此，在"我是谁"的世纪问题上任何一点科学进步，都是极其令人兴奋的。

国内一般常识多认为，"人类的左右脑各有侧重，左脑决定人的逻辑思维，即理性的一面。而右脑则倾向于艺术思维，即感性的一面。"[①]随着现代神经脑科学、脑成像技术的发展，对人类意识思维的认识已远远突破了上述二元论式的错误理解，取得了阈下反馈、P3波、全脑工作空间等斐然成果[1]，但目前仍主要是基于对小样本、中微观层面、神经反馈的实验观察，尚无法对中观、群体（人群）受环境刺激的意识思维变化进行把控、观察。尽管已有研究者采用李克特量表、SD法等实验调查与统计分析技术，围绕人类对物理环境主观评价（意识的一种）特点做了一定的探索[2]，但是，在结论精度、可扩展性上仍存在较多问题。

建筑学专业课程包括讲座课与设计课（实践课）两类。不同于其他理工专业，建筑学尤其强调学生动手能力培养，因此，设计课是所有课程设置中的重中之重，每学期1专题（或多题），每周两次、4学时／次的设计课，一对一的教师辅导与交流，贯穿整个本科阶段，由平面立体构成至城市体量规划设计，系统的知识灌输与高强度的纠偏训练，形成了某种"问题—修正—再问题—再修正"的循环往复，非常类似于"实验"。尽管本科生接受专业知识的渠道并非仅有设计课一条，但是，在成绩学分、每次上课要汇报阶段成果（类似于考试交卷）、指导教师评价（类似于考后总结的批评表扬）等压力下，无疑会如高中应试教育一样，将学生们的注意力、精力集中到设计课上，使定期开展的设计课形成一个半封闭的专业知识授受环境——实验环境。同时，每次课上指导老师的讲解与改图、学生的汇报与提问等，也恰好构成了一个"刺激—反应"的实验范式。这也是其他讲座课所无法企及的。

2020年因疫情的限制，高校普遍开展网上授课，所有建筑学专业课程均采用视频讲授、指导与屏上修改。通过"ZOOM会议室"技术，可实现建筑学专业设计课"全过程"的录制，可记录师生双方所有的互动交流。这也为有效观察本科生如何因建筑学专业教育而发生思维方式变化，

提供了技术实现的可能。

以此为契机，作为该探索性研究的前期摸索，研究者以××大学建筑与城市规划学院建筑学专业设计课ZOOM教学视频为基础，对师生双方的自然语言进行了采集。鉴于数据处理技术、处理能力等限制，作为首次尝试，本文仅以该专业三年级设计课某设计方案组为对象，并且仅限定以该组4次公开评图时的教师、学生双方自然语言作为研究语料，通过语义分析，把握双方自然语言特征与相互关系，尝试从语言刺激反馈的角度，探讨教师指导对学生意识思维的影响。

××大学建筑与城市规划学院建筑系三年级春季学期课程设计"城市综合体建筑设计"内容包括：商业、旅馆、办公，历时18周，8学时／周，是对功能、空间、环境等的综合性训练。该课程结束后，学生已接触到绝大部分常见民用建筑类型，也代表着建筑设计通识性教育在××大学的教学安排上告一段落。该课程全程共有4次公开评图，为一草（S1）、二草（S2）、三草（S3）及终期（S4），既是该组设计成果的阶段性正式汇报，也是多位教师（包括直接指导教师，计3位）对该组设计方案的集中评价指导，因此，是设计课教学中最重要的环节，对学生知识学习的督促、专业水平的提升影响重大。

在既往教育学研究中，常常可见基于观察记录师生课堂行为的相关成果，但以双方自然语言展开的研究尚不多见。

在建筑学教育领域，利用现代信息处理技术，以自然人的自然语言、自然语言感知能力作为目标的课题研究，则更为少见。

2012年，笔者曾以梗概记录的方式，跟踪"住区建筑设计"课程教师、学生授受互动及其效果的全程[3]，但发现个例式研究，在客观性、普适性方面，信度、效度均存在一定问题。

2019年，笔者曾随机实录"城市综合体建筑设计"课程多位指导教师讲评，通过比对各教师所用词语特征，大致判定课程设计指导教师多倾向于使用较为务"实"的实词，如具体的部位、可计量的评价等，而文学化手法，情感色彩较浓、难以计量的词语则较少使用[4]。该成果为今后缩小自然语言的分析范围，为自然语言数据的清洗、去噪提供了理论依据。

2020年，笔者实录"城市综合体建筑设计"课程两次公开评图全程（一草、二草），以教师、学生的自然语言为对象，通过比较双方关键词，明确教师讲评是"错峰"指导，与现场直观感受类似，从而部分印证了自然语言语义分析方法的有效性[5]。该成果对之后进一步扩大样本数量、丰富度，增加数据挖掘深度、精度等，提供了技术支撑，开拓了前景。

二、调查概况

本次教学某班级有 20 名学生[2]，配置指导教师 3 人，均曾连续指导本专题课程设计 10 年以上，本人接受本科建筑学职业教育也均在 20 世纪 80 年代中后期——现代主义、后现代主义思潮在中国广受追捧的时期（表 1）。

指导教师与学生配置   表 1

教师	性别	年龄	教龄	指导学生
甲	男	55 岁	20~30 年	8 人（4 组）
乙	男	57 岁	30 年以上	6 人（3 组）
丙	女	54 岁	10~20 年	6 人（3 组）

调查跟踪的对象方案小组成员为 2 名女性学生（学生 A：普通学生；学生 B：东南亚留学生），既往设计成绩位列班级中等及中等偏上，且均刻苦努力。直接指导教师为教师丙。

因疫情影响，本学期该课程设计全程采用 ZOOM 视频会议室网上授课，可通过共享与注释功能，分享图面，抑或在图面上指点、涂改。在本学期，设计方案公开评图共计 4 次，均做全程录像。除终期评图时对每组方案汇报与讲评有大致的时长要求[3]外，其他 3 次均未对学生、教师做表述时长的约束（表 2）。

实录概况   表 2

次序	时间 月 / 日 （星期，上下午）	对象组的时长		
		汇报	讲评	小计
S1- 一草	4/20（一，下）	0：06：20	0：19：00	0：25：20
S2- 二草	5/18（一，下）	0：09：10	0：38：00	0：47：10
S3- 三草	6/4（四，上）	0：06：40	0：24：30	0：31：10
S4- 终期	6/29（一，下）	0：07：50	0：10：40	0：18：30

三、语义分析

本研究首先将对象组 4 次评图录像的语音进行了分角色转写。然后，对转写文本做分词处理，标注词性，获得学生、教师在各次公开评图中使用的所有自然语言词语及词性。

按照分词处理中对词性的分类定义，去掉如区别词（b）、连词（c）、副词（d）、叹词（e）、成语（i）、数词（m）、介词（p）、量词（q）、代词（r）、助词（u）、标点符号（w）、语气词（y）等无独立实际意义的词语，保留形容词类（a、ad、an）、方位词（f）、名词类（n、nr、ns、nt、nz）、动词类（v、vd、vn）4 大类词语，作为之后分析用有效词语，分别计算各次评图学生、教师有效词语的词频词性交叉表（图 1）。

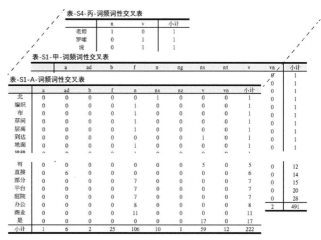

图 1   有效词语的词频词性交叉表

比较各词频词性交叉表，依据使用词语的主要词性——形容词类、方位词、名词类、动词类——4 大类，按照每次评图、每个发言人——学生、教师（甲、乙、丙）为独立对象个案，分别计算对象 4 类词性的使用频度与百分比，并汇总成表（表 3）。

各词性的使用词频与占比   表 3

对象	形容词类	方位词	名词类	动词类	小计
S1–A	3.2%	11.4%	53.2%	32.3%	100.0%
（个）	7	25	117	71	220
S1- 甲	9.3%	6.8%	42.9%	41.0%	100.0%

续表

对象	形容词类	方位词	名词类	动词类	小计
（个）	45	33	208	199	485
S1-乙	6.1%	7.8%	40.2%	45.8%	100.0%
（个）	25	32	164	187	408
S1-丙	4.6%	14.9%	33.3%	47.1%	100.0%
（个）	4	13	29	41	87
S2–A	5.6%	5.6%	45.7%	43.1%	100.0%
（个）	33	33	268	253	587
S2-甲	6.9%	6.8%	38.3%	48.0%	100.0%
（个）	58	57	321	403	839
S2-乙	5.6%	8.8%	41.1%	44.5%	100.0%
（个）	60	94	438	474	1066
S2-丙					
（个）					
S3–A	2.1%	6.2%	48.4%	43.3%	100.0%
（个）	60	94	438	474	1066
S3-甲	5.6%	5.9%	40.9%	47.6%	100.0%
（个）	36	38	264	307	645
S3-乙	2.3%	10.3%	42.8%	44.6%	100.0%
（个）	20	88	367	382	857
S3-丙	2.8%	8.3%	47.2%	41.7%	100.0%
（个）	1	3	17	15	36
S4–A	2.9%	5.1%	52.2%	39.9%	100.0%
（个）	16	28	288	220	552
S4-甲	6.4%	4.5%	36.5%	52.6%	100.0%
（个）	23	16	131	189	359
S4-乙	4.3%	6.7%	45.1%	43.9%	100.0%
（个）	11	17	114	111	253
S4-丙					
（个）			2	2	4
小计	5.1%	7.4%	43.0%	44.5%	100.0%
（个）	348	504	2939	3043	6834

除了教师丙作为该组学生的直接指导教师，公开评图时，讲评较为克制（S1 时，丙的主要词频数为 87 个，甲为 485 个；S3 时，丙为 36 个，甲为 645 个；S2、S4 时，丙为 0 个），词频占比可能出现一定畸变外，学生讲评时，"名词类"词语的占比均要高于 3 位教师；但是另一方面，"动词类"词语使用却要低于教师；而"形容词类"尽管与教师的差距相对缓和，但总体水平仍要低于教师。

有意思的是，上述特征在 4 次评图过程中，均表现相似，这是否部分地折射出，三年级（下）学生在面对功能复杂的建筑综合设计时，可能仅能把控住局部，处理的是一个个单一功能、静态的局部部位，缺乏对设计效果的自我评价、使用后活动、气氛的想象与判断，因此，在学生所使用的"动词类"词语中，"……是……""……有……"的使用频度是最高的。

与学生相比，教师们的讲评会相对更多地使用"形容词类"词语，给出或褒或贬的评判，会更多地想象使用者的使用，包括行为动作、心理感受、预判等，因而，也就会更多地使用"动词类"词语，"……看到……""……感觉……""……会……"等等。

进而对对象的使用词性进行聚类分析，得到对象自然语言使用词性的聚类特征（S2-丙、S4-丙取值均为 0，因此未参与计算）（图 2）。

取"聚合等级"为 7.5，对象个案可分为 3 组，即：

Ⅰ：S1-乙、S2-乙、S3-乙、S4-甲；S2-A、S3-A、S4-A、S4-乙、S3-丙；

Ⅱ：S1-A；

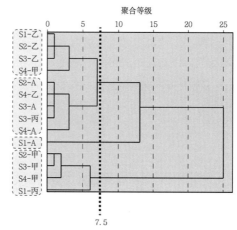

图 2　使用词性的聚类分析

Ⅲ：S2-甲、S3-甲、S4-甲、S1-丙。

在上述 3 组中，Ⅲ组明显为教师组，且以教师甲为主导；Ⅱ组为学生组，为学生的首次汇报；而Ⅰ组则非常混杂，其中，包括教师乙 4 次讲评，也包括学生二草及二草之后的所有汇报，还交叠有教师甲、教师丙的部分讲评。

假如按照时序，考虑历次教师讲评对学生方案设计的可能影响，上述特征说明：

①教师甲的表达方式、思维方式可能并未被学生有意识接受——表现：一草（S1）～三草（S3），教师甲与学生明显不同组，区分较大，尽管终期（S4）同组，但已来不及体现。

②教师乙的历次讲评相对可能更易对学生产生潜意识上的微妙影响——表现：教师乙与学生同组（除 S1-A 外），但是，假设降低"聚合等级"为 5，则Ⅰ组迅速分节为Ⅰ-1：S1-乙、S2-乙、S3-乙、S4-甲；Ⅰ-2：S2-A、S3-A、S4-A、S4-乙、S3-丙，两个小组，教师乙、学生相互独立（终期讲评 S4-乙同上），因此，学生学习、接受教师乙讲评的可能程度还是值得商榷的。

③学生的首次汇报可能是素人（初学者）的自然、质朴表达，是学生（受者）在不受外界影响下所认识的客观世界（课程设计任务目标）——表现：S1-A 非常独立成组。

而且，假设进一步降低"聚合等级"取值为 2.5，则Ⅰ-1、Ⅰ-2、Ⅲ进一步分节，教师甲、乙不但分别独立分组，而且 S4-A 也独立成组，学生汇报表现为首、尾两端的个性化倾向，学生在学习全过程中呈现出一定的起伏变化。

因此，通过对对象使用词语词性的词频分析，可以发现课程设计公开评图过程中，学生汇报、教师讲评的自然语言，在所用词语词性上，可能存在某些差别特征。该差别特征的存在，很可能是学生、教师设计控制能力强弱在自然语言上的一种无意识体现。

学生、3 位教师在各类词性频度的聚类分析中表现出的分离化倾向，在体现学生、教师个体自然语言表达方式差异的同时，也在各次学生汇报在不同"聚合等级"时，表现出与 3 位教师讲评之间起伏变化的聚散程度，从而微妙地暗示着两者之间若即若离的潜在联系与影响。

四、小结

本文作为该类探索性研究的初期摸索，在数据处理技术、能力等方面，尚存在诸多问题。但是从本文对建筑学本科课程设计学生、教师自然语言词性的观察，可以大致窥见：学生、教师在自然语言的词性构成上存在一定差别，这种差别不但明显反映在学生初期汇报（一草）、中间汇报（二草、三草）、终期汇报自然语言词性构成的差异化以及微妙的波动变化上，而且也部分地显露出专业指导教师自然语言可能也极具个人色彩的特征。

上述这些初步结果，都表明围绕建筑学专业本科课程设计的相关学生和教师自然语言进行数据挖掘的有效性，以及利用相关成果进行某些潜在应用的前景。

上述研究，指出了目前教育学、特别是建筑学教育中存在的某些认知盲区，是否能够利用对该盲区的再认识，摒弃建筑学教育历来口传心授，主观感性占主导，难有好坏标准的传统知识传播弊端，推动建筑学真正发展成为一门科学，尚待研究者们在今后"其修远兮"的漫漫长路上，努力"上下而求索"。

注释：
① 左脑思维，百度百科，https：//baike.baidu.com/item/%E5%B7%A6%E8%84%91%E6%80%9D%E7%BB%B4/466246?fr=aladdin
② 本次任务书要求，2 名学生自愿结合，合作完成 1 个设计方案，每班配置 3 位指导教师，每位教师指导 6～8 人，计 3～4 个方案小组／教师。
③ 为了确保在 4 个课时内完成全班共 10 组方案的终期评图，指导教师提前要求：汇报 5 分钟／组、讲评 15 分钟／组（5 分钟／老师·组），共计约 20 分钟／组。

参考文献：
[1] 斯坦尼斯拉斯·迪昂.脑与意识[B].杭州：浙江教育出版社，2018（10）.
[2] 周晓红，龙婷.上海市低收入住房困难家庭居住生活行为的研究[J].建筑学报，2009（8）：10-13.
[3] 周晓红."形式"对"出发点"的多样化追随——"住区规划"课程设计教学中学生思路变化过程的考察[J].南方建筑，2012（4）：90-93.
[4] 周晓红，佘寅，江浩，黄一如，谢振宇，戴颂华，张婷.本科生理念成型过程中指导教师的自然语言——以"城市建筑综合体设计"课程为例[J].2019 中国高等学校建筑教育学术研讨会论文集，北京：中国建筑工业出版社，2019（10）：113-115.
[5] 周晓红，孙光临，陈宏，王蕾，连慈汶，谢振宇，戴颂华，汪浩.本科课程设计指导中的自然语言——以"城市建筑综合体设计"课程为例[J].2020 中国高等学校建筑教育学术研讨会论文集，北京：中国建筑工业出版社，2020（10）：110-113.

作者：周晓红，同济大学建筑与城市规划学院，博士；孙光临，同济大学建筑与城市规划学院副教授，博士；陈宏，同济大学建筑与城市规划学院，香港大学、美国伦斯勒理工学院访问学者，博士

基于多种主体参与的建筑策划理论介入城市设计课程方法研究

涂慧君　李宛蓉　周聪　汤佩佩

Architectural Programming Based on Multi-Subject Participation in the Teaching of Urban Design

■ 摘要：结合同济大学建筑学研究生城市设计国际课程的教学实践，探讨多主体语境下建筑策划理论在城市设计教学中的应用，指导学生从建筑策划的视角进行设计。在前期调研策划、中期设计推进、后期评图交流的全过程中推进多主体参与的建筑策划在城市设计教学中的应用，实现建筑策划课程与城市设计课程的结合与互补。

■ 关键词：建筑策划　多主体　城市设计教学　群决策

Abstract：Combining the teaching practice of the urban design international studio for architecture graduate students in Tongji University, this paper discusses the application of multi-subject architectural programming theory in urban design teaching, and guides students to design with the consciousness of architectural programming. In the whole process of urban design teaching, from preliminary research programming, medium-term design promotion, to post-evaluation communication, the application of multi-subject participation in architectural programming is promoted, and the combination and complementation of architectural programming courses and urban design courses are realized.

Keywords：architectural programming, multi-subject, urban design teaching, group decision

同济大学建筑与城市规划学院于 2020 年正式增设城市设计本科专业，城市设计教学进入"规划"（planning）与"设计"（design）双轨并行的体系。城市设计教育可以从建立多专业合作的教学平台、构建体系化的城市设计课程、促进理论与设计实践的结合、提倡设计课本土化与国际化等角度出发，实现进一步教学体系的完善，打造人本思想的城市设计教育。将建筑策划理论引入城市设计教育，可以指导学生利用群决策方法对设计涉及的不同主体之

本论文与课程获得同济大学2017—2018教学改革研究与建设项目资助

间的偏好进行梳理与权衡，得出科学的策划结论来指导城市设计导则的制定，培养学生的理性思维和人文关怀。

一、问题的发现与引入

1. 基于多种主体参与的建筑策划介入城市设计的必要性

城市设计从立项起，在设计、实施、运营过程中涉及诸多需要决策的过程。城市设计关系到社会的公平正义，也关系到城市发展的价值取向，提倡多元主体参与，是其作为一项公共政策的本质属性要求，也是维护公共利益的必要手段。当项目功能复杂、决策目标多样、利益群体复杂、各种矛盾涌现、需要公平博弈的时候，调和多方群体需求就成为解决科学公平决策的关键。将群决策理论引入城市设计，可以有效解决不同主体之间利益博弈的问题，为城市设计提供定性和定量的信息支撑。

（1）城市设计教学中需要对多主体的关注

在以"人"为服务对象的城市设计教学中，对人的行为模式与需求的认知是必要的。鼓励学生采用观察、问卷、访谈等社会学方式对设计目标群体的需求进行了解。但"人"之间的差异性是显著的，需要对哪些主体进行分析，如何对不同群体进行系统的分类，了解其差异性并进行科学的综合与权衡，也是城市设计教育中值得关注的议题。

（2）综合考虑多主体的利益，有利于教学与实际项目的接轨

城市设计的实际建设项目是一个多主体参与的大型复杂项目，在立项、设计、建设、运营的全过程中，涉及多方利益并需要不断的决策，不仅需要建筑师内部的配合与协调，更需要与政府工作人员、开发商、居民等不同主体进行沟通。城市设计教学亦是如此，在研究生阶段，学生已具备处理功能、形态、流线等所需的基本设计能力，应在教学中鼓励学生脱离只有建筑师存在的象牙塔，兼顾站在不同利益诉求角度的多元主体，处理模拟真实项目设计过程中不同主体的利益博弈，在教学全流程中融入多主体的概念（图1）。培养学生将设计背后的"人"作为设计的第一出发点考虑的思维习惯，有利于校园教育与社会工作的接轨。

2. 多主体在城市设计中的参与方式

（1）多主体的分类

由信息原则、责任原则、影响力原则来确定城市设计中涉及的多主体，将决策主体确定为具备公共管理职责，对城市发展有宏观视角的政府工作人员，具备民主价值的公众，价值中立、具备专业知识的专家和以项目开发投资者、地块使用者等利害关系人这四类。根据具体的城市设计项目，通过明确决策的质量要求、信息要求、决策空间、认知需求和选择依据，确定每一个大类下具体的决策主体。

（2）科学的决策方法

在群决策方法方面，在选择决策主体后，运用层次分析法中建立递阶层次结构的方法，将决策对象的价值要素成分进行划分，并针对决策对象进行决策主体权重赋予，配置决策权，确定主体的参与方式，建立建筑策划群决策城市设计模型(图2)。通过专利方法与专利技术 APGS 群决策系统©进行运算，定量地得出该决策对象的群决策值，并用雷达图表征结果，从而对城市设计的各个要素制定出定性和定量的导则。

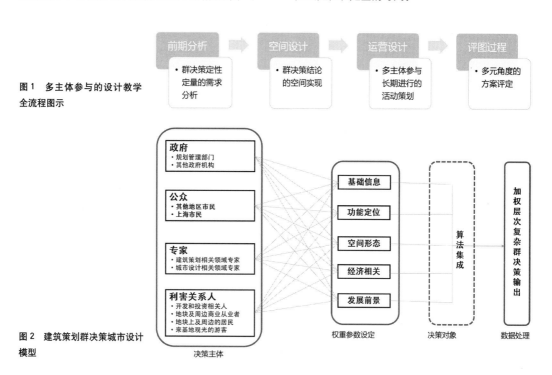

图1　多主体参与的设计教学全流程图示

图2　建筑策划群决策城市设计模型

二、课程设计与进度

1. 课程进度与设置

同济大学研究生国际城市设计课程从 2006 年起，先后参与的教学单位有耶鲁大学、香港大学、BENWOOD 事务所等，面对柏林工大、米兰理工、新加坡国立大学等高校的留学生和同济大学参与柏林工大双学位的学生等。

课程时长 13 周，共 52 课时。任务书要求学生在兼顾多主体利益的前提下，完成目标地块的前期策划和城市更新设计，并提出相应的后期运营等方面的设想，使学生将建筑设计的思考范围由空间设计更新扩展为设计运营的全过程设计。学生 3~4 人为一组，鼓励中国学生和留学生的交叉组合，便于不同文化和教育背景的学生在一起进行深入交流。基地的选择较为灵活，学生可在调研后根据各自的理解自由选择设计的地块位置及面积，锻炼学生发掘问题的能力，并为方案提供一定的灵活性。课程安排与进度见图 3。

2. 相关课程的经验与配合

一方面，在设计课程进行的同时开设研究生建筑策划理论课程，讲授建筑策划的发展及应用，以及多主体参与的建筑策划群决策理论的相关方法，讲授如何在设计项目中对不同主体的偏好进行定量定性的集权分析。理论课程的技术方法指导和设计课程实践探索相结合，是推动建筑策划教育、完善建筑设计教育的重要手段，使学生学有所用，学以致用。

另一方面，邀请知名专家举办建筑策划讲座。课程邀请了新天地建筑师本·伍德先生、同济大学建筑与城市规划学院院长李振宇教授、日本 M.A.O. 一级建筑师事务所主持建筑师毛厚德等专家学者，结合教学与实践经验，对建筑策划在实际项目中的作用以及城市设计中的人本思想等和学生分享交流。

3. 地块选择

设计基地的选择应是具有可达性、有多主体的群体活动、需要城市更新的建成空间。基地选择在虹口区四川北路街道。四川北路与南京西路、淮海路齐名，是上海市三大商业街之一，然而近年来随着城市副中心的兴起，四川北路的街道空间难以与现代商业需求相适应，日益凋敝，亟需城市空间更新使其重现活力。四川北路两侧的建筑有丰富的功能及形态，保留有较多原住民，涉及的主体多元，便于学生进行针对复杂项目的多主体调研。

三、教学过程

1. 针对多主体的前期调研过程

在前期分析中，指导学生通过多主体参与的建筑策划对地块的定位进行分析。结合社会学的调研手段，对地块的设计开发中涉及的多主体进行面对面访谈和问卷调研，了解居民及地块使用者对地块发展的需求（图 4）。

教学过程中组织学生进行企业访谈和政府座谈。在业务包含虹口足球场运营和周边文化产业发展的长远文化传媒有限公司，开发商和投资人代表向学生讲解四川北路地区经济发展现状、文化产业的发展定位与运营成本及方式；在中共四大会址，由政府工作人员代表（包括发改委、住建委、居委会、交管局等工作人员）对四川北路的功能业态、交通环境、发展期许等与学生进行了交流和讨论（图 5）。同时，任课教师涂慧君教授作为四川北路街道社区规划师，可以为学生提供一手的政策信息，及学生与居民、政府的对接渠道。

针对多主体的调研，可以全面了解不同主体对地块需求的差异性与共同性，使学生听到与设计任务相关的其他利益群体的声音，利用建筑策划群决策方法明确地块的定位，使方案更具可行性。

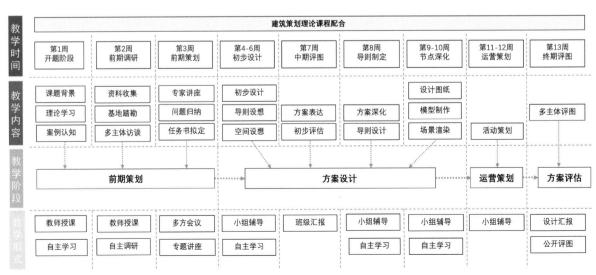

图 3 课程进度与安排

2. 设计过程中的多主体策划过程

通过建筑策划对地块上具体建筑的功能及其配比进行策划，在建筑策划群决策语境下，多主体参与到城市设计中势必导致在面对同一问题时会出现意见的分歧与利益的博弈。在教学中，鼓励学生扮演不同的主体，站在所扮演主体的角度分析问题，在针对同一问题的讨论中，更深刻地体会不同主体之间可能存在的观念差异的原因与方面，并通过讨论磨合，直观地感受利益博弈的过程，从而实现兼顾多方需求、合作共赢的目标。

3. 多主体参与的评图过程

在最终的评图中，邀请不同主体的代表组成多主体评图团（图6），向学生的方案提出站在各自专业角度的意见和建议。专家代表本·伍德先生就城市使用中"人"和"车"的优先顺序与学生进行了激烈的探讨；政府工作人员就地块部分居民的拆迁安置以及立体交通构建的可能性等提出了相应意见；投资人代表张登

图4　代际双生中多主体偏好的调研成果

街道访谈——四川北路街道　　企业访谈——长远集团　　街道采访——四川北路沿线

图5　街道访谈、企业访谈和街道采访现场

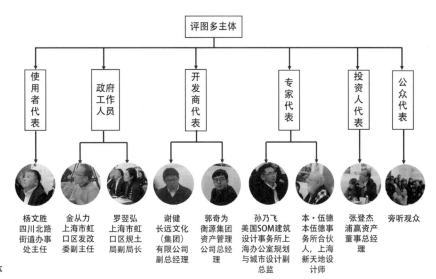

图6　评图中的多主体

杰先生对方案中的经济成本评估和学生的相关疑问进行点评与解答；开发商代表对方案的可行性进行点评，同时鼓励学生进行合理的畅想和创新。多主体参与的评图过程，从不同角度对方案的评价是对学生城市设计成果多主体角度的最直观的检验方式，全面地呈现了方案的优缺点。

四、学生设计成果

1. 策划——人行空间品质提升

根据前期调研策划结论，四川北路狭窄的步行空间和快速的车行空间是四川北路步行环境差、难以形成气氛舒适的商业空间和居民活动空间的主要原因。学生设计中强调了在城市空间被机动车挤占的背景下，如何争取到更多的慢行空间。在方案"代继双生"中，引入植物"嫁接"的概念，将四川北路过重的交通压力疏解到与其平行的两侧道路中，为四川北路争取到宝贵的步行街道空间，同时不影响城市南北交通的通行（图7）。

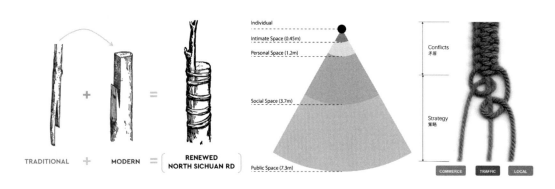

嫁接
创造了、两条南北路线，置入
若干嫁接点以激活整个系统

近体学理论
以近体学的了解，研发一个以
人体为主的"存在"模式

解绑
解开四川北路交通、商业和
社区三大功能之间的矛盾

图7　方案中提出的"嫁接""解绑"等概念

2. 设计——对不同主体的关注

针对主体多样化的需求，设计兼顾不同主体的偏好进行动线组织。

在方案"代际双生"中，将设计的重点落在老年原住民和青少年群体生活方式的差异上，设计传统和现代两条不同的流线，满足老年居民和青少年居民对不同商业形态和休闲模式的需要。在方案 Access to Heritage 中，针对游客的故居游览环线、针对居民的生活流线和针对文化爱好者的文化游线相互交叉，构成商业、文化、生活的复合体系（图8）。

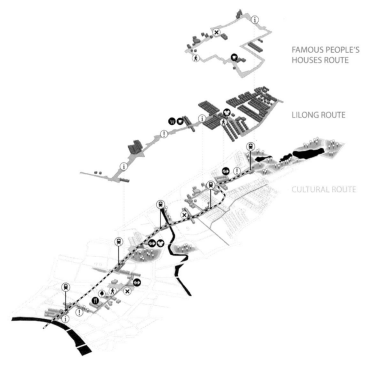

图8　针对不同主体设计不同的流线

3. 运营——低技建造与活动策划

在城市设计过程中，强调空间更新和活动策划的同步性，为城市空间策划可持续、多元化的活动，可以促使空间被更加频繁的使用，使用者之间形成参与活动、甚至策划活动的习惯，实现空间和人的良性互动，增强场所归属感，孕育场所精神。

在学生设计的 Unknot 方案中（图 9），利用各种户外活动空间的串集，根据空间的尺度进行设计，策划体育运动、休闲小憩、亲子活动等针对全龄使用者的活动，打造文化多元、生活便捷的丰富空间体验。

同时，城市更新中较高的成本使得城市管理者望而却步，学生在策划与设计中认为，使用当地材料的低技构筑物，是低成本更新的重要手段，简便快速地进行城市更新，并提高居民在公共空间活动的参与度。学生设计中使用竹制棚架（图 10），利用简单易行的节点，形成社区中的棚架系统，半围合的空间可以为使用者提供绿色和半私密的休憩场所，模数化可复制的棚架可根据不同的场地进行调整，根据居民的具体需求打造变幻丰富的空间体验。低技的节点设计可以使居民有直接参与建构过程的可能性，带动更多活动在场地的发生。

4. 表现——鼓励多种图纸表现手法

在图纸表现方面，对学生的表现方式不做限制，除了计算机辅助绘图外，部分学生采用手绘的方式进行图纸表现，锻炼学生多方面的图纸表现能力，描绘富有生活气息的城市更新后的街道意向（图 11）。

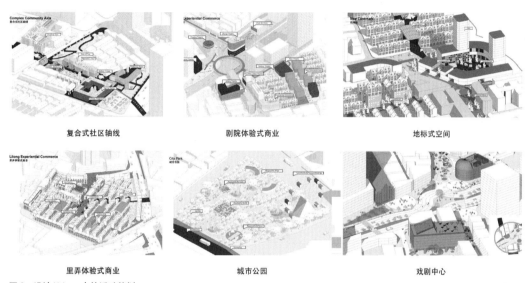

复合式社区轴线　　　　　剧院体验式商业　　　　　地标式空间

里弄体验式商业　　　　　城市公园　　　　　戏剧中心

图 9　设计 Unknot 中的活动策划

图 10　设计 Walkability 中竹结构棚架的节点设计

图11　方案中手绘表现的城市更新后的意象

五、结语——城市设计教学中多主体参与的建筑策划的意义

建筑策划在建筑教学中日益活跃，但总体而言建筑策划教育在高校建筑系培养体系中相关课程设置较为单薄，以理论基础教学为主，缺乏完整培养体系和与设计相结合的探索。多主体参与的建筑策划理论引入城市设计，促进建筑策划教学与设计教学的结合，可以改善建筑策划的教学理论与实践脱节的现状，并进一步完善城市设计与建筑策划的教学体系，使建筑策划和城市设计成为"建筑师当然的工作领域"。

对学生而言，多主体参与的建筑策划理论可以使学生对城市设计中涉及多主体的偏好有更加明确的认知，直观地感受城市设计项目实施过程中需要解决的群决策问题，并通过建筑策划对城市设计的对象进行系统的分析，使城市设计导则的制定和方案的完成更具科学性，综合培养学生的设计能力、分析能力、统筹能力与人本意识。

注释：

① 专利方法与专利技术分别为：涂慧君，一种基于群决策的建筑项目决策系统及决策方法，2016.6.5，中国专利，CN201610563085.3；涂慧君，应用于大型复杂项目建筑策划群决策的计算机应用平台软件（简称：群决策应用平台）V1.0，2017.9.13，中国专利，登记号 2017SR511159

参考文献：

[1] （美）凯文·林奇著. 城市意象 [M]. 华夏出版社. 2001.
[2] 涂慧君著. 建筑策划学 [M]. 中国建筑工业出版社. 2017.
[3] 庄惟敏，张维，梁思思著. 建筑策划与后评估 [M]. 中国建筑工业出版社. 2018.
[4] 王建国著. 城市设计 [M]. 东南大学出版社. 2011.
[5] 涂慧君，屈张，李宛蓉. 多主体参与的建筑策划在城市更新中的应用 [J]. 住区，2019（3）：61-67.
[6] 金广君. 城市设计教育：北美经验解析及中国的路径选择 [J]. 建筑师，2018（1）：24-30.
[7] 李振宇. 从现代性到当代性——同济建筑学教育发展的四条线索和一点思考 [J]. 时代建筑，2017（3）：75-79.
[8] 孙彤宇. 科教结合与国际合作对建筑教育和学科发展的深层意义 [J]. 中国建筑教育，2017（Z1）：27-34.
[9] 杨春侠，耿慧志. 城市设计教育体系的分析和建议——以美国高校的城市设计教育体系和核心课程为借鉴 [J]. 城市规划学刊，2017（1）：103-110.
[10] 蔡永洁. 变中守不变：面向未来的建筑学教育 [J]. 当代建筑，2020（3）：126-128.
[11] 谭峥. 关于城市形态导控方法的探索性设计教学 [J]. 中国建筑教育，2017（Z1）：152-159.
[12] 涂慧君，苏宗毅. 大型复杂项目建筑策划群决策的决策主体研究 [J]. 建筑学报，2016（12）：72-76.
[13] 杨滔，白雪，刘扬. 城市更新中空间流的记忆重塑——以上海四川北路城市更新为例 [J]. 建筑学报，2016（7）：17-21.
[14] 张维，庄惟敏. 中美建筑策划教育的比较分析 [J]. 新建筑，2008（5）：111-114.
[15] 金广君. 建筑教育中城市设计教学的定位 [J]. 华中建筑，2001（2）：18-20.

图片来源：

图1～图3、图6：作者自绘
图4、图5、图7～图11：学生设计方案作业

作者：涂慧君，同济大学建筑与城市规划学院教授，博士生导师；李宛蓉，天津大学建筑学院博士研究生；周聪，海南陵水黎安国际教育创新试验区管理局规划建设部部长；汤佩佩，同济大学建筑与城市规划学院硕士研究生

论城市设计课程"循证"教学体系及支撑平台建设 *

戴锏　刘凡琪　董慰

The Construction of "Evidence-Based" Teaching System and Supporting Platform of Urban Design Course

■ 摘要："循证理念"源于医学实践，后拓展到教育教学等多个领域。本文将其引入城市设计教学体系中，以物质空间环境为对象，探讨城市设计课程的"循证"教学体系框架。对应于循证研究范式，将其循证教学体系分解为：提出问题、确定关键；确定证据、分类案例；评价证据、解构案例；应用证据、设计方案；反思证据、深化方案五个阶段。在此基础上，讨论了循证教学的支撑平台，包括：多样化的新型课堂、多类型的循证案例库以及直观化的虚拟仿真平台。

■ 关键词：循证理念　城市设计课程　循证教学体系　虚拟仿真平台

Abstract："Evidence-based concept" originated from medical practice and later expanded to many fields such as education and teaching areas. In this paper, it is introduced into the teaching of urban design, taking the physical space environment as the object, to discuss the "evidence-based" urban design teaching system framework. Corresponding to the evidence-based paradigm, the teaching framework is divided into 5 steps：Raise questions and identify key points；Determine evidence and classify cases；Evaluate the evidence, deconstruct the case；Application evidence, design scheme；Reflect on the evidence and deepen the plan. On this basis, it is discussed the supporting platform, including：diversified new class, multi-type evidence-based case base and intuitive virtual simulation platform.

Keywords：evidence-based concept, urban design courses, Evidence-based teaching system, virtual simulation platform

中国建设教育协会课题（2019081）、黑龙江省高等教育教学改革项目（SJGY20190208）、哈工大教学发展基金（XSZ2019028）

一、引言

当下，城市建设趋向于社会、经济与地域的协同发展，《国土空间规划城市设计指南》

中将城市设计定义为："城市设计是营造美好人居环境和宜人空间场所的重要理念与方法……"[1] 可见城市设计建设重点更多地转向了"美好人居"与"宜人场所"。因此，虽然城市设计创作与建设的核心仍为"物质空间"，因其是国家政策最直接的载体和表达[2]，但国土空间框架下城市设计目标将更多强调"高质量、高品质人本空间营造"。

相应地，各大高校中的城市设计课程教学目标在原有"营造人本空间环境"的基础上，更是通过结合理论、专题、讲座等形式，强调、提升与增强学生对空间"高质量、高品质"创作及设计能力的培养，对接国家建设与人才培养需求。以此为依托，城市设计教学中需要学生们更为深入地理解与掌握物质空间本身的抽象性、复杂性及多义性。虽然这些内容一直都是城市设计本科教学中的重点，但也是难点。学生在刚接触城市设计时，对物质空间的基本概念、内涵、特色难以理解，随之而来的是在教学过程中，空间尺度难以把握，空间界面难以认知，空间秩序难以构建。

基于物质空间的如上特性，如何循循引导学生们建立起物质空间的基本观念，理解空间构成要素，从而建构起完整的空间创作逻辑才是城市设计教学中首先需要面对与解决的问题。基于此，起源于医学领域"循证"研究思路给了我们较好的启示。本文以循证为视角，讨论城市设计课程中的"循证教学思路及体系"的建构过程。

二、来源："循证理念"简介

1."循证理念"来源与发展

"循证"研究最初源于循证医学（Evidence-based Medicine，EBM）领域，意为"遵循证据的医学"。2000 年由循证医学创始人之一的 David Sackett 提出标准化概念，即循证医学是基于客观证据、医生经验与病人愿望相结合来确定最佳"治疗方案"[3]，随着循证医学实践的发展，"循证理念"不断向管理、经济、教育等学科渗透，形成了循证心理治疗、循证社会服务、循证教育学、循证管理学等数十个新的交叉领域[3]。

2009 年，英国学者 Geoff Petty 出版专著《循证教学》[4]，将"循证理念"借鉴到教育教学领域中，对循证教学（Evidence-based Teaching）有着非常重要的促进作用。我国学界对循证教学关注是从近几年开始的，体现在教学理念讨论、教学路径探索、教学设计改革等几个方面（表 1）。其中与建筑类相关的专业设计课程，也有学者们的循证思路借鉴，如金晓燕、王一平[5,6]、金云峰[7] 分别从建筑学专业、风景园林专业设计课程教学入手，提出了"循证设计"教学新思路，为规划专业的设计课堂提供了较好的改革启示。

循证教学理念观点归纳[6-12]   表 1

教学类型	学者及代表性观点
教学理念	崔友兴[8] 以教师能力为核心对象，系统讨论了循证教学的内涵、结构与价值。
	郑红苹[9] 等分析"互联网＋教育"背景下循证教学的意蕴、理念和实现路径。
	袁丽[10] 等在借鉴循证医学的 5A 范式基础上，提炼出课例研究的核心理念。
教学路径	张雪梅[11] 等提出"问题为核心，学生为主体，评价为依据"教学设计原则和"提出问题—优化活动—寻找证据—反馈评价"的教学技术路线。
	袁丽[9] 提出"提出疑问（课例研究要解决的问题）→规划（问题解决方案）→行动（合作设计教案）→观察课堂→反思和重新规划"的课题教学路径。
	孙杰[12] 通过梳理循证教学的一般流程，构建了思想政治课循证教学路径。
教学设计	王一平[6] 针对建筑学提出设计思路："研究依据、建筑师个人专业技能和经验以及业主的价值和愿望，制定出建筑的设计方案。"
	金云峰[7] 等聚焦风景园林学专业，讨论循证设计背后的逻辑，探讨类比逻辑、演绎逻辑和归纳逻辑的内涵，阐述三类逻辑的主导阶段和作用机制。

2.循证理念内涵及过程

医学上将"客观证据、专业知识和经验、患者需求"[13] 三项要素的共同研究归纳为循证过程，引入到教学体系中所形成的循证教学思路可体现如下特点：

（1）**以循证的"证据"为核心。**作为循证理念应用的三项关键要素，"客观证据"仍为循证理念的核心，后两者是进行分析与评价证据的补充和深化。

（2）**循证结果是最接近科学的"方案"。**曾有学者指出，循证过程是"从个体走向群体，再从群体走向个体"[13]，但两个"个体"差别却很大，第一个是循证的起点，第二个则是通过"群体筛查、系统评价、层层甄别"之后最后确定的"最佳方案"，是最接近客观、真实的结果。

（3）**循证过程是一个深入证明"证据"的过程。**从问题开始，为获得最佳结果，不断反复寻找与证明"证据〞，直到所得到的问题答案出现。可以认为整个循证过程是一个系统化地动态研究过程。

（4）循证过程成为研究新范式。医学实践曾以系统评价（Systematic Review）作为证据分析工具，将研究过程分为：收集有关研究，通过综合分析和评价，得出综合结论[3]。进而在循证理念下将研究框架进一步完善，确定为："提问、证据、评价、应用、反思"（表2）几部分内容，也被称为5A范式[9]。

由此，循证理念有了较为确定的思路模式及研究程序。其理念核心是"以问题为起点，以获得证明问题'证据'为核心，通过不断分析与评价证据，直到解决问题的方案清晰化的过程"。

循证理念下的研究框架[3, 9]　　　　　　　　　　表2

步骤	循证医学内涵	循证教学内涵
提问（Ask）	将临床上碰到的各种疾病诊断、防治、愈后上的疑问以简洁问题的形式提出来	提出疑问
证据（Access）	收集有关问题的资料	规划（问题解决方案）
评价（Appraise）	评价资料的准确性和有用性	行动（合作设计教案）
应用（Apply）	在临床上应用这些有用的结果	观察（课堂）
反思（Assess）	对上述4个步骤进行总结反思，对研究证据所支持的治疗方法结局进行评估、总结	反思和重新规划

三、思路：理念引入设计课堂

城市设计课程内容核心围绕着"物质空间环境的三维形态设计"展开，具体包括：设计调研、定位概念、设计方案、节点方案、图导则等五个阶段。通过教学内容的不断深化，培养学生们具备"由愿景目标所引领，按时序展开，经过对不同阶段目标的评价反馈与调整，逐渐使创作概念不断清晰，直至形成优化方案（图1）[14]的创作与设计能力。课程内容每个部分展开的教学核心内容都对应着对"物质空间环境"的不断认知、理解及深化设计。

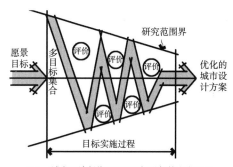

图1　城市设计创作是愿景目标引领的方案深化

这种方案逐渐清晰化的创作逻辑与循证理论的研究过程相一致，将其引入城市设计教学体系中，将物质空间抽象为直观的课程学习"证据"，以此为基础建立起城市设计课"循证"教学体系。将教学过程与步骤清晰化，有助于学生掌握物质空间的概念内涵，理解对物质空间从概念到方案的设计过程，进一步自主地探索自己的"最佳方案"（图2）。

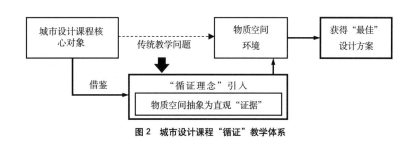

图2　城市设计课程"循证"教学体系

循证理念引入城市设计教学的核心思路体现为：首先，以物质空间为对象，提炼物质空间建设中的关键问题。其次，有针对性地选择空间案例作为"证据"，通过对"证据"的系统分析与评价，从中获得高质量、高品质空间营造的原则与设计依据；进而将这些原则与依据应用到城市设计方案的创作中，形成较为完整的设计方案。最后，再通过反复体验与修整，深化设计方案，实现高质量、高品质的"最佳方案"目标。

四、过程：教学框架重构

城市设计创作具有独特性，是一个创造力、想象力结合分析能力、设计能力共同发挥作用的过程，方案看似想象力丰富，其背景却需要反映科学规律与设计逻辑。因此，设计课程教学体系在框架设置中往往存在两难现象，内容设置得过于标准化，则会束缚学生们的创造力与想象力；内容过于开源，又难以领会城市设计创作中的系统分析及设计逻辑。

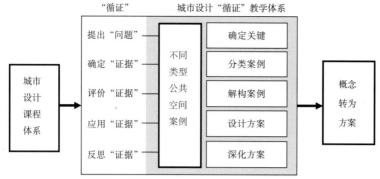

图3 "循证"范式对应城市设计教学过程

将循证教学中确定的5A范式[3,9,13] (表2)引入城市设计教学体系中,所确定的城市设计的循证教学框架既可明确教学阶段,又不限制开源教学内容,教学成果与城市创作愿景目标一致,将设计概念转化为设计方案。主要框架内容可概括为:提出问题、确定关键;确定证据、分类案例;评价证据、解构案例;应用证据、设计方案;反思证据、深化方案(图3)。

1.提出问题:确定关键

课程初始,需进行设计地段调研。物质空间环境的影响要素多元,地段所包括内容复杂。循证理念下关注对关键性问题的梳理,包括空间、社会、人文、经济各系统中的在地段需进行更新中所可能面临的问题,特别关注人文空间视角下居民的生活与活动需求。

2.确定证据:分类案例

根据地段的关键问题,分类与收集"证据"。物质空间的"证据"即为已经"建成或设计完成"的空间案例。空间案例选择应全面化,可以是获得高口碑评价的高质量空间,也可以是建成后无人问津的低效空间。选择目的是为关键词问题获得支持的证据。同时空间案例的类型也应多样化,将所有空间案例根据关键问题进行分类比较,确定解决关键问题的"关键证据"。

3.评价证据:解构案例

确定空间案例后,将其进行解构,分析"空间案例",提炼设计原则。关键性问题可根据具体情况进行案例解构,即可依据基本空间要素构成来解构,也可以进行方案设计过程解构,更可以遵循城市设计经典理论中的"联系、图底、场所"等理论进行解构与决策评价,获得可以借鉴原则作为可解决关键性问题的直接"证据",即高质量、高品质空间的设计营造所应具备的原则、方法是什么,应杜绝的问题是什么。

4.应用证据:设计方案

基于此,学生依据前一阶段所提炼的原则应用到自己的方案创作中,体现出自己设计方案的特色。由于案例选择以及原则依据等内容均为由针对地段所需解决的关键问题一步步深化而来,

学生设计的城市设计整体方案为上述循证设计过程发展而来,可满足解决最初确定的关键问题。

5.反思证据:深化方案

在设计整体方案确定的基础上,需对方案细节、管控原则等内容进行评估,反思整体方案对各重要节点的深化程度,进一步深化与修改方案。在人本理念的影响下,反思方案的过程可考虑更多通过漫游、体验视角来切入,对微观空间的设计质量进一步推敲,深化设计方案。

五、实现:平台与技术支撑

1.多样化、互动式的新型课堂

传统城市设计课程一直采用经典且直接授课的方式,即"设计经验+手把手改图"来实现教学互动,教学成效一方面取决于教师持续不断的理念传承,另一方面也取决于学生领悟力及勤奋训练。近几年配合课程体系改革,为了课程更多满足学生"定制化、信息化"的学习需求,城市设计课程正在尝试积极探索"传统课堂+线上/线下课程资源+虚仿平台"的教学新模式,循证教学体系的引入可迅速将两种方式融入传统课堂,拓展多样化、互动化的多类型教学形式(图4)。

线上线下资源是指优质的网络课堂、MOOC资源、知名专家的专题讲座等,虚仿平台是在线共享的虚拟模型训练、网络操作与虚拟体验。通过这些内容来加深设计课堂的学习知识。循证教学体系明确了五个阶段的教学框架、每个阶段的

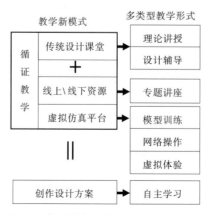

图4 设计课堂的多类型教学形式综合运用

教学目标，这样可有效将相关的课程资源、虚拟仿真平台相关内容融入具体的教学环节。如在"分类案例"环节，考虑将一线规划师的专题讲座结合进课堂，学生在学习一线规划师经验的同时，也增加了进行分类案例的储备量，为下一步解构案例做准备。传统设计课堂结合多类型教学形式后，教学方式从原有传授型知识过渡到自主学习型，可大大增加学生的学习兴趣，有效提升学生学习能动性与自主性。

2. 多类型、典型性的循证案例库

循证研究围绕着"证据"展开，循证医学中对病症建立的"证据库"是进行循证研究的基础。城市设计循证教学体系以"案例"研究为根本，选取国内外优秀的城市设计案例建成案例库，对应到循证教学框架中各个环节，提炼循证教学要素，实现以案例为证据的循证教学，让学生能够建立起对城市设计空间要素的正确认知和理解。

一方面，可供作为城市设计循证教学案例库的项目内容广泛，案例库所收纳的案例以可供课程学习、案例借鉴为目标，因此，对应循证教学第一阶段"关键问题"的类型，案例库的分类方式灵活多样（表3），可以按实践程度、空间层次、使用功能、城市更新程度划分，也可以根据国家、地方所制定的城市设计相关办法、标准、规范来划分。

另一方面，以城市设计课程为基础，循证案例库可以进一步拓展，建成宽领域教学案例库。可进一步将国土空间规划、控规、修规等与城市设计紧密相关的课程与城市设计课程一起，建立起内容更多样、领域更广泛的综合型案例库，实现设计课程案例全程贯通，综合提升学生创作与设计能力。

城市设计课程循证教学体系中案例库类型　　　　　　　　　　　　　　　　表3

案例库分类	城市设计案例类型
按实践程度	已建成项目（高口碑/获奖）、概念类项目、竞赛类项目……
按空间层次	总体城市设计项目、重点片区城市设计项目、重要节点城市设计项目……
按使用功能	商业类、文化类、产业类、生态类、社区生活类……
按更新程度	拆除重建类项目、文化保护类项目、城市更新类项目……
政策规范类	国家、地方政府制定的城市设计办法、标准、规范

3. 直观化、体验式的虚拟仿真平台

"循证理念"引入的目的之一在于将抽象的物质空间直观化、具象化。虚拟仿真是借助人机交互界面，通过观察、总结和归纳计算机仿真模拟结果，从而获取相应的知识技能的技术，具有"可视化、虚拟情境、人机交互"[15]特点，可以良好诠释物质空间进行循证研究的过程。

虚拟仿真平台引入城市设计课程中的理论及技术操作要点等逐一分解，以虚拟仿真、增强现实、沉浸式体验等多种形式展现。例如，在哈工大虚拟仿真实验平台上，以哈尔滨最优秀的公共空间——哈尔滨中央大街历史文化街区为"循证"学习对象，建立虚拟仿真实验平台，通过网络模拟与线上操作、互动环节的设置，将公共空间设计的"要素、界面、设计、评价"全过程虚拟再现（图5），将哈尔滨中央大街上抽象的物质空间、历史文化、社会经济等信息转化为可感受、可体验的实验操作环节，受到师生们的欢迎。

虚拟仿真平台可以在循证教学过程中发挥作用，使对物质空间的学习更为直观，其特点表现为：（1）空间类型信息化。案例分类阶段，将案例库中的优秀案例三维化、空间参数化，供学生们根据需要调取。（2）空间视域全面化。在解构案例阶段，视角、尺度、界面完全不受限制，详细解构公共空间的构成要素、信息、相关指标、比例构成等，实现"二维到三维，再到多维"空间的无缝转换。（3）空间设计定制化。设计方案阶段，根据模拟分析情况对案例进行构件的拆除、替换及再设计，实现空间设计根据需求定制，模拟不

（a）建筑尺度修改与互动　　　　　　　　　　　　（b）街道界面尺度互动

图5　哈工大虚拟仿真平台示意图

同条件情景下空间案例的变化情况。（4）空间体验个性化。深化方案阶段，可通过视频动画、微视频[16]等各种在线资源在虚拟场景中体验到设计方案中各个场所、建筑及细节空间畅游，反思现有设计方案的优劣，从而进一步改进自身设计方案。

六、结语

1960年代，欧美城市进入大规模城市更新，为城市设计发展带来新的契机，众多国外高校陆续开展了城市设计相关教育[17]。随着我国城市建设转型开始，相应的城市设计教育也越来越重要，如何培养学生们设计出高质量、适宜城市发展要求的物质空间环境，是一个需要长期思考与关注的城市设计教育问题。"循证理念"加"虚拟仿真平台"的良好结合是可以尝试的全新教学平台。但这种方式是否适合城市设计、能够达到怎样的效果都需要大量的人力、物力以及教育工作者们的不懈努力。期待未来的城市设计教育不断走向智慧化、科学化的道路，同时仍不违背努力营造"高质量、高品质的人文场所空间"，与历史、文化、社会等信息紧密结合。

参考文献：

[1] 中华人民共和国自然资源部.国土空间规划城市设计指南（征求意见稿）[J].2020.
[2] 杨俊宴，高源，雒建利.城市设计教学体系中的培养重点与方法研究[J].城市规划，2011，35（8）：55-59.
[3] 拜争刚.循证社会科学[M].上海：华东理工大学出版社，2019.
[4] Petty Geoffrey. Evidence-based teaching：a practical approach[M]. Oxford University Press，2009.
[5] D.柯克·汉密尔顿，戴维·H·沃特金斯.循证设计——各类建筑之"基于证据的设计"[M].刘晓燕，王一平译.2016.
[6] 王一平.诸问题——建筑学之循证研究[M].武汉大学出版社，2019.
[7] 金云峰，卢喆.风景园林学循证设计的逻辑观——面向设计教育改革的思考[J].广东园林，2019，41（6）：25-30.
[8] 崔友兴.论循证教学的内涵、结构与价值[J].教师教育学报，2019，6（2）：53-58.
[9] 郑红苹，崔友兴."互联网＋教育"下循证教学的理念与路径[J].教育研究，2018，39（8）：101-107.
[10] 袁丽，胡艺曦，王照萱，陈彬莉.论循证课例研究的实践：教师教育的新取向[J].教师教育研究，2020，32（4）：17-23.
[11] 张雪梅，张倩倩.循证教学：让课堂质量有据可依[J].教育家，2020（55-56）.
[12] 孙杰.循证教学：思想政治课有效教学"再出发"——基于"教学效能最佳框架"的教学范式转换[J].中小学德育，2017（4）：35-39.
[13] 李博（甫寸）.如此简单的循证——循证医学入门之旅[M].人民军医出版社，2015.
[14] 金广君.当代城市设计创作指南[M].中国建筑工业出版社，2015.
[15] 李雄，孙路遥.虚拟仿真教学的内涵、设计及应用[J].中国教育信息化，2019（6）：21-25.
[16] 谷艳华，苗广文，杨得军.混合教学模式下虚拟仿真教学的探索与实践[J].实验技术与管理，2019，36（7）：188-191.
[17] 金广君.城市设计教育：北美经验解析及中国的路径选择[J].建筑师，2018（1）：24-30.

图表来源：

本文所有图表均由作者自绘或自摄

作者：戴锏，哈尔滨工业大学建筑学院副教授；刘凡琪，哈尔滨工业大学建筑学院硕士研究生；董慰（通讯作者），哈尔滨工业大学建筑学院教授

城市设计教学研究

Teaching Research of Urban Design

"模块化" 的本科城市设计教学研究

王颖　程海帆　郑溪

"Modularization" Teaching Research of Undergraduate Urban Design

■ 摘要：在后 50% 的快速城镇化时代，在"新常态"重"质"甚于"量"的发展观下，我国城市设计正面临着开发市场和建设环境的巨大改变，城市设计教学也同样需要变革与发展。本文以本科城市设计教学为研究切入点，在分析以往教学与当前变革趋势之间矛盾问题的基础上，改良固有的传统城市设计教学模式，构建了"模块化"的多系统协同机制教学体系；希望藉此优化与提升城市设计教学模式及运作方法，将其和学生专业、应用能力培养有机融合，从而整体提高学生综合能力。

■ 关键词：城市设计教学　模块化　多系统协同机制　提升优化　应用型人才

Abstract：In the post-50% rapid urbanization era, under the development concept of "new normal" which emphasizes "quality" rather than "quantity", these urban designs are facing a huge change in the development market and construction environment, and urban design teaching also needs to change and develop. Here, taking the baseline urban design teaching as a research entry point, on the basis of analyzing the contradiction between the previous teaching and the current transformation trend, the inherent traditional urban design teaching model is improved, and a "gradual" multi-system collaborative mechanism teaching system is constructed；It is hoped that it can optimize and improve the teaching model and operation method of urban design, and integrate it with students' professional and application ability training, so as to enhance the overall ability of students.

Keywords：urban design teaching, modularization, multi system co-operative mechanism, optimize and improve, practical personnel

国家自然科学基金（51968029）：时空连续统视野下滇藏茶马古道沿线传统聚落的活化谱系研究

一、引言

近年来，在城市发展的"新常态"与"新时期"背景下，城市设计这一兼具实践和政策的热门领域，已然对我国城市空间环境的良性发展及有效导控起着越来越重要的正向推动作用。因此，对于我们的城市设计教育而言，怎样使我们培养的专业人才城市设计专业素养得到有效提升？怎样使他们能够充分地适应和把握当前国内外城市设计的进化趋势，从而更好地融入城市发展、城市设计的浪潮中，并成为"弄潮儿"？这俨然已对我们的城市设计教育提出了新的要求与挑战。

二、传统城市设计教学与当前实践趋势之间的主要矛盾

众所周知，近年来城市设计已逐步形成一门相对独立的学科，成为构建完备的高等院校规划、建筑教育体系中不可或缺的重要一环。然而，我们传统的城市设计教学体系因为某些历史原因，并不能很好地与当前城市设计的实践与发展趋势相匹配，以往年规划本科的城市设计教学为例，教学与实践趋势之间存在着以下矛盾：

1．"多元化"转型与原有教学流程"单一化"的矛盾

我国自20世纪80年代引入城市设计以来，城市设计内容大多偏向于以研究城市物质形态为核心关注点，因而我们以往与之相对应的城市设计教学方式，是源于西方建筑学院的学科范畴，即过于强调对设计地区／地段的空间形象美学诉求，这很容易导致学生形成一味注重实体形态的思维定势；此外，设计课程与理论课程的分离式设置，使得学生汲取的知识仅只是一些知识版块的堆叠，教学流程和重点偏单一化。

近年来，随着"新常态"发展观的提倡与推广，随着城市发展伦理产生的本质性转变，我国许多地区的城市设计早已悄然实现了"多元化"转型：即城市设计不再仅仅关注物质形体的空间特质，"多元化"（除物质空间外，还包含对城市人居环境、社区营造、经济地理、人文心理、管理实施等）的关注内涵正在成为城市设计的主流。而我们培养的城市设计专业人才，除了对城市物质空间塑造能力外，经济分析、社会问题研究综合能力同样也应纳入能力要求。因此，原有"单一化"的城市设计教学流程显然已满足不了城市设计的"多元化"转型要求，亟需做出改变。

2．"地域化"转向与传统教学方式"普适化"的冲突

在当前全球化的时代，如何使城市发展摆脱同质化，凸显城市的个性与风貌特色无疑已是城市设计的重要议题和任务；因而研究在城市更新与发展中怎样保持其地域特征的延续性，怎样在

满足现实需求的基础上满足适居性要求，发掘与弘扬鲜明地方特色的"地域化"，也成为城市设计不可逆的转向趋势。

而传统的城市设计教学方式偏重普适化，其案例和研究地段的选择地域文化特征不够明显，这并不利于学生通过城市设计来学习提炼和汲取当地特色。尤其对于云南省而言，中小型城镇居多，多民族文化交错相织，这为我们的城市设计教学案例选取提供了天然的宝库。因此，我们也在研究如何在城市设计教学中从案例选取到教学方法均能充分发挥地缘优势，以实现地域文化特色的传承，考虑特定设计对象的历史文脉和场所类型，将设计对象的重点放在包括人和社会关系在内的地域空间环境上，用综合性的环境设计来满足人的适居性要求。

3．"精细化"转变与传统教学模式"宏观化"的错位

在我国城市发展由"量"向"质"转变的大环境下，今后城市设计担任的核心任务就是通过提升城市品质来彰显城市特色，实现城市的宜居；城市设计将以一种柔和的手段来弥补大多数城市"用力过猛"发展所留下的后遗症。这一"精细化"的转变也对我们的城市设计教学模式提出了新的变革要求，即城市设计的教学模式也需要从"终极蓝图"的宏观化设计向"和风细雨"的细微织补转变。

而在原来的教学模式状态下，本科三门专业设计课（城市设计、社会调研报告、控制性详细规划）按时间阶段简单排列，各自独立出成果；这样由于时间及课时的限制，城市设计的调研内容往往流于城市物质空间层面，缺乏对地段内社会矛盾、地域文化、经济发展等方面的深刻解读，由此推演出的最终设计成果往往"不接地气"，不仅影响了其课程作业最后的研究深度与现实可操作性，还容易使学生的设计成果最后往往演化为追求物质形体效果的偏"宏观化"的大尺度、大景观"终极设计"。这俨然与城市设计当前"精细化"转变形成了错位，教学调整显然已势在必行。

三、构建"模块化"的多系统协同教学机制

综上所述，鉴于原来传统城市设计课程教学中出现的问题，根据城市设计的发展趋势及教学运行的实际情况，我们构建了"模块化"的多系统协同教学机制（图1），其运行特征可概括为以下三点：

1．教学模式的"三位一体"多向、多元、复合构成

规划本科控规、城市设计、社会调查报告这三门设计课程虽然从属于不同覆盖面的规划层级，但是这三者之间其实存在着天然的内在结构联系，

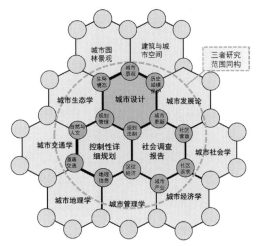

图1 "模块化"的多系统协同教学机制示意

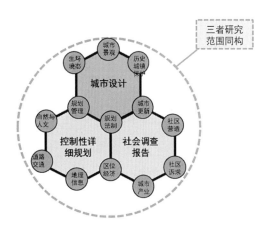

图2 城市设计课程体系的"三位一体"多元复合构成

并且其各自对应的规划内容和主题在方向和重点上是交叉互补的。在某种层面上，控规的控制指标数据实质上就是城市设计与社会调查报告的抽象提炼，而城市设计和社会调查报告则更像是控规的深度研究。

因此，教学组将原有城市设计课程体系按条块分割、呈时间序列单向排列的状况转变为"三位一体"多元复合的构成（图2）：即虽然原有的"控规—城市设计—社会调查报告"的时间顺序不变，但我们首先实现三门设计课程选址的同构化（即三门设计课程的选址及范围和相互交叠与重合）；在研究范围的同构效应下，学生能够在不同设计阶段反复调研的基础上多次对同一场域进行不同主题、不同深度的多重认知；教学组也允许学生对城市设计、控制性详细规划、社会调查报告的内容和设计成果相互"反馈"、二次修正和完善。这样多方位的相互校正的交织循环机制不仅使教学资源得到了最大限度的广泛运用，同时也使得学生的城市设计成果不但能通过控规汲取强调公共属性、实施落地的制度设计知识，还能从社调报告中吸纳和学习到如何激发社区活力、体现人文关怀的社会经济学理念。

以2012级规划专业课程设置为例，教学课题组将城市设计、社会调查报告的地块边界都设置在昆明呈贡老城区及其周边的范围以内，并允许学生在完成城市设计及社会调查报告后再对控规相关刚性、弹性指标进行修改；同时，社会调

查报告与城市设计如果涉及范围重叠，仍然允许同学对相应研究内容进行针对性修正。这自然促进了学生对专业内容反复、深入地理解与吸收，也就保证了三门设计课程的教学效能的最大化（图3~图5）。

2. 教学课程的地域性、社区性双重视角

伊利尔·沙里宁（Eliel Saarinen）在他的《城市：它的发展、衰败与未来》一书中已表达得非常明确："一定要把城市设计的精髓灌输到每个设计题目中去，让每一名学生学习……在城市集镇或乡村中，每一幢房屋都必然是其所在物质及精神环境的不可分割的一部分，并且应按这样的认识来研究和设计房屋……必须以这种精神来从事教育"。[1] 基于此，我们城市设计教学采用了教学课程的地域性、社区性双重视角切入（如图6）：

首先是地域性视角。即城市设计的教学案例选择围绕地域特色，应用地方材料、地方工匠、方法，改善地区人居环境。通过研究地域文脉（Context）——地域文化遗存（物质及非物质文化遗存）的演变及延续、多元文化的交融共生，引导学生对城市的地域性（城市特色形成的因素，包括地域、文化、功能等）因素进行提炼，针对本土地景（Landscape）（城镇特有的品质——本民族、本地区、本场地特有的品质）进行研究解读，从而使学生的城市设计成果能很好地符合"地域之情"（包括城市物质空间与环境、资源、文化、历史等）的关系和特征。

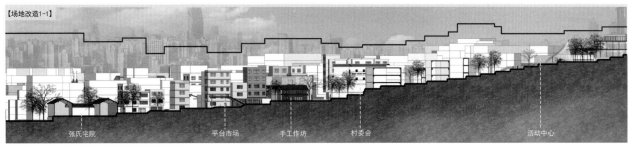

【场地改造1-1】

张氏宅院　　平台市场　　手工作坊　　村委会　　活动中心

图3 2012级昆明呈贡老城区的城市设计有效反哺了这一地段的控规成果①（1）

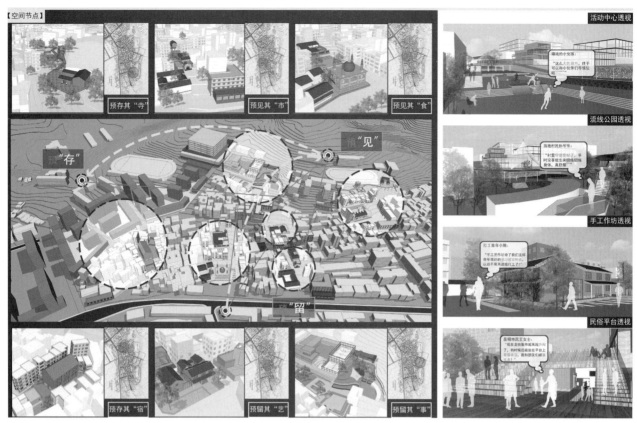

图4 2012 级昆明呈贡老城区的城市设计有效反哺了这一地段的控规成果（2）

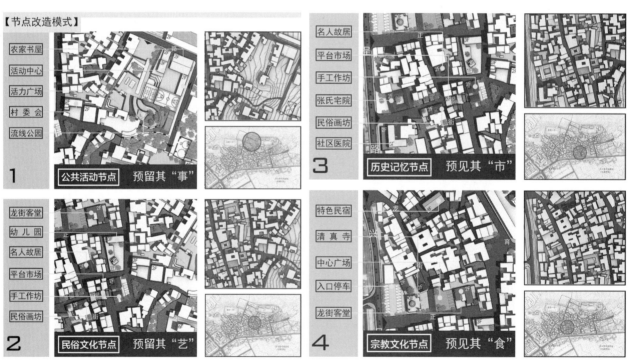

图5 2012 级昆明呈贡老城区的城市设计有效反哺了这一地段的控规成果（3）

　　然后是"社区性视角"（Community Perspective）。即采用社区营造（Community Building）为重要的教学视角和出发点，针对结合当代主要问题着手，综合民族学、社会学理念，关注案例所在地的社区性的自主营造提出解决办法，并鼓励和指导学生采用民族学的田野调查，注重访谈的真实性，从而使城市设计教学面向社会实践，面向地方需求，使学生了解并深度认知城市设计是面向地方传统的、独有的城镇公共空间模式，并以激发及维护社区活力为基本导向。

　　因此，通过以上双重视角的多向切入，"精细化""地域性"基本观念始终贯穿于我们的城市设计教学过程中。以 2014 级规划专业设计课程为例，教学课题组引导同学在实地调研及设计优化过程中以各门学

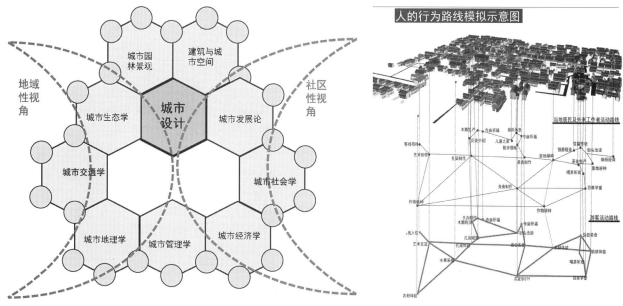

图6 教学课程的地域性、社区行双重视角

人的行为路线模拟示意图

图8 教学课程的地域性、社区性双重视角

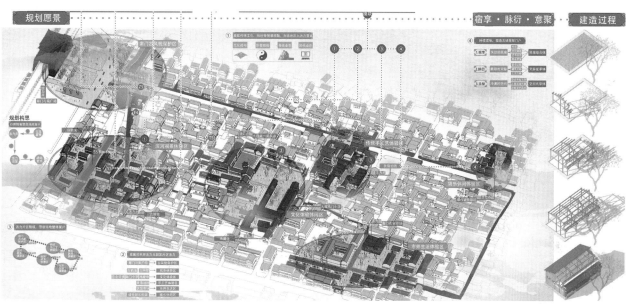

图7 教学课程的地域性、社区性双重视角[②]

科知识为本底，同时切入地域性及社区性双重视角进行研究（图7、图8），这不仅使学生有效认知了如何解读、提炼、强化"地域性"，而且使他们充分掌握了如何针对存量空间进行更加柔性的、人性化的精明空间设计，认识到只有实现文化延续、提升城市魅力、打造宜居空间、提高居民的幸福感的城市设计才算是成功的。

3. 教学考核体系的延续、协同、耦合性特征

从前文可知，在传统单一、层级化的授课模式下，学生城市设计的创新性与思维活跃度不够，综合素养的培养提升情况难以达到预期。而从事城市规划专业，需要的是综合的智慧和协调事物的能力，其所需要的对社会的客观认识、对生活的深入认识、与同伴合作做事的意识，需要在大学中用较长时间去培养和确立[2]，因而我们将城市设计的教学考核体系进行了改革（图9）。

首先，是体现"延续性"的课程衔接。通过模块化课程群设置，进一步拓展充实设计课的支撑理论课程群体系，使其涵盖包括社会、历史文化、经济、生态环境、地理信息、城市管理等多方面知识，多层次拓展支撑课程群体系，使其不但可以在时间上灵活排布，与设计主课的教学流程无缝对接，紧扣主设计课教学内容，还能实现有序混搭，"插入式"融入各门设计课程教学程序中，从而使学生们在课程群中的考核能够无缝衔接，最大程度实现"延续性"。

其次，是设立协同性的考核机制。我们同步实现教师队伍的协同调配，从而使得课内外的师生能够协同互动。这不仅使支撑理论教学模块体系更加紧凑，设计教学与理论教学统一连贯，而且构成实现各门课

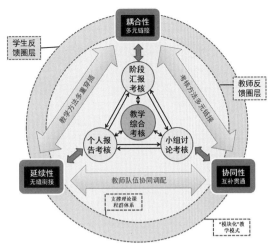

图9 具有延续、协同、耦合性特征的教学考核体系

程知识之间相互渗透交叉，优势互补，学生也更容易在汲取知识的过程中扩展视野，融会贯通。

第三是实现教学方法和考核的"耦合式"多元链接。课题组通过课程群的联动机制，依托真实项目，从设计任务编制、教学环境、教学组织等环节为学生创造一个接近于真实工作情景的学习环境，"教授式""讲座式""讨论式"教学方法多重穿插，并与之实行"耦合式"的考核方式多元链接。即通过个人报告、分组讨论、模拟答辩等方法对学生作业进度、作品内容进行"规划评审场景"的模拟控制，组织学生进行案例借鉴、调研总结、方案选择、阶段性汇报等学习。以2015级规划专业设计课程为例，在对丽江大研古城周边建控区进行保护更新设计期间，教学组将阶段性评图设置为模拟答辩过程，学生以设计小组为单位，通过"演讲汇报"的方式对本组的阶段性工作成果进行方案介绍并现场答疑。不仅授课老师针对汇报方案进行评议，其他同学也同样要对汇报组的方案提出疑问及以个人视角作出评价。这样可以着重培养学生思考问题的能力、协作能力、应变能力与语言沟通能力，从而不仅有效提升了学生的综合素养，也能贴近社会环境对规划专业人才的素质培育要求（图10~图11、图12~图13）。

图10~图11 教学模块的联系、协同、耦合⑨

图12~图13 教学过程中的互动与模拟答辩环节

四、小结

城市设计作为一门综合性很强的学科，它的兴起与发展是城市发展至一定阶段的产物[3]。而在城市设计的演进发展过程中，城市设计教育在城市设计学科发展过程中起着十分重要的作用，它率先提出了城市化进程中认识这一学科的必要性，并为这一学科的研究和探索做了许多超前性工作。可以肯定，它还将左右着这一学科的发展[4]。因而在新的城市发展阶段，我们的城市设计教学不仅要适应当前的城市时空发展逻辑，同样还担负着培育优质城市设计专业人员的责任。如何塑造城市品质、提升城市魅力，并实现文化永续、使人们幸福宜居等目标，在未来相当长的一段时期内将成为我们城市设计教学的主旨。任重而道远，我们还在路上。

（感谢昆明理工大学建筑城规学院本科四年级城市设计课题组所有参与授课老师：苏振宇、梁峻、陈桔、吴松、胡荣、王连、徐婷婷）

注释：

① 2012级昆明呈贡老城区的城市设计作业，该城市设计地块为控规片区的西侧街坊。该作业获得全国高等学校城乡规划学科2018年城市设计课程作业评优一等奖。

② 2014级大理古城周边城市设计作业。该作业获得全国高等学校城乡规划学科2016年城市设计课程作业评优三等奖。

③ 2015级丽江大研古城外缘城市设计课程作业。该作业获得全国高等学校城乡规划学科2019年城市设计课程作业评优三等奖。

参考文献：

[1] 伊利尔·沙里宁，顾启源译.城市：它的发展、衰败与未来[M].中国建筑工业出版社，1989：69.

[2] 赵万民.新型城镇化与城市规划教育改革[J].城市规划 2014（1）：62-68.

[3] 黄瓴，许剑峰.城市设计课程"4321"教学模式探讨[J].高等建筑教育，2008，17（3）：110.

[4] 金广君.美国的城市设计教育[J].世界建筑，1991（5）：71-74.

图片来源：

图1、图2、图6：作者自绘

图3~图5、图7~图8、图10~图11：分别来源于2012级、2014级和2015级城乡规划本科本专业城市设计课程作业

图12、图13：作者自摄

王颖（通讯作者），博士，昆明理工大学建筑城规学院讲师；程海帆，博士，昆明理工大学建筑城规学院讲师；郑溪，硕士，昆明理工大学建筑城规学院讲师

设计基础的"研究导向型"教学

——以"城市公共空间调研与解析"教学组织为例

贺永　张迪新　张雪伟

Research-led Teaching of the Architectural Fundamental——The Case of the "Urban Public Space Surveying and Analyzing"

■ 摘要："研究导向型"教学以学生为中心，以培养学生的自我学习和研究能力为目标，是高等教育研究关注的重要命题。论文以同济大学设计基础"城市公共空间调研与解析"环节为例，呈现指导教师将"研究导向"理念贯穿整个教学环节以培养学生"研究意识"的探索，并分别从教师和学生的视角讨论设计基础课程的"研究导向型"教学组织方式。

■ 关键词：研究导向型教学　自主学习　设计基础

Abstract："Research-led" teaching is student-centered, with the goal of cultivate students' self-learning and research ability, which is an important issue of higher education research. Taking the program "Urban Public Space Surveying and Analyzing" of the architectural fundamental in Tongji as a case, the article presents the instructor's exploration embodied the "research-led" concept in the teaching process aiming to raise students' "research awareness", discusses the way of organizing "research-led" teaching from the perspectives of teacher and students.

Keywords：research-led teaching and learning, autonomous learning, architectural fundamental

基金项目：国家自然科学基金项目（51778438）；2019－2020年同济大学教学改革研究与建设项目；2019－2021年同济大学专业课程包建设项目

　　5G、人工智能、机器学习等技术的迭代，正全面地影响高等教育的目标和方法。[1] 面对不确定，"授之以鱼，不如授之以渔"，让学生面对新问题，知道如何分析、解决问题，学会终身学习（Lifelong learning）以应对未来变化，是高等教育的重要议题。

　　研究导向型教学（research-led teaching and learning）"以学生为中心"，以启发性问题为驱动，引导学生进行探索式学习和团队合作学习，形成解决问题的方案或解释现象的报告，由教师对方案或报告进行评价，进而归纳相关的知识和理论[2]，是建立学生"终身学习""研究意识"的重要途径。

"研究导向型"教学注重对学生科学思维方式和批判思辨能力的培养，大量研究和探索已在高等教育领域展开。如对研究型教学模式的哲学思考（王海萍、王晓飞，2016）[3]，基于 LanStar 的研究性教学模式分析（赵春生、梁恩胜，2017）[4]，《建筑结构》课程的研究性教学（吴福飞、董双快，2017）[5]，在《工程制图》课程中研究性教学法的探讨（李凤莲，2018）[6]。

设计基础重在基础能力培养，课程占用课时多，学生与教师相处时间长，多以团队合作的方式组织教学，是学生"问题意识"、能力培养的重要平台。本文以同济大学设计基础课程《城市公共空间调研与解析》环节为例，客观呈现将培养学生的"研究意识"纳入教学过程的思考和设计基础"研究导向型"教学的组织和探索。

一、教学要求

《城市公共空间调研与解析》是城市规划专业（本科）二年级设计基础课程的重要环节①，由同济大学建筑与城市规划学院基础教学团队承担。该环节要求学生通过实地调研、团队合作、资料查询、汇报交流，从城市视角分析、研究建成环境。题目设定基本符合"研究导向型"教学组织的要求、条件和情景。本文主要介绍在该环节的教学过程中，教师如何将"研究导向"的理念引入教学组织，培养学生发现、分析、解决问题的"意识"，逐步提升学生研究能力的思考。

1. 基本要求

《城市公共空间调研与解析》要求调研对象以城市公共空间为主，规模控制在 2~5hm²。街道类的城市空间宜选有特色的文化街、商业街、步行街或传统老街；广场类的城市空间可以是用于室外活动的集会或休闲广场，也可以是商业、行政中心的广场。②

对城市公共空间（广场、街道）的调研、解读和分析，学生需总结被调研空间的设计要点，发现存在的问题并提出改进建议和设想，最终完成分析图纸和调研报告。调研报告需要对基地的区位、历史沿革、现状情况、适用情况、问题和改进的设想进行详细的描述与分析，做到数据翔实，图文并茂，字数不少于 2000 字。③该环节的学习在于让学生掌握物质空间调研及社会调查方法，资料、数据整理分析方法。④

2. 教学目的

学生要完成基地形成、相关事件及历史沿革的挖掘；基地与城市周边环境、公共设施、交通等外部要素关系的解析；基地功能构成、设施内容、交通组织、绿化景观、空间形态、服务人群、消防与安全等多要素的解析；基地内外空间组织、空间氛围营造与使用者的活动方式与特征的解析。⑤该环

节的根本目的在于让学生完成从建筑向城市、从物质形态向社会纬度、从二维空间向三维空间、从主观判断向理性分析的思维转变。

二、教学组织

同济大学建筑设计基础的教学一直鼓励任课教师个性化的教学组织。课程题目在设置、设计之初，只阐述基本的教学目标，规定基本的成果要求，而不对教学过程做过多规定，最终成果也可适当调整。这些都为分班任课教师留出很大的空间，便于发挥教师的能动性。教师可根据班级的实际情况，进行具体的课程组织、设计和进度调整。[7]

在分析了教学要求的基础上，我们对任务书进行了细化和局部调整，将培养学生的"研究意识"作为该环节的重要教学目标（表1，灰色部分）。

该单元包括任务讲解、集中调研、补充调研、小组汇报、中间成果汇报、成果制作、最终成果汇报、交叉评图等环节。全部工作需在 4 周内完成，共安排 8 次课程。其中，大组讲课 1 次，调研 2 次，大组讲评 1 次，与小组指导教师交流的时间 4 次。教师与学生实际见面交流的时间非常有限，这就需要指导教师提高每次指导的效率，在交流后为学生指出下一步工作的方向；同时，学生也需在课后花费较多时间自主学习，按照自己的想法推进调研工作。因此，指导教师需要在课程伊始，对教学过程的大致走向有相对清晰的预设，并根据教学过程中的实际情况不断调整和优化。

1. 任务布置、预调研（第1周）

第一周的第 1 次课是全年级大课，由年级组长（王骏老师）简单讲述课程的安排、教学要求和分组情况。课后各组回到班级教室，由小组指导教师安排具体的教学任务。

我们小组准备了单独的 PPT，指定了需要阅读的参考书目和学术文献，介绍了两个备选案例（位于五角场附近的创智天地广场和靠近大连路、控江路路口的海上海生活广场）的基本情况，并给出相关文献和案例信息获取的途径。

①指定《公共空间研究方法》[8]作为本单元的参考书，要求学生课后通读，了解城市公共空间研究的相关理论，熟悉主要的调研方法，并在实际调研过程中有意识地加以应用。

②查阅《城市居住区规划设计规范（2002 年版）》（GB 50180—93）⑥，熟悉该规范对公共服务设施配置的要求和配建标准。

③指定了关于步行活动品质与建成环境关系、商业街空间与界面特征对步行者活动的影响、广场尺度与空间品质、城市开敞空间使用者活动行为、空间公共性评估模型的相关文献，每位同学认领一篇。要求在第一次调研结束前读完这些文

任务书细化
表1

周次	日期	任务书要求	教学组织细化	成果形式	人员
第1周	3月5日	讲解本学期的教学安排、分组布置空间调研任务	1. 细化教学安排 2. 指定参考书目和学术文献 3. 阅读其他书籍和规范 4. 指定小组组长	1. 教学要求和教学安排PPT	指导教师
	3月8日	实地调研、调研分析	1. 学生实地调研 2. 确定研究案例	1. 照片 2. 录音、录像	小组长 小组成员
第2周	3月12日	资料收集、案例分析、分析图纸	1. 调研资料汇报 2. 文献阅读汇报 3. 指导教师指出调研存在的问题	1. 案例基本情况PPT 2. 相关文献list	指导教师 小组成员
	3月15日	补充调研、调研分析	1. 补充调研 2. 明确分析问题和研究方向	1. 照片 2. 录音、录像 3. 问卷 4. 草图	小组长 小组成员
第3周	3月19日	资料分析与整理	1. 中期成果汇报 2. 讨论调研报告的组织架构 3. 下发调研报告模板	1. 调研汇报PPT	指导教师 小组成员
	3月22日	图纸制作、调研报告	1. 明确调研报告的分工 2. 明确图纸要求	1. 分析图纸（草图） 2. 研究报告（Word文件）	指导教师 小组成员
第4周	3月26日	成果制作、调研报告	1. 调研报告撰写 2. 分析图纸制作 3. 调研报告制作	1. 分析图纸（3张A1，正草图） 2. 研究报告（草稿打印）	指导教师 小组成员
	3月29日	图纸表达及调研报告大组讲评	1. 年级交叉评图 2. 调研成果汇报 3. 指导教师课程总结 4. 提交最终成果	1. 分析图纸（3张A1，正图） 2. 研究报告（装订）	指导教师（其他） 小组成员

献，并在下一次的小组讨论中集中汇报。

④指定了一名同学担任小组长[①]，负责联络指导教师、组织现场调研、记录调研过程、留存调研资料。

⑤课后小组的8名同学分成3个小组，分别负责文献的搜集整理、参考书目的阅读、案例基本信息的搜集和整理。

第2次课由组长组织同学们做现场预调研。同学们需对指导教师给出的两个案例都进行预调研，了解案例的基本情况，在比较分析之后，确定小组最终的分析研究对象。

2. 初步汇报、补充调研（第2周）

第二周的第1次课由组长汇报小组同学对两个案例预调研的成果。负责资料收集的小组汇报了针对两个案例的文献和资料的收集情况，负责文献收集的小组汇报了相关学术文献搜集整理的情况。在预调研基础上，评估所收集到的资料情况，小组同学选择位于上海五角场附近的创智天地作为此次课程的调研分析对象。

针对汇报内容，指导教师提出接下来的正式调研需要关注的问题：

①对案例有深度的分析，一定是基于基础资料的充分占有之上的。课后同学们需进一步阅读文献，并汇报文献阅读的体会和收获，总结并介绍自己的分析视角。

②将调研任务细分，在确定自己的基本研究视角之后，带着问题去调研。组长在正式调研前汇总每位同学的研究问题。指导教师针对每位同学的研究问题给出针对性的意见，推荐相关阅读材料。（这部分工作在小组微信群进行）

③带好相机、测距仪、计时器、计数器等测量工具；考虑到调研对象尺度较大，建议对其分区，每两位同学一组同时观察。以小时为单位记录广场的空间状态、使用人群的行为；观察晚上广场使用人群的类型、活动方式和范围等。

④开展问卷访谈，主要关注人群的年龄结构、活动范围，了解人群对广场的主观评价。

⑤非工作日（周六或者周日）广场的空间状态、使用人群的状态调研。

第2次课程的补充调研实际是正式调研，同学们再一次对创智天地广场进行了深入的调研，共同完成老师要求的所有任务，每位同学需针对自己的研究视角和问题有侧重地进行调研。

3. 中期成果、调研报告（第3周）

第三周的第1次课是调研成果汇报，要求每位同学用PPT的形式汇报调研内容，指导教师对调研成果逐一点评，并根据每位同学调研的主题和调研需要改进的地方给出具体建议。部分同学还需要在课后自行补充调研。第 2 次课以草图的形式呈现调研结果。除了研究对象基本情况的介绍，学生需要基于自己的研究视角，着重介绍各自问题研究的视角、内容和方法。指导教师还将研究报告的模板提供给同学，小组按照所给模板格式准备调研报告。

本周教学比较重要，学生完成了基本的调研工作，接下来进入全面的分析、整理和汇总。此阶段教师的引导作用非常关键，需要教师在整体上把握好方向，针对每位同学的特点，给出具体的分析、调整意见，帮助学生深化研究成果。

4．成果制作、汇报评图（第 4 周）

第四周的第 1 次课是小组汇报，每位同学汇报自己的工作进展，包括分析图纸和研究报告。这次汇报要求每位同学上课前把各自的分析图纸和调研报告打印出来，分析图纸汇报时，轮流张贴分别汇报。指导教师对调研报告提出修改意见，在课后进一步修改。第 2 次课是年级交叉评图，各班指导教师互换，点评其他班同学的调研成果。各班同学简单汇报所作的工作，由评委老师对小组同学的成果打分排序，作为指导教师最终打分的参考依据。⑥

我们小组同学除打印分析图纸外，还要求组长将调研报告统一装订打印，作为评委老师的参考。最终成果获得了评委老师的一致认可，并被多位老师留存，供其他班级同学参考学习。

三、最终成果

该环节的成果要求每位学生提交一份分析图纸（2~3 张 A1 图纸）和一份调研报告。为了保证每个人的深度，图纸中集体共享的内容不超过 1 张，各自完成的分析性内容需要 2 张。研究报告是学生各自研究内容的文字呈现，要求形式统一，分工合作，共同完成案例的调研报告。

1．分析图纸

分析图纸需要包括调研案例基本情况的介绍，重点要表达自己所做的调研工作。分析以图示为主，文字为辅，版式不做要求。小组同学们用 SketchUp 建了创智天地广场的全模，每位同学可以根据自己的分析重点，采用不同的方式和不同的视角在该模型基础上呈现分析结果。

做广场空间尺度分析的（管毅）同学从宏观、中观、微观三个层面对创智天地广场的空间尺度进行分析。区位分析主要从周边环境、总体布局、建筑肌理、道路结构、地块分布等几个角度进行。宏观尺度主要分析广场的功能级别、形态规模；中观尺度主要分析广场的基面、广场的界面；微观尺度主要分析景观设施、硬质铺装和植物绿化等环境要素。作者还提出了"亚空间"的概念，与城市广场的主要空间相对比。

根据使用人群的问卷调查和主观评价结论，针对广场存在的不足给出优化建议，通过自己的设计修改完善。最后，还总结了不同类型的公共空间设计的合理尺度（图1）。

该同学图纸分析的特点在于利用三维模型直观形象地表达分析成果，采用大剖面的形式表达广场与周边城市空间要素的关系，成果表达清晰、有条理。

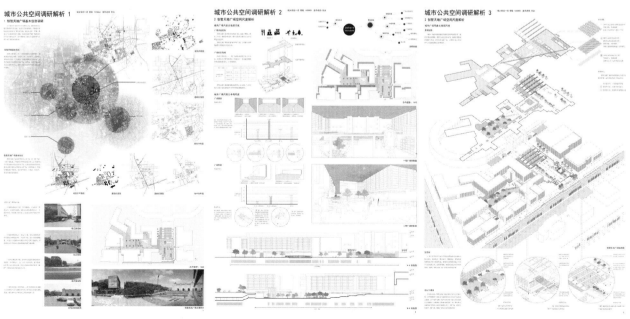

图 1　分析图纸

2.调研报告

调研报告的模板参考学术论文的格式,主要包括题目、正文、结论和参考文献四个部分。题目要求包括标题(小组统一)、副标题、姓名、学号、摘要、关键词以及以上内容的英文。正文部分要求有引言、研究案例的基本信息、调研方法和方案、研究分析的主题问题。结论部分包括结论和结语,结论要求阐述调研分析的结果并给出相关改进措施和方案,结语是对该教学环节的所得所思。

根据小组学生人数,我们将研究对象分解为8个方面。每位同学从不同的视角开展研究,既有分工,又有合作,将各自的成果合并形成完整的调研报告。具体的研究内容包括:

①地理环境及区位研究(纪少轩)。主要分析创智天地广场所在的区位,通过区位分析,让同学们建立从区域、城市的尺度和范围看待研究对象,建立全局的观念。

②交通网络组织研究(成昶)。将研究范围扩展到五角场地区,研究地块周边区域交通,包括地铁、公交路线及公交站点、基地内部的静态交通和动态交通。该同学还自行查阅了大量相关文献,提出以"交通链"为核心,研究周边交通对到达广场人流的影响,解析公共空间的城市服务属性和辐射服务属性。

③建筑及街区空间利用(姚智远)。主要研究广场物理空间的构成方式和类型,将广场周围的建筑划分为大尺度、中等尺度、小尺度几个层面。重点研究广场周边界面的透明度和开敞度对商业活动的影响。

④空间尺度分析(管毅)。从宏观、中观、微观三个层面对创智天地广场空间尺度进行分析,并总结公共空间设计合理的尺度类型。

⑤基础设施与公共服务设施研究(徐施鸣)。着重解读广场基础设施和公共服务设施的分布与使用情况,进行了定量与定性的分析比较,并就这两方面提出了改进意见。

⑥基于街道家具的研究(罗寓峡)。量化广场设计与人类活动的关系成为研究的主要方向。回应了扬·盖尔调查的结论,并印证人性化设计在空间设计中的重要性。

⑦人与建筑关系研究——功能种类(曾灿程)。将人的行为和建筑的特点提炼为几个要素,并对几个典型区域进行观察记录。通过对活动状况和各自要素的对比,总结出有利于提高公共空间活力和吸引力的设计策略。

⑧环境对步行活动提供支持的研究(乔丹)。分析基地的交通可达性,研究使用人群的活动特征,并对比广场各区域对步行活动提供的支持的不同之处,总结出空间连续性和设施多样性对步行活动的支持作用。

调研报告共分为8个章节,报告按照先总体、后分项的原则排序。小组成员完成各自的报告后,成果文件交由组长(乔丹)统一整理排版,制作封面,添加扉页和目录,最终形成《城市公共空间调研解析——创智天地广场研究报告》(图2)。

四、教学思考

"研究导向型"教学对学生和教师都提出了较高的要求。在这一过程中,如何定位教师自身角色、如何调动学生的主观能动性、如何把控进度和成果深度,都需要进行积极的思考和有益的探索。

城市公共空间调研解析

——创智天地广场研究报告

指导老师
邹 水
小组成员

纪少轩 姚智远 徐施鸣 成 昶
管 毅 罗寓峡 曾灿程 乔 丹

目录

第一部分:地理环境及区位研究

纪少轩.............................

第二部分:交通网络组织研究

成昶.............................

第三部分:建筑及街区空间利用

姚智远.............................

第四部分:空间尺度调研与分析

管毅.............................

第五部分:基础设施与公共服务设施研究

徐施鸣.............................

第六部分:基于街道家具的研究

罗寓峡.............................

第七部分:人与建筑关系的研究——功能种类

曾灿程.............................

第八部分:步行活动与环境对步行活动提供支持的研究

乔丹.............................

图2 研报告封面和目录

1. 教师

研究性教学是"在以学生为中心、教师为辅助的模式下……用科学研究的视角来分析、解决问题，最终促使学生获得相关知识，提升自身水平"。[9] 因此，"研究导向型"教学要求教师首先转变认识和角色。课堂不再是教师单方面地传授知识，而是设法促使学生由课程的被动听众转变成课程的主动参与者。

在整个过程中，教师需要保持一种相对"克制"的状态，部分内容的讲解要"有所保留"，问题点到为止，留出更多的时间和空间让同学们自己查阅相关文献，自己收集相关资料，自己尝试研究方法。通过自己学习，自己发现，学生不仅能够很好地掌握相关课程的知识，而且能够提升获取知识的能力、合作沟通的能力和解决问题的能力，还能够锻炼批判性思维和创新性思维。学生也能在自我学习的过程中获得更多的成就感，促进学生不断打磨自我学习的能力。

当然，不能因为"研究导向型"教学强调以学生为中心，就减少与学生交流的时间。"研究导向型"教学过程中面对面的交流是非常重要的一种教学方式，而且提高交流的效率，加强学习的深度是研究性教学得以实现的重要保证。

同时，"研究导向型"教学是一种动态变化的过程，指导教师需要根据实际教学情况不断调整教学组织方式和进度节奏。

2. 学生

"研究导向型"教学旨在强调发挥、培养学生在教学活动中的主动性，而学生的这种主动性在教学实践中往往体现为参与、选择以及切实的行动。但个体差异导致学生在整个教学过程的表现也多种多样。有些同学表现出了很好的适应性和主动学习的意愿，开始就显露出极强的研究能力和研究兴趣，主动搜集学术文献，在大量文献阅读的基础上选择自己感兴趣的研究课题，初步掌握了研究学习的路径；有些同学始终保持着饱满的学习热情，发挥稳定，步步为营，调研过程扎实，分析方法可行，最终成果丰富，并且在学习过程中积极尝试建立分析框架，初步形成了分析问题、解决问题的方法（图3）。但也有些同学还不太适应这样的学习方式，学习过程中比较被动，表现差强人意。

指导老师 贺永

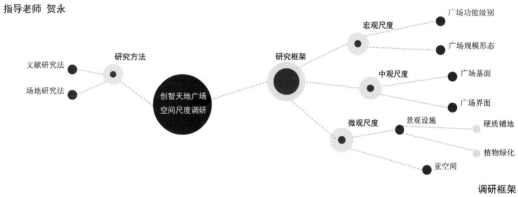

调研框架

图3 研究框架（分析图纸局部）

因此，"研究导向型"教学非常重要的在于将每位同学"编织"在整体的研究网络中，发挥各自所长，与小组保持方向上、节奏上的一致。通过集体"网络"带动每一位同学共同完成学习任务。这需要指导教师整体把握教学目标和逻辑，在具体的教学细节上根据每位同学的情况，不断调整和完善。

此外，"研究导向型"教学需要学生投入大量的精力，在当前学生课业压力较重的情况下，其实对学生提出了更高的要求。所以开展研究导向型的教学要充分估计学生在整个教学过程中时间的投入，指导教师需要根据实际情况做出相应的教学调整，这也是研究性教学成果达到深度要求、学生能力得以提升的重要保证。

总体上，此次教学整个小组同学齐心协力，共同完成了调研分析要求，没有人掉队。虽然完成的质量层次不一，但每位同学都积极投入，成果完整，深度尚可，最终成果获得了评委老师的一致认可。徐施鸣同学在自己的研究报告中对这次学习做了这样的总结：

"此次调研加深了我对城市公共空间的认识，学会了从各个方面，例如区位背景、交通流线、空间尺度、街道家具、人流活动等角度去分析城市的社会性特征。同时掌握了数据整理与解析、成果表达的方法，掌握了例如设计规范指标、研究方法等多种资料，也对城市公共空间的设计有了理解与想法。重要的是，在调研过程中我发现如何设计都需要与实际情况相结合，一些指标、经验都只能作为参考，根据需求的不同，设计也往往需要做出改变。"

五、结语

研究导向型教学包括研究导向的"学"和研究导向的"教"两个部分。[10] 本文主要从指导教师的视角介绍了"研究导向型"教学的立意、思考和操作，是对"研究导向型"教学的粗浅尝试。从学生视角的"研究导向型"教学的目标和组织的评估亟需在以后的专业教学过程中不断展开。将"研究导向型"教学的教与学互动融合是"研究导向型"教学需要不断探索的重要命题。

"国际一流大学"的建设就是要培养高质量的创新型、研究型人才。作为人才培养的重要节点，高等教育的"研究导向型"教学是促成学生自主学习、终身学习的重要手段和路径。在这一过程中，主动积极的心态、面向未来的视野、不断探索的精神、切实可行的方法，是这一手段和路径得以实现的重要保证。

致谢：感谢教学组长王骏老师的支持和指导！

注释：

① 二年级下学期 16 个教学周，分为 4+6+6 三个板块。第 1~4 周，完成一个城市公共空间的调研；第 5~10 周，完成一个集合住宅的建筑设计；第 11-16 周，完成一个幼儿园的建筑设计。

② ~ ⑤ 王骏、陈晨.同济大学建筑与城市规划学院城市规划专业二（下）《城市公共空间调研解析及类型建筑设计》教学任务书，2018.03.

⑥ 当时新版的《城市居住区规划设计标准》(GB 50180-2018) 尚未颁布。

⑦ 小组共 8 位同学：纪少轩、姚智远、徐施鸣、成昶、管毅、罗寓峡、曾灿程、乔丹，乔丹同学担任小组长。

⑧ 规划专业二年级 67 名同学，分成 8 组，8 位（1 位教学组长、7 位指导教师）指导老师，每 2 组 1 个班。

参考文献：

[1] 陈冰、常莹、张晓军、陈雪明.研究导向型教学理念及相关教学模式探索 [J]. 中国现代教育装备，2017 (11)：53-56.

[2] 欧瑞秋、田洪红.研究导向型教学的设计和实施——以经济学为例 [J]. 科教文汇（上旬刊），2019 (5)：100-101，112.

[3] 王海萍、王晓飞.对研究型教学模式中"研究"的哲学思考——兼论杜威的经验方法与实用主义教育哲学 [J]. 黑龙江教育（理论与实践），2016 (Z2)：1-2.

[4] 赵春生、梁恩胜.基于 LanStar 的研究性教学模式分析 [J]. 当代教育实践与教学研究，2017 (2)：82，84.

[5] 吴福飞、董双快.《建筑结构》课程的研究性教学与实践 [J]. 智库时代，2017 (9)：105，141.

[6] 李凤莲.以学生为中心的研究性教学法探讨与实践——以工程制图课程为例 [J]. 教育教学论坛，2018 (24)：163-164.

[7] 贺永、司马蕾.建筑设计基础的自主学习——同济大学 2014 级建筑学 2 班建筑设计基础课程组织 [C]. 2015 全国建筑教育学术研讨会论文集，2015 (11)：196-200.

[8] [丹麦] 扬·盖尔、比吉特·斯娃若著，赵春丽、蒙小英译、杨滨章校，公共生活研究方法 [M]. 中国建筑工业出版社，2016.9.

[9] 朱晓丹.国外研究性教学现状对我国高校创新型人才培养的启示 [J]. 新疆教育学院学报，2018，34 (1)：45-49.

[10] 王晶、赵冬燕、张敬.研究导向型教学理念在经管类本科双语课程中的实践——以"Research Skills"课程为例 [J]. 教育教学论坛，2019 (9)：169-170.

图片来源：

图 1、图 3：管毅绘制
图 2：作者自绘

作者：贺永，同济大学建筑与城市规划学院副教授，博士，博士生导师；张迪新，同济大学建筑与城市规划学院硕士研究生；张雪伟（通讯作者），同济大学建筑与城市规划学院讲师，博士，硕士生导师

科研资源转化课堂内容的研究生教学改革与实践

苏媛 于辉 祝培生

The Reform and Practice of Postgraduate Teaching in Transforming Scientific Research Resources into Classroom Contents

■ **摘要：**随着我国建筑行业走向"绿色、宜居、健康"并加速发展，建筑学专业人才的培养模式和就业前景也面临着挑战和思考，建筑节能技术因此成为建筑行业从业者所需具备的重要知识技能。本文通过分析"建筑节能技术研究"课程特点、教学现状、培养职业建筑师的定位和目前的课程要求，阐述将教师前沿科研资源融入教学内容的教学改革思路和实施措施。以绿色建筑与节能技术方向的科研课题为支撑进行进阶式教学内容转化，建立案例资源库，倡导"产－学－研"结合，积极组织学生应用所学知识参与设计竞赛和工作坊，促进建设教育与实践专业基地。期待通过教学改革实践提升学生的节能技术理论知识储备能力，应用前沿技术进行实践设计，推动建筑学专业学科建设。

■ **关键词：**科研资源　建筑节能技术　研究生教学　课程改革

Abstract：As China's construction industry moves toward "green, livable and healthy" and accelerates its development, the cultivation mode and employment prospect of architectural professionals are also faced with challenges and thoughts. Therefore, building energy conservation technology has become an important knowledge and skill required by practitioners in the construction industry. Based on the analysis of the characteristics and teaching status quo of "research on building energy conservation technology" course, this paper expounds the reform ideas and method that integrate teachers' frontier research resources into teaching contents, aiming at the goal of training professional architects and the current course requirements. Taking the energy saving technologies of green building research projects as a support for advanced type teaching content, the reform establishes case studies database, advocates university-industry cooperation, actively organizes students to apply their knowledge to participate in the professional design competition and design research workshops, and promotes professional education and practice. In addition, the teaching reform puts forward to rise energy-saving technology knowledge

大连理工大学研究生教学改革基金面上项目（JG2018017），辽宁省普通高等教育本科教学改革研究项目（ZL2018107） level and reserve capacity of architecture graduate，use frontier technologies to design practice，and promote the discipline construction of architecture major.

Keywords：research resources，building energy conservation technology，graduate teaching，curriculum reform

一、建筑节能技术研究课程背景概述

随着 21 世纪科学技术的发展，国家对高等教育专业人才的培养提出了更高的要求。我国工科类高校人才培养，尤其是拔尖创新型人才的培养还远远无法满足国家、社会、企业等对专业人才的渴求，与发达国家相比差距也在逐渐加大。《国家中长期教育改革和发展规划纲要（2010—2020）》中指出："促进科研与教学互动，与创新人才培养相结合。充分发挥研究生在科学研究中的作用。"党的十九大报告提出："建立健全绿色低碳循环的经济体系，形成绿色发展方式和生活方式。"习主席在巴黎气候大会讲话中强调，向绿色低碳发展转型是全球合作应对气候变化的共同出路。西安建筑科技大学刘加平院士在第十三届建筑物理学术大会中明确提出："建筑行业需要向绿色、宜居、健康发展。"这些重大决策对建筑类院校人才培养的目标有着重要影响，也充分说明建筑学专业更需要掌握建筑节能前沿技术的人才，发展绿色建筑和建立低碳社会。因此，将专业教育与应用实践相结合，培养具备创新和实践能力的职业建筑师，是日趋激烈的人才市场提出的新要求。

19 世纪初，德国教育家威廉·冯·洪堡在柏林大学进行了"教学与科研相统一"的教学实践，其理念的实质精髓在于"将科学研究成果引入教学"[1]。这对现代大学发展起到了至关重要的作用。在他的教育思想影响下，现代大学逐渐具备了教学与科研的双重职能，形成了科研与教学统一、科研与人才培养相结合的基本特征。我国学者冷余生教授认为，大学的教学应该有自身特点，不能仅仅是学习和掌握人类间接文化知识和经验的过程，应当将学习与发现结合专门知识的教学中有发现、研究和指向未知的成分[2~4]。科研是知识的产生过程，教学是传授知识的过程，面对新形势下的国家重大需求，将科研资源转化入课堂，让学生掌握最前沿科技的建筑技能技术课程改革势在必行。我国一批研究型大学都努力将科研引入教学，把科学研究作为创新人才教育的重要措施。大连理工大学建筑与艺术学院所开设的研究生课程"建筑节能技术研究"正是面向建筑学科发展的需求，旨在提高建筑学专业研究生的节能技术理论知识储备和工程实践能力。

二、课程现状与要求

1."建筑节能技术研究"课程现状

建筑节能技术集成了建筑学、土木工程、材料、环境等学科的专业知识，多学科交叉，多行业综合，应用性强。清华大学、东南大学将建筑节能技术设为建筑科学技术方向研究生的必修课程；同济大学建筑与城市规划学院将"绿色节能建筑"列为全力推进的四个学科重点之一；西安建筑科技大学将建筑技术课程作为构筑卓越工程师培养体系的重要内容；天津大学建筑学院认为建筑技术的进步对未来的建筑教育带来了新的挑战，并作出相应的改革[5]；重庆大学在建筑设计教学中注重对建筑"技术性"的理解[6]；哈尔滨工业大学与华南理工大学因地制宜，开设适应当地气候的建筑节能技术课程。大连理工大学建筑与艺术学院开设的"建筑节能技术研究"课程是建筑学研究生专业选修课程，选课人数为 40~80 人，旨在掌握建筑本体节能和各系统节能技术，运用所学理论和知识去进行建筑节能设计。

当前的"建筑节能技术研究"课程在教学过程中普遍存在以下几个问题：第一，建筑节能技术更新迭代速度快，现有教材内容缺乏前沿性，知识体系架构已滞后于现代建筑设计的新规范、新技术。第二，课程学时少而知识点、重难点多，教师授课难度大。第三，建筑学专业硕士的培养方向偏向于设计技能，但教学内容和原有教学体系重理论而轻实践。第四，教学模式以课程授课为主，单一的听课模式使得学生难以融入课堂。第五，授课老师科研成果与教学内容联系不紧密，科研向教学资源转化少。尤其是当前绿色建筑及节能技术的加速发展，传统的教师讲课、学生听课经验教学模式已经很难满足国家重大需求以及卓越计划的现实要求。

2.建筑学专业研究生课程要求

建筑学专业与人类栖居环境密切相关，是工程技术与人文艺术的结合体。建筑学是一门学习建筑设计与相关基础技术的学科，培养适应社会需求的职业建筑师[7]。建筑学教师们在科学研究和设计教学中更热衷于建筑设计教学[8]。研究生课程与本科生培养目标有着明显的不同，教学要求差异也较大，要求学生更专注该领域的学习与研究，课程教学知识点应结合最新科研成果，更深入剖析重点、难点与创新点。而且研究生对自身专业能力的提升也更为关注。因此，如何调动和激发学生自主学习，提升学生的应用与实践能力，是研究生课程改革的目标。

在快速发展的时代背景中，研究生精英教育与建筑学职业教育的要求下，建筑学研究生课程应以培养具有扎实理论基础的职业建筑师为目标，具有融合国际最新动态的多元化，具有实践性。而高水平大学拥有一流的科研业绩与师资队伍，具有较好的科研水平，很多教师虽然承担着国家级别的科研项目，但却难以将厚重的科研体现在教学上。科研工作与教学实践的脱节，不利于教学质量提高和人才培养。因此，如何指导研究生将"建筑节能技术研究"课程的相关知识更好地运用于建筑设计中，理论联系实践，是该课程的首要任务。

三、科研资源转化课堂内容的课程体系改革

本文针对"建筑节能技术研究"课程特点、教学现状与建筑学研究生的课程要求，从引入科研资源提升学生获取新知识并用于实践的角度，开展该课程的教学改革，对教学体系进行研究。如图1所示，通过教学改革，通过将科研成果转化为教学内容的方式把经验和教训传授给学生。学生根据专栏知识进行分组讨论和完成作业，参与实测调研，深入对某一类型的建筑节能技术进行掌握，完成知识进阶，最终以汇报的方式进行成果反馈和期末考核。鼓励学生自主学习，提升课程授课效果。

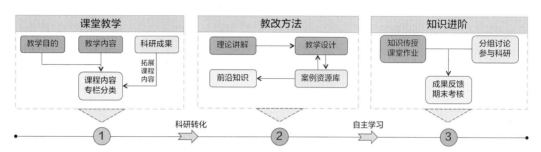

图1 构筑科研成果辅助教学课程改革

该课程体系教学改革如图2所示，具体措施如下：

（1）创新课程内容，引入科学前沿。对原有课程体系进行详细分析，统筹教学目的与教学内容，并对课程内容进行详细分栏。结合本科课程原有的设备系统知识体系拓宽课程内容，将建筑节能技术细分为不同的课程内容专栏。同时，结合任课教师在绿色建筑理论及节能技术方向的科研课题辅助课程内容，将科研成果融入教学，建立案例资源库，匹配各个专栏，帮助学生更好地学习和掌握绿色建筑节能技术的前沿知识。

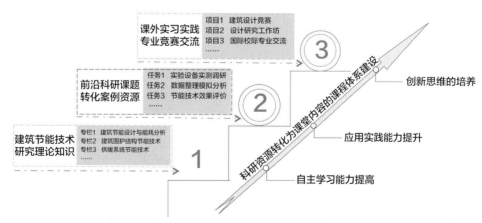

图2 科研资源转化为课堂内容的课程体系建设

（2）甄选内容建立案例资源库，合理教学设计。发挥高校科研优势，任课教师将甄选的实际科研案例进行教学设计，深入浅出地进行理论讲解与成果解读。如在建筑节能设计与建筑能耗分析专栏融入某科技性基础专项的科研成果，作为气候适应性建筑设计案例教学。通过讲解成果案例，传授学生如何探索适应性建筑节能技术理论与方法，引导学生亲自动手利用建筑节能技术实验设备实地调研，分析解决问题，锻炼实际应用能力。

（3）知识进阶，促进应用与实践能力提高。勇于打破单一课程限制，"产－学－研"结合进行课外实践与应用。例如基于某重点研发项目的科研成果转化为教学内容学习既有建筑节能改造技术，并参与某节能

技术有限公司进行某既有小区宜居改造工程。同时激励学生参与专业领域内的各类建筑设计竞赛和工作坊。充分利用高校对外合作交流机制，鼓励学生参与国际工作坊，通过国际、校际的学科交流促进学生理解运用节能技术，将所学知识体系融入设计方案。

四、科研资源转化课堂内容的案例资源库

建筑设计受地域和气候的影响非常大，采暖制冷系统因不同室外环境的变化，其能耗与碳排放有很大差异。在"建筑节能技术研究"课程中，将某科技部基础专项中大连市住区热环境的研究成果引入课堂，作为"气候适应性建筑节能技术"专栏的案例内容。通过介绍分析住区微气候条件讲解环境适应性建筑技能技术的重要性，引导学生的科研兴趣，开启课程学习。图3为学生根据课程专栏知识开展的气候适应性建筑研究调研分析过程，通过实地微气候监测、建筑形态与微气候关系探讨、计算机软件模拟和提升策略应用对比，掌握了因地制宜的建筑设计与地域特色的节能技术手法之间的制约与影响。

能源与水资源是维持建筑运行、营造舒适建筑环境和保证使用者工作生活的关键。在"建筑的能耗分析"专栏内容知识点授课中，融入某教育部学校规划建设发展中心重点项目支撑案例内容。指导学生对身边校园建筑的能耗、水耗进行调查研究，引导学生了解建筑运行所需消耗能源量，讲解建设绿色可持续校园，降低建筑能耗和采用节能技术手法的重要性。如图4所示，是校园建筑能耗、分析案例。课堂进行了对某高校校园不同建筑类型和不同使用用途的建筑能耗、水耗调研，分析影响能耗、水耗的因素，提出节能技术策略和节能效果验证，对理论知识进行实际应用。

针对当前我国能源消耗的粗放模式与环境污染的突出问题，发展绿色建筑是我国积极倡导和建设的方向。该课程中将某重点研发项目子课题中绿色建筑节能技术的研究成果引入课堂，作为课程的"绿色建筑设计"专栏内容案例资源。通过介绍绿色建筑节能技术对于使用后评估结果优劣的影响，突出采取适应性节能技术的重要性。图5是某绿色三星级的公共建筑节能技术分析案例，通过实地建筑室内环境监测、使用者调查问卷、运行数据分析，学生们掌握了绿色建筑节能技术与实际运行性能的相关性，以及具体的适宜技术如何对建筑性能和环境品质进行提升。

我国既有建筑大多数保温隔热性能差，设备系统效率低，室内外环境品质低下。既有建筑的节能改造技术能够改善室内外环境质量，提高室内热舒适性，降低建筑能耗和减少碳排放。该课程将某重点研发项目子课题中的研究成果引入课堂的"既有建筑绿色改造节能技术"专栏，学习

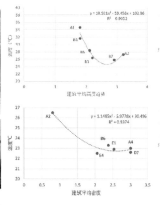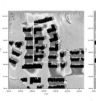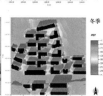

图3 气候适应性建筑节能技术分析案例

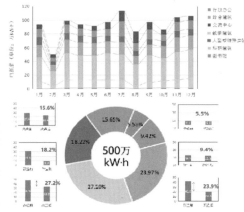

图4 校园建筑能耗分析案例

既有建筑节能与宜居改造技术,引导学生思考外墙、外窗、屋顶等外围护结构节能改造技术对居住环境的影响。如图6是既有建筑节能改造技术案例,通过完成某小区既有建筑室内外物理环境实测调研、能耗分析和计算机模拟,学生们明确了外围护结构节能改造技术对建筑热环境提升的影响,尝试了不同改造目标下的既有建筑节能改造技术策略研究。

北方地区夏季室内闷热,冬季寒冷干燥,室内物理环境远不能满足居民健康宜居的要求。建筑室内环境热舒适提升技术是营造高品质居住环境的关键。该课程中将某国家自然科学基金项目中相关的研究成果作为"室内环境节能技术"专栏案例,介绍室内环境节能技术对建筑室内物理环境及人体热舒适性的影响。如图7为某居住建筑室内环境节能技术案例,学生们根据课程安排开展调研,通过对建筑室内物理环境实测,进行室内热舒适性评价分析,模拟分析了不同的室内环境节能技术对室内居住环境热舒适性提升的影响。

五、教学改革应用与实践

如何基于人才培养目标,提高学生应用与创新能力,使理论教学与实践教学有效衔接,较好地解决课程设置的体系化问题,不仅是我国高等院校建筑教育关注和研究的热点问题,也是建筑学专业学科建设的核心内容。科研资源转化为课堂内容的"建筑节能技术研究"教学改革目标是以学生为中心,重基础、扩前沿、强实践、求创新。以教师在绿色建筑及节能技术方向承担的科研课题成果整合为切入点,理论教学紧密联系实践为突破口,培养符合当前建筑行业需求、具有综合素质的优秀职业建筑师和高层次人才。

如图8所示,大连理工大学建筑与艺术学院通过"产-学-研"结合模式与国家级课题研究机构、某建筑设计研究院建立合作。从"科研与教学契合""理论与实践结合""知识与技术融合"三个方面将"建

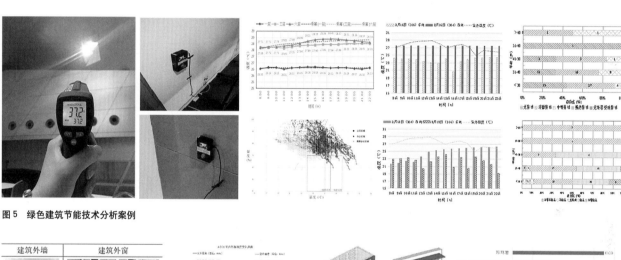

图5　绿色建筑节能技术分析案例

图6　既有建筑节能改造技术分析案例

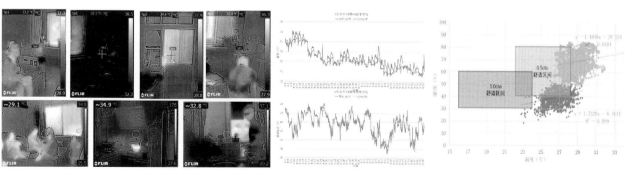

图7　室内环境节能技术案例

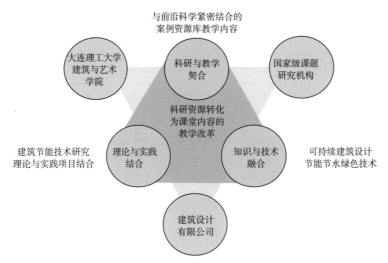

图8 "产-学-研"结合模式

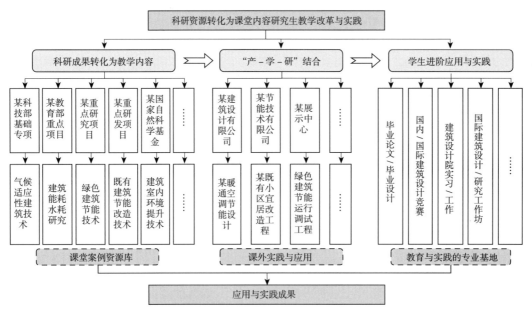

图9 科研资源转化为课堂内容研究生教学改革与实践

筑节能技术研究"课程与前沿科学紧密连接，通过理论教学结合应用实践，建立可持续建筑设计与节能节水绿色技术之间的紧密联系。通过科研项目成果的案例学习，积极进行课外实践与应用。学生根据不同课程教学内容的专栏对应可以选择参与某建筑设计有限公司的暖通空调节能设计，或参与某展示中心的绿色建筑节能运行调试工程等。结合专业引导、激励，加强应用与实践教学，发挥高校科研和企业实践优势，为培养卓越的职业建筑师和建筑技术科研人才奠定坚实基础。

图9为科研资源转化为课堂内容研究生教学改革的应用与实践成果。通过对该课程基本知识和案例资源的学习扩展，为研究生的毕业设计、毕业论文做理论支撑，对研究生在建筑设计院实习、工作和适应就业需求做重要积累。在提高学生进阶应用和实践能力的同时，响应大连理工大学国际合作与交流中"教师国际化、培养国际化、学生国际化、氛围国际化"的方针，将国际化教学纳入学科建设中，构建建筑教育系统与国际系统有机结合机制。强调学生通过参与、体验、实践三个环节，重新整合"建筑节能技术研究"教学的方法和内容，进一步实现该构思以及创新教学立体模式。积极鼓励并指导学生参与国内、国外设计竞赛和设计工作坊。通过学生交流出访和工作坊合作拓宽自身专业领域的视野，提升创新能力与设计水平。通过这些举措，不仅推动了教育与实践的专业基地建设，并且在人才培养和国际交流方面贡献了重要力量。

六、总结

人才交流和培养是国家民族复兴和创新型国家建设的重要力量。按照建筑学专业评估的教育教学要求，研究生课程应让学生具备设计应用的实践能力，适应建筑行业快速发展的时代性要求，融合多元化的国际最新科研动态，并以此为核心培养专业人才。本文通过"建筑节能技术研究"课程教学改革，将教师承担的新的科学研究成果转化为教学内容，改进与丰富教学方法，重点开展教学环节、课程体系、教学内容、教学组织、课程评价等方面的教学改革。将科研成果服务于教学，用科研资源促进课程建设，把最新前沿研究动态、学术观点和研究成果讲授给学生。同时，建立"产－学－研"结合的课外实践与应用，指导学生们参与国内、国际设计竞赛和工作坊。该课程改革强化学生运用建筑节能技术知识的实践能力，以人才、科研、学科三位一体协同发展机制改革为整体思路，将素质教育与专业教学深度融合，期待培养具有"工程素质、创新能力、国际视野"的卓越建筑师和科研人才。

参考文献：

[1] 张文，吴磊．略谈科研成果引入教学的途径与机制——以课程建设为例[J]．江西理工大学学报，2008（2）：69-71.

[2] 阎红灿，张淑芬．大学教育本质的回归——科研转化教学[J]．大学教育，2015（9）：16-17.

[3] 吴志强，储爱民，卢立伟．本科教学审核评估视域下科研成果转化为教学资源的思考[J]．当代教育理论与实践，2017.9（6）：105-107.

[4] 祁红岩，徐杰．科研成果有效转化为教学资源的研究[J]．黑龙江教育（高教研究与评估），2016（4）：66-67.

[5] 张颀，许蓁，邹颖，张昕楠，胡一可．变与不变、共识与差异——面向未来的建筑教育[J]．时代建筑，2017（3）：72-73.

[6] 顾红男，潘艳茹，丁素红．观演建筑设计教学比较研究——以重庆大学不同阶段设计课程为例[J]．新建筑，2016（6）：140-145.

[7] 苏媛，韩放，于辉．成果为导向的建筑设备课程教学创新[J]．建筑与文化，2018（12）：36-37.

[8] 郝洛西．"产学研"协力共进下的建筑光环境教学探索与创新实践[J]．中国建筑教育，2017（Z1）：134-142.

图片来源：

图1～图9均为作者自绘

作者：苏媛（通讯作者），大连理工大学建筑与艺术学院副教授；**于辉**，大连理工大学建筑与艺术学院教授，副院长；**祝培生**，大连理工大学建筑与艺术学院教授，博导，建筑技术科学教研室主任

由归属感出发的中国乡村更新模式探讨

罗瑾　金方

Research on Renewal Mode of Chinese Rural Area Based on the Sense of Belonging

■ 摘要：中国社会是一个乡土性的社会，乡村之于中国具有重要的意义。然而伴随着城市化的进程，产业结构的变化，乡村因其本身不能满足人们日益增长的生活与心理需求而日益衰败，成为现代化发展的牺牲品。同时在以城镇模式为指导的乡村规划之中，城市居住区规划的复制品被随意植入村落，整齐划一的多层洋房、棋盘格的路网随处可见。传统乡村所特有的风土人情、建筑风貌、空间肌理以及本土材料的运用均被"城市化"所冲刷。如何在现代化进程中留存乡村记忆，激发乡村活力，成为当下社会关注的热点。本文希望突破建筑学学科的约束，以心理学范畴中的"记忆原理"为背景，从"归属感"这一立足点出发，通过对乡村"形态"要素以及"场域"要素的梳理和其利用方式的总结，来探讨中国乡村更新的适宜模式，以期使乡村发展融入现代生活，并实现活力复兴。

■ 关键词：中国乡村　归属感　"形态"要素　"场域"要素　更新模式

Abstract：The rural area plays a very important role in the process of development of China. However，along with the process of urbanization and the change of industrial structure，the rural area has become a victim of modernization because of its inability to meet the growing needs of people. At the same time，the rural area lost their own characteristics and became a replica of the city，which are full of regular roads and houses. How to retain the rural memory and stimulate rural vitality in the process of modernization becomes the focus of social concern. This paper hopes to break through the disciplines of architecture to find the right mode of rural renewal by using the "form factors" and the "space factors" based on the sense of belonging.

Keywords：chinese rural area，the sense of belonging，form factors，space factors，renewal mode

乡村作为人类聚落的起点，比城镇更早的出现在历史长河之中，是人类历史记忆的物质载体。乡村的发展过程包含人类的物质、精神生活，其形态风貌是社会历史的表现形式，其意境氛围较之城市，更谦和地传达出人与自然间平等友善的交往原则。作为一个以乡土性为根本的国家，乡村对于中国国家的发展具有十分重要的意义。然而伴随现代化进程的加快，乡村原有的物质基础与不断更新的生活生产方式产生碰撞，农村青壮年人口的外迁引发了社会结构缺失，产业结构的变化也带来了生态环境问题，乡村日益凋敝，成为现代化的牺牲品。同时，在为激发乡村活力而进行的大规模的更新活动中，城镇模式作为改善人居环境的范本被不加思考地带入乡村规划之中，城市居住区规划的复制品被随意植入村落，整齐划一的多层洋房、棋盘格的路网随处可见。传统乡村所特有的风土人情、建筑风貌、空间肌理以及本土材料的运用均被"城市化"所冲刷，开始走上趋同的道路。面目全非的"新乡村"，丧失了其作为记忆载体记录真实历史的功能，从而削弱了人类对其的"认同感"与"归属感"，导致了因记忆缺失而形成的认知、认同问题。如何在现代化进程中留存乡村记忆，激发乡村活力，更新乡村模式，成为当下社会的关注热点。

一、由"记忆原理"探讨归属感之建立——更新模式的立足点

1. 记忆原理与归属感

记忆作为一项基本心理活动，是进行其他更复杂心理活动的基础。记忆是一个由"记"到"忆"的相互联系过程。当客观存在、可读性的物质或者物质系统变化痕迹的即时状态等外界信息被人类感知时，大脑会对之进行解构提取重组，形成抽象的编码并产生片段式的记忆，存储于脑海之中，而当外界环境再给予相关刺激时，这些记忆就被提取，产生对环境的熟悉感与信任感，即归

属感。神经学家安东尼奥·达摩西奥认为，由于人脑进行的是一种类似"建构"的活动，故这些被提取出来的记忆是由多种因素作用所得的一个建构产物，而非简单的对外界信息的物理表象还原[1]。因此人类对事物的当下体验往往受到以往经历的影响。

同理，乡村呈现在人眼前的形态并非简单的视觉元素组合，大脑会本能地对这些景象进行建构，先区分所熟悉的历史的元素与当下新注入的环境特征，再进行融合，使得最后所感知到的要素既受到过往记忆的影响又与现在的发展息息相关。乡村记忆是一种集体记忆，即生活在乡村中的个体在乡村这个稳定的、连续的环境中所得的记忆方式和记忆内容存在一定的共同点，这些共同点源于对可读性要素的感知，是激发乡村自我特征形成与归属感建立的关键所在[2]。当然，这些可读性要素并非一成不变。时代更替，人类的生活生产方式发生改变，必然导致乡村建筑与空间产生新的内容来适应这些变化，乡村的物质价值依然是提供居民生产生活的场所与空间，作为历史传承与文化认同的载体则是其精神价值。因此，我们所要研究的就是怎样适度更新外在的乡村环境来保持这种建构的平衡进行，在保护"认同感"与"归属感"的基础上，推动乡村发展，既不忽视"旧"的保存，也不拒绝"新"的植入。

2. 乡村的可读性要素——形态要素与场域要素

弗朗西斯·耶茨曾说过："记忆是由场地和图像建立起来的。……场地指的是那些极易被记忆捕捉到的地方，例如一座房子、柱间空间、一个角落、一个拱门等。图像是指我们希望回忆起来的形态、记号、影像。例如，如果我们希望回忆起马、狮子、鹰的种类，那么我们必须把它们的形象放在具体的场地中。"[3]记忆活动的模式可以分为观察者记忆（observer memory）与场域记忆（field memory）两种。前者关注的重点在于客观

图1 层叠起伏的三角坡顶

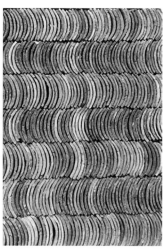

图2 砖瓦石材等乡土材料

图3 水井、石磨等农作的工具

图4 村中社交活动的中心

图5 村中街巷

图6 永丰小镇的鲤鱼井

环境，情感回忆较少，重点记忆原始场景中的记忆图像；后者将事件通过场域来感知，记忆的重点在于事件引发的或者传达出的情感。故"形态"与"场域"是记忆的两个部分，共同构成了人脑中对于乡村的印象。所以了解乡村环境中"形态"与"场域"的根源，创造可以合理提取的可读性要素，组织好这些要素与现有环境的联系方式，找到这些要素的利用方式，是留存归属感以及推动乡村更新的关键所在。

"形态"要素是对客观环境的一种概括，包括事物的形状、线条、明暗、色彩、材料、质地等。例如村落中常见的层叠起伏的三角坡顶（图1），砖瓦石材等乡土材料（图2），水井，石磨等农作的工具（图3），都是极其强烈的乡村元素。当人的大脑接收到这些信息时，便会不自觉的提取出乡村的记忆。

"场域"要素则由两部分组成，其一是围合的边界及其所产生的空间，其二是在空间中发生的事件即人的活动。"场域"要素非纯物质要素，与人的情感相挂钩，涉及客观环境给人的感受与体验，不仅包含各种自然景观、人工景观，也包含在这些景观中的人及其活动，往往是一种意境的存在。传统村落中普遍存在并在村民生活和记忆中扮演重要角色的"场域"要素处处可见，其中较为突出的有三种，一是强调向心性的块形场域。例如兰溪诸葛八卦村中心的钟池，半边水面半边硬地，因被建筑围合而具有极强的空间感，由此水塘出发，放射状的八条小巷向外延伸，使这一场域成为极具向心性的村落的中心，也是村中社交活动的中心（图4）。二是强调方向性的线形场域。典型例子即村落中被建筑相夹而形成的街巷，宽度窄、进深大、方向性强，常具有压迫感，是村民日常的交通通道，常会不自觉地留在每个人的记忆中（图5）。三是强调辐射性的点形场域，其特点在于由于某种点状物质的存在，使其周边出现受其辐射而形成的无明确边界的场域，且越向外辐射能力越弱。这个"点"可以小到一个水井，也可以大到一个村落。以永丰小镇的鲤鱼井为例，井水水质清澈味道甘甜，故虽然古井位于河道中央，只能靠踏石涉水而至，村民却仍习惯在此洗衣洗菜挑水闲聊，形成小镇的生活核心（图6）。

二、乡村更新模式的探讨

生物学家塞蒙说，记忆的提取是可读性元素再现对于人脑的刺激以及使这些刺激与记忆发生关联的方式两者共同作用的结果。探究乡村可读性要素的根源，寻找最易激发人脑刺激的典型元素，并采用合适的方式使之与乡村记忆发生关联，是归属感建立的关键。而人对事物的认知是一个由表及里、由现象到本质的过程，由人的感觉、知觉、记忆、思维和想象等认知要素组成。基于这一过程特性，乡村记忆提取模式可分为两类，其一是由视听等感官体验为触发的感官体验模式，主要利用的是"形态"要素；其二是由情感刺激触发的心理体验模式，主要利用的是"场域"要素。

（一）感官体验模式

人通过五官直接感知世界，获得外界环境最初始的信息，诸如颜色、声音、形状和体积等，其中视听两项所提供的信息占总获取信息的80%~90%，是感官体验中最主要的部分。在以视听为主导向的感官体验模式中，主要考虑对乡村"形态"元素的利用，其方式可分为以下几类：

1."形态"要素的原真再现

所谓原真再现，就是对特定乡村建筑、街道、空间、生活环境的真实重现，反映的是乡村在特定的历史阶段所展示的时间信息与场所意义。场景要素在这类村落的改造过程当中，作用在于如实反映特定历史阶段的真实内容，遵循"当时当地"的重要原则。这类再现易发生两个问题，其一是当下到处可见的"克隆"工程，为达风格统一的表象要求，在更新过程中，迫使新建建筑与原有建筑在表象上趋同，或直接将当地完全不存在的"形态"元素引入环境之中，依靠大面积的批量化、重复化再现的手法，创造出具有视觉冲击的乡村剪影。并且由于匠人技艺的失传，很多传统乡建的施工手法已经消失，新建建筑只求外在趋同，忽视细部构造，整体粗糙又具有误导性。这些虚构的、错误的内容，会对乡村记忆的真实传递造成危害。其二是为保护限制发展，时代发展所产生的新的生活方式与功能空间在植入乡村空间时，会发生新旧的冲突，处理不当，会成为原环境中的异类，破坏整体氛围。为了防止这种情况，就夸大历史价值的重要性，忽视乡村作为生活载体的主要价值的提升，舍弃发展。解决这些问题的关键在于对地域文化的挖掘和以发展来促进保护的观念的树立。

黄印武在沙溪古镇复兴工程中就对原真再现这一要求做出了很好的诠释。复兴工程要求建筑师对乡土遗产进行保护，其原则基于对"修旧如旧"这四个字的理解。黄印武认为"修旧如旧"是一种协调性原则，修缮古建不是使之焕然一新，而是新加入的构件能够和老的构件相协调。在实际操作中，他采用非传统的榫卯技术来解决修缮中具体的木结构构造问题。兴教寺大殿的檐柱因糟朽曾使用石料进行墩接（图7），但由于墩接高度较高且接面平整，故减弱了檐柱抵抗地震等意外情况的稳定性。黄印武使用角钢在相互垂直的水平方位夹住檐柱和墩接的石料，使用钢筋对穿固定，形成类似十字榫的结构用以约束墩接平面（图8），并用与上部木柱颜色相近的水泥砂浆粉刷石墩表面，并细致地做出类似木纹的肌理，在协调上下部的同时也将角钢和拉杆隐藏了起来（图9），使得修缮后看不出痕迹（图10）。二次修缮既保留了原有的历史以及一次修缮的痕迹，又解决了结构问题，实现最小的干预下的最大保留，建筑的记忆得到完整的呈现，激发了来访者的归属感。

2."形态"要素的创新再现

日本新陈代谢派代表人物之一的黑川纪章认为时间是根茎状态的，过去、现在、未来在以人作为感知方时，其可触性是一样的，建筑应该遵循动态发展的规律，对新旧建筑的构成要素进行阶段性的整合并给未来建筑的生长预留空间。因此，当出现原始场景无法真实再现的情况，设计者可用提取象征符号的手法来重塑建筑空间形态。这些符号作为刺激信号引发人脑根据以往的乡村体验，通过联想来建构乡村概念，从而解放建筑表象，推陈出新，把不同的时空要素汇集在一个空间当中，创造出层次分明的建筑内涵，记录时代发展过程中建筑外在与功能的变化，产生一种现代的乡村形态，既反映新的未来的事物，又兼具建立归属感的功能。

耒阳毛坪村的浙商希望小学在设计过程中充分体现了建筑的在地性。建筑师提取了毛坪村常见的砖瓦木材质以及坡顶建筑的形式作为"形态"要素，来使新建建筑与乡村发生联系，呈现一种本土特征。原本是砖石护栏的地方被粗糙的木杆代替，在室内形成丰富的光影，多样的砌砖方式打破墙面的单调感，具有乡村记忆的本土材料激发了使用者的归属感，而创新的砌筑方式则带来现代感（图11）。

四川牛背山志愿者之家作为改造项目则更进一步。建筑师对老建筑的屋顶进行完全的拆除，取而代之的是使用原有的具有乡土性的小青瓦，经由参数化设计获得的非线性屋面。这一屋面在室内形成突破传统

图 7 兴教寺大殿檐柱用石料进行墩接　　**图 8 黄印武保护修缮的檐柱**　　**图 9 檐柱修缮原理**　　**图 10 修缮后的檐柱**

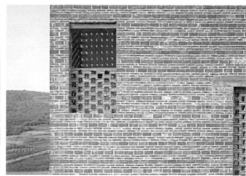

图 11 创新的砌筑方式则带来了现代感

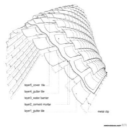

图 12 参数化的青瓦屋面

的弧线空间，在室外则更易与青山浮云形成对话关系。参数化的青瓦屋面将新技术与传统乡村建筑的乡土材料结合在了一起（图12）。

上述两个案例中建筑的功能与空间都具有非传统乡村性，但由于建筑师对建筑材料、建筑形式等"形态"要素的提炼运用，使得乡村的记忆得以留存，并和现代的生活需求结合起来，实现了更新的目的。

（二）心理体验模式

心理状态是触动回忆的更高级要素，人经由五官感知到的环境要素进入人脑，在通过大脑"建构"活动产生综合体验的过程中，人的情感也会产生相应变化，形成的心理感受会与环境记忆一同被储存。这类记忆的形成，需要长期反复的作用或者特殊事件的强烈刺激，往往深刻，一旦形成，纵使再见的场景面目全非，只要感知到细微的要素，脑海中的记忆亦会被重新激发，心理感受被再次提取，与当下环境相结合而产生归属感。

1. "场域"要素之空间再现

中国传统村落环境空间布局以及民居建筑的组织关系是体现中国传统文化的重要元素，同时也是乡村生活的一个重要组成部分，并形成记忆存在于使用者的潜意识当中，故这类元素的出现可以激发出使用者关于乡村的空间记忆，形成归属感。中国传统文化对村落空间形态的影响主要可以分为四方面，其一是"天人合一"的自然生态意识；其二是对伦理关系的重视，讲究等级制度与长幼尊卑，以中为尊，故祠堂宗庙多位于村落的中心位置；其三是地缘关系的凸显，乡村作为独立地理单位具有强大的内聚性和排他性；其四是深受风水及民俗信仰的影响。当代乡村更新在传承传统村落精神的基础上，也需要融合新的时代因素，使得生态景观的完整性、空间形态的整体性和地域关系的领域性得以保存。

空间形态的整体性指的是对村落传统空间肌理的一种延续。传统的村落空间序列由街巷、组群、院落和建筑四个等级组成，是由公共空间到半公共空间再到私人空间的渐变序列。西来古镇榕树片区沿河增建项目中，刘家琨将设计重点落于复原传统建筑布局，修补村落沿河地段空间肌理，其目的在于保存村落原有的巷道空间，复兴过往的河畔生活场景（图13）。故新建建筑并未与老建筑保持完全一致，虽采用当地的石材、竹、砂浆等材料，但在结构上使用钢结构并坐落在台基上，在色彩上以暗色调与原建筑相区别，在屋顶设计上以钢材做出仿坡顶形制的檩条并覆盖以玻璃（图14）。新建建筑沿河呈带状镶嵌在古镇边缘，织补空缺空间，由于其尺度比例与老建筑相仿，故围合巷道的新老界面协调相接，使得由主街生长而出的巷道自然蔓延至河岸，由主街到达河岸的视线被拉通后河景就可以渗透到古镇内部，形成对景（图15）。沿河岸，建筑师还布置了亲水浣洗空间，以激发河岸空间的生活气息，使河镇关系更为紧密。刘家琨在设计之初便确定需要复原的是古镇街巷通河、河镇相连的空间特征，故虽然新的建筑材料与构造形式大量出现在村落之中，但来访者仍能通过存留下来并得到延展的巷道空间感知村落的历史印记，甚至由于村落肌理的织补完全而获得更深刻的河镇体验，从而获得更为深刻的归属感。

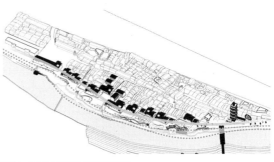

图 14 西来古镇增建所用钢结构

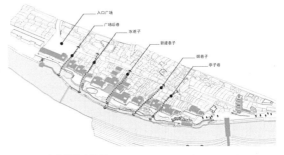

图 13 西来古镇

图 15 西来古镇增建设计

2. "场域"要素之行为再现

人的行为习惯由建筑围合的空间所限定的功能经过长时间的作用而形成，也是激发记忆的心理体验要素之一。处于村落环境中的居民，在世世代代对村落空间使用过程中形成了特有的使用习惯，即便围合空间的建筑外表产生了变化，但只要原有功能一直被延续使用，关于原有空间的环境记忆便不会缺失。

富阳文村作为非历史保护村落，因过度强调保护而影响了村民的正常生活。王澍在设计过程中试图通过重构居民的生活与文化方式来实现真正为农民做房子的设想。这种重构是建立在对乡村行为习惯的剖析之上进行的，例如每家每户的入户门（图16），外部入户空间由木栅栏围合出一个半私密空间，妇女可以在此做一些家务顺便与邻居聊天，进入户门还会有一个传统的院子或天井（图17），满足家人吃饭、孩童玩耍、晾晒谷物、通风等需求，经由入户空间和院落天井，实现公共空间到半私密空间到私密空间的过渡序列。建筑师还注意到乡村生活中居民出于便利和清理山林灌木的需求会使用柴火烧菜，故在厨房设计的过程中预留出可以修建烧柴的柴灶的空间，并设计了可供晾晒柴火的屋檐，果然居民自发重新修建了柴灶。而一些象征性的精神场所，诸如用于祭祀、待客、议事的堂屋也被安排在建筑当中。在整体布局上，王澍更是抛弃常见的行列式农居点布局，将村庄的自然风貌与地形结构纳入设计之中，房屋自然的与村庄肌理有机结合，形成一种生长的可持续的村庄发展模式（图18）。故乡建的外貌虽然发生更新，但村落环境与内里功能的保存使得村民依然保有独特的乡村生活，新建筑依旧能提供归属感，得到了居民的认同。

三、结语

乡村更新的最初目的就是改善乡村的生活环境，提升居民的生活质量，是一种新的植入，这种植入应该建立在对历史的充分理解和尊重之上。在建设过程中，首先应该明确的是村落的"自我"，尊重历史，找

图 16 富阳文村的入户门

图 17 传统的院子或天井

图 18 重新修建的富阳文村

到村落记忆形式的根源，合理提取可读性元素，寻找合适的途径使之与当下的环境、人的需求相结合，用乡村自己的元素或重现或创新或抽象来解决乡村的问题，从而保留乡村的特色与活力，留存乡村的记忆与文化，使乡村在发展的过程中依旧能获得人们的认同，为居住在其中的人提供归属感，这才是可持续发展的有机更新之道。

参考文献

[1] 〔美〕丹尼尔·夏克特. 找寻逝去的自我：大脑、心灵和往事的记忆. 高申春译. 长春：吉林人民出版社，2011.

[2] 朱蓉／吴尧. 城市·记忆·形态——心理学与社会学视维中的历史文化保护与发展. 南京：东南大学出版社，2013.

[3] Frances Amelia Yates. The art of memory [M].London：New York：Routledge，1999.First published：London：Routledge & K.Paul，1966：6.

资料来源：

图 1：http：//dp.pconline.com.cn/photo/list_2911982.html

图 2：http：//www.huitu.com/photo/show/20150422/132017383311.html

图 3：http：//www.pop-photo.com.cn/thread_1956721_1_1.html

图 4：http：//gotrip.zjol.com.cn/system/2016/01/06/020979538.shtml

图 5：http：//www.beijingsheying.net/forum.php?mod=viewthread&tid=31093

图 6：http：//www.hnsf.gov.cn/plus/view.php?aid=13531

图 7~ 图 10：黄印武，从"以形写神"到"以形传神"——榫卯逻辑与沙溪传统木结构建筑保护实践，《建筑遗产》2016 年 02 期

图 11：壹方建筑与 IDZOOM.COM. 摄影：Christian Richters、王路、卢健松

图 12：DEEP 工作室. 牛背山志愿者之家

图 13~ 图 15：http：//bbs.zhulong.com/101020_group_201873/detail10126909

图 16~ 图 18：http：//bbs.zhulong.com/101010_group_201801/detail10134521

作者：罗瑾，浙江大学建筑学专业硕士；金方（通讯作者），浙江大学建筑系副教授，国家一级注册建筑师

建筑学专业学位硕士研究生培养方法的教学研究

——以华南理工大学建筑学院为例

傅娟　李彬彬

Study on the Cultivation Method of Professional Master Degree in Architecture——Taking the Institute of Architecture of South China University of Technology as an Example

■ 摘要：建筑学专业学位硕士研究生的培养是当前社会经济发展的需要。高校为了更好地服务社会，培养高层次应用型建筑学专业人才是研究生教育改革的方向。本文以华南理工大学建筑学院为例，对建筑学专业学位硕士研究生的课程设置、就业情况进行分析，综合借鉴国外各高校专业型硕士培养模式，对华南理工大学建筑学院建筑学专业学位硕士研究生培养的四个方面进行探讨。

■ 关键词：建筑学　专业学位硕士研究生　培养方法　教学研究

Abstract：The cultivation of professional master degree in architecture is the need of social and economic development. In order to better serve the society, universities should train high-level applied architecture professionals, which is the direction of postgraduate education reform. Taking the Institute of Architecture of South China University of Technology as an example, this paper analyzes the curriculum and employment situation of professional master degree in architecture, comprehensively draws on the model of professional master degree's training in various foreign universities, discusses the four aspects of professional master degree in institute of architecture of South China University of Technology.

Keywords：architecture, professional master degree, cultivation method, educational research

一、建筑学专业学位硕士研究生缘起

1. 建筑学专业学位硕士研究生缘起

建筑学专业学位硕士研究生的设立始于 2012 年。国务院学位委员会第十四次会议审议通过的《专业学位设置审批暂行办法》第二条规定："专业学位作为具有职业背景的一种学位，为培养特定职业高层次专门人才而设置。"[①]我国的建筑学研究生培养大致分为两个阶段。1978—2011

基金项目：本文获亚热带建筑科学国家重点实验室开放研究基金（项目号：20201231）支持

为学术型研究生培养模式，授工学硕士学位或建筑学硕士学位。2012年以来，建立一套能够适应我国社会职业需求并与国际接轨的专业学位研究生培养模式，建筑学学科的学位体系明确分为学术学位和专业学位。学术型硕士研究生按照学科门类，即工学授予学位。应用型硕士研究生按照一级学科，建筑学授予学位。[2]

2. 建筑学专业学位和学术学位硕士研究生区别

2011年《全国高等学校建筑学硕士学位研究生教育评估标准》明确指出："学术学位硕士研究生主要是培养学术研究人才，而全日制专业学位硕士研究生主要是培养具有良好职业素养的高层次应用型专门人才。"《专业学位发展方案》指出："专业学位研究生教育在培养目标、课程设置、教学理念、培养模式、质量标准和师资队伍建设等方面，与学术型研究生完全不同。"（表1）

建筑学专业学位与学术学位硕士研究生区别　　　　　　　　　　　表1

类别	专业学位	学术学位
设立基础	职业	学科
培养目标	具有良好职业素养的高层次应用型专门人才	大学教师和科研机构研究人员
师资队伍	"双师型"	单一导师
质量标准	调研报告，产品开发等	论文
培养模式	实践基地为主	课堂教学为主
课程设置	实际应用为导向	科学研究为导向

二、华南理工大学建筑学院硕士研究生培养

华南理工大学1961年开始招收硕士研究生，孕育出何镜堂、伍乐园、石安海等优秀的硕士毕业生，早期的硕士师承陈伯齐、夏昌世、谭天宋、龙庆忠等，主要研究华南建筑教育教学理念及传统，基于华南地区地域性，将产学研三者结合起来，运用"传、帮、带"的培养模式，为华南建筑教育培养了一批批优秀的师资团队。华南理工大学建筑教学重功能、重技术、重实践，以"求真务实"作为主要教学理念，并结合亚热带地域性建筑研究及实验，发展出具有华南教育特色的建筑学理念。[3]

1. 华南理工大学建筑学院硕士研究生课程设置

华南理工大学建筑学院学术型研究生最低总学分25分，必修课学分最低17分，选修课学分最低8分，课程数量最少13门；专业型研究生最低总学分24分，必修课学分最低18分，选修课最低6学分，还设有专业实践总结报告6学分，课程数量最少11门。建筑学院研究生必修课的课程设置见表2。

华南理工大学建筑学院硕士研究生必修课　　　　　　　　　　　表2

课程名称	学时	学分	开课学期	考核方式
论文写作与学术规范	32	2	第一学期	笔试
综合英语	64	3	第一学期	笔试
自然辩证法概论	18	1	第一学期	笔试
建筑设计理论与创作实践	32	2	第一学期	论文
建筑设计与原理1	32	2	第一学期	论文
建筑科学研究方法	32	2	第一学期	论文
建筑设计与原理2	64	4	第二学期	操作/导师上课
西方现代建筑理论与历史	32	2	第二学期	笔试
中国特色社会主义理论与实践研究	36	2	第二学期	笔试
建筑设计方法	32	2	第二学期	论文
专业实践（建筑学硕士）	96	6	第一学期	必修环节

华南理工大学建筑学院研究生课程的选修课大概有70门课程可供选择，选择范围很广。选修课的内容除了9门与英语相关的选修课，大致分为六个专业方向，分别为城市设计、建筑物理、建筑历史、建筑设计、城市规划、风景园林。9门与英语相关的选修课，包括实用英语写作、商务英语、学术交流英语、英美文化、英文电影欣赏、雅思学习、托福学习、新闻英语、英语口语。建筑设计专业的选修课包括当代西方建筑理论、建筑设计方法形体学、现代建筑构造方法、建筑师实用统计学、节能建筑设计方法、建筑设计基础、建筑营造法、商业建筑设计理论与实践、建筑遮阳技术与设计、建筑评价、人工智能与数字设计前沿等。

从华南理工大学建筑学院研究生必修课和选修课的课程设置，可以看出建筑学院研究生课程具有以下四个特点：（1）课程设置注重国际化的学术交流，设置了9门与英语相关的课程。（2）课程设置的针对性强，

根据建筑学院的专业方向，有针对性地开设选修课程。(3) 课程设置的科技含量比较高，例如有建筑声环境的计算机仿真、人工智能与数字设计前沿等。(4) 课程设置体现了华南地区地域性特征，设有岭南建筑与庭园、亚热带城市与建筑热环境课程等。应该说建筑学院研究生课程的设置体现了国际化、科技化、地域化的特点。

然而，研究生课程设置仍存在一些问题：专业学位和学术学位必修课程设置区别不大，课程设置上应该进一步细化和有所区分；某些课程设置重复，课程设置的差异性有待提高；课程以理论与基础方法论课程为主，实践类课程有很大的发展空间。

2. 华南理工大学建筑学院硕士研究生就业情况

华南理工大学建筑学院硕士研究生毕业后主要去广东省省内的设计院、房地产公司，少数进入政府部门当公务员。就业人数最多的前五个单位分别是广东省建筑设计研究院、广州市城市规划勘测设计研究院、广州市设计院、保利房地产（集团）股份有限公司、华南理工大学建筑设计研究院。

笔者对设计院、房地产公司、事业单位分别就硕士研究生毕业后的工作情况进行访谈，访谈情况见表3：

华南理工大学建筑学院硕士研究生就业情况访谈　　　　　表3

单位性质	访谈情况	访谈者单位
设计研究院	1. 设计院的要求：强调团队合作能力；师傅带徒弟的方式 2. 设计院对专业型硕士研究生课程设置的建议： (1) 专业型研究生和学术型研究生在必修课和选修课上区分开来。专业型硕士的某些必修课可能对学术型硕士是选修课。 (2) 有必要设置材料课程，材料课程是建筑师的必修课，建议和建材企业建立材料联合教学中心。 (3) 研究生缺乏建筑师美学素养，本科生一年级的美学课程还不够，建议设置建筑师美学课程。	华南理工大学建筑设计研究院
房地产公司	1. 房地产公司的岗位设置：项目经理工作内容为规范报建、施工图构造大样、计算面积（车位面积、建筑面积）等。设计经理需要有很强的方案能力，进行经济技术指标计算。 2. 房地产公司对专业型硕士研究生课程设置的建议： (1) 快题训练课程：半天一个人独立完成四个方案，包括经济技术指标的精准计算，对不利条件的地形进行设计处理。 (2) 工作软件课程：工程进度需要随时修改，学习高级 Excel 课程，ppt 和 word 课程。 (3) 建筑材料课程：校企联合培养，结合企业的建筑材料资料库、材料市场、工程项目。 (4) 设置一些社会上接触比较少的专项课程，例如古建保护课程。	珠江投资地产公司
政府部门	建议专业型硕士研究生增设习近平谈治国理政、法律法规、依法行政、党的建设、廉政教育课程。	南沙自规局

3. 国外建筑学专业学位硕士研究生培养模式

美国建筑学专业学位硕士研究生课程可借鉴的优点在于专业实践一般融入实际的设计课程学习中，边学习边实践，实践时间长，学期中或假期都有机会参与实践。美国开设论文准备课程以给学生更多指导和建议。论文表现形式是以模型、设计图纸、调查分析为主，一般不考核学生发表的文章。[⑤]英国建筑学专业学位硕士研究生课程可借鉴的优点在于强调产学研联合培养，根据企业人才需求和企业用人的反馈信息，适时调整课程设置和内容体系，做到理论基础的传授和社会实践能力培养相一致，增强学校培养人才的针对性和实用性，提高学校的社会服务水平[⑥]（表4）。

国外建筑学专业学位硕士研究生培养模式比较　　　　　表4

项目	美国	英国	比利时
培养目标	培养应用型人才	培养技术工人	培养项目负责人
教育模式	满足人们不同的从业追求	"三明治"教育模式：学生通过产学研联合培养	培养完成整个建筑项目运作的能力
课程设置	课程模块分为基础课程、专业课程、实践课程	半工半读、学工交替式课程设置	分为必修课、选修课、专业实践课

比利时根特大学建筑学研究生课程设置尤其值得借鉴，课程目标在于项目负责人的培养，包括建筑师与职业素养匹配所需要具备的全面专业知识，见表5：

比利时根特大学建筑学研究生选修课　　　　　表5

课程方向	具体课程名称
材料方面的课程	可持续性材料、材料与结构周期性评价、材料的选择性使用、复合材料、木材技术：木材与森林防护、建筑化学
结构方面的课程	金属结构、结构分析1、结构分析2、混凝土结构：预应力混凝土和楼板、预制混凝土结构、玻璃与木材结构
能源方面的课程	电力安装技术、可持续性能源与选择性使用、辐射与噪音对建筑环境的影响、可持续性能源建筑、建筑声学与光学
工程方面的课程	建筑更新设计与技术、建筑修复与诊断、建筑使用评估、建筑过程风险分析、建筑工程基础
管理方面的课程	商业管理、项目管理

三、建筑学专业学位硕士研究生培养探讨

1.关于毕业论文选题及写作

自 2015 年带建筑学专业型硕士研究生以来，笔者以主持的国家自然科学青年基金（项目批准号：51508194）纵向课题为依托进行"接力棒式"选题研究，使研究生一届接一届地对课题深入研究，拓宽视野，不断取得新成果，同时也培养了研究生的科研协作精神。同时，论文专著在建工社出版。硕士研究生毕业论文写作阶段安排见表 6。

建筑学专业学位硕士研究生毕业论文安排　　　　　　　　　　　　　　表 6

时间	论文阶段	具体安排
研一	初步调研	明确了题目之后，就开始组织第一次实地调研。 一般安排在雨水少、温度适宜的秋季进行实地调研，在调研中找问题。
研二	深入调研	经过一年的专业课学习，进一步明确写作方向，第二年秋季进行深入调研。基本上到学校硕士论文开题的时候，研究生已经基本完成实地调研工作，以及文献综述、一篇小论文的写作及发表。
研三	完成论文	重新顺理论文框架，提炼创新点，强调论文的学术规范。 为毕业论文盲审的顺利通过提供了保障。

在专业型硕士研究生毕业论文的写作过程中，强调工程应用导向，将理论结合实际工程问题，并提出相应的方案设计。例如，笔者指导的专业学位硕士论文《广州近代乡村侨居现状及保护活化利用研究》的最后一章为"广州近代乡村侨居保护及活化利用的实践指导的完善"。

2.关于校企联合培养方式

国家高度关注并鼓励校企合作、产学研合作。《关于加强专业学位研究生案例教学和联合培养基地建设的意见》[教研（2015）1 号]指出:关注、研究研究生校企合作培养模式改革，是顺应我国研究生培养新形势、推动专业学位研究生教育创新发展的重要尝试，是关系到各高校教学改革与创新能否成功的关键和迫在眉睫的一项重要任务。⑥华南理工大学位于广东省广州市，建筑学院毕业的校友分布在华南地区各大设计院、房地产公司、政府部门，为校企联合培养提供了有力保障。

笔者指导的研究生除了有校内导师，还有广州市城市规划勘测设计院等校外企业导师。学生通过参与企业导师主持的实际工程项目，培养了实际工程能力，并且毕业后可以选择去企业导师所在企业工作。通过校企联合培养模式，专业学位硕士研究生能与就业单位顺利衔接。笔者招收的 2021 级研究生进一步加强了校企联合培养的深度。研究生自本科毕业实习开始即进入企业导师的工作室实习，同时也参与校内导师的科研项目。由于一开始就明确了硕士阶段的研究方向为 BIM 技术在工程项目中的应用，企业导师会提供更多机会给研究生参与 BIM 相关的工作内容，例如 BIM 技术在施工图设计阶段的应用。

3.关于学术会议和行业会议

专业学位硕士研究生培养要求研究生除了完成校内的课程论文之外，还鼓励研究生向校外的学术会议投稿，例如笔者的第一个研究生研究广州地区侨居，参加了广州市政府主办的《孙中山与民主革命策源地广州》学术会议，以及"2017 年世界建筑史教学与研究国际研讨会"学术会议，在会上发表《孙中山与广州民居近代化》等多篇论文，锻炼了研究生参与学术团体活动、进行学术交流的能力。

行业会议与学术会议相比，除了高校，有更多企业参与，探讨的都是实际工程领域的热点和痛点问题，是研究生近距离接触社会实际工程问题的窗口。2020 年，笔者带研究生参加了广东省建设科技与标准化协会、广东省工程勘察设计行业协会 BIM 专业委员会举办的"第四届建筑信息化整体解决方案汇报会广东 BIM 教育发展研讨沙龙专场"，通过与建筑全生命周期各相关企业人员的交流，研究生深刻意识到标准化、数据化是建筑行业的未来发展趋势，根据社会需求进一步明确了硕士阶段的研究方向。

4.关于专业学位硕士研究生必修课程

根据笔者对硕士研究生用人单位的访谈，建议以实际应用为导向在华南理工大学建筑学院建筑学专业学位硕士研究生必修课现有课程内容基础上加强实践方面的内容，以突出专业学位硕士研究生培养"应用型专门人才"的培养目标（表 7）。

（1）部分课程教学内容的调整

"中国特色社会主义理论与实践研究"建议在教学过程中针对建筑行业特点增加"治国理政"与"廉政教育"的内容。建筑学专业虽然在本科阶段设置有美术课程，然而针对建筑师的专业美学训练仍缺乏，建议在"建筑设计方法"研究生课程增加"建筑设计美学"内容。"专业实践"课程除了进行方案设计之外，建议增加"材料性能与施工工艺"内容。

课程名称	学时	学分	开课学期	考核方式
中国特色社会主义理论与实践研究 增加"治国理政""廉政教育"	36	2	第二学期	笔试
自然辩证法概论	18	1	第一学期	笔试
综合英语	64	4	第一学期	笔试
论文写作与学术规范	32	2	第一学期	笔试
建筑科学研究方法	32	2	第一学期	论文
建筑设计理论与创作实践	32	2	第一学期	论文改为设计作品
建筑设计与原理 1	32	2	第一学期	论文改为设计作品
西方现代建筑理论与历史建议	32	2	第二学期	笔试改为提交调研报告
建筑设计方法增加"建筑设计美学"	32	2	第二学期	论文改为设计作品
建筑设计与原理 2	64	4	第二学期	操作，导师组上课
专业实践（建筑学硕士） 增加"材料性能与施工工艺"	96	6	第一学期	必修环节

（2）部分课程教学考核方式的调整

"建筑设计理论与创作实践""建筑设计与原理 1""建筑设计方法"课程建议将考核方式由论文改为提交设计作品；"西方现代建筑理论与历史建议"建议将笔试改为提交调研报告，针对已建成的优秀现代建筑进行调研并提交调研报告。

（3）增开工程实践方面的课程

此外，针对专业学位硕士研究生"应用型人才"的特点，建议增加造价课及工程管理课程。

四、结论

针对专业学位硕士研究生主要是培养具有良好职业素养的高层次应用型专门人才的培养目标，本文以华南理工大学建筑学院为例，对建筑学专业学位硕士研究生的课程设置、就业情况进行分析，借鉴国外各高校专业型硕士培养模式，根据实际教学经验对建筑学院建筑学专业学位硕士研究生培养的以下四个方面进行探讨：毕业论文选题及写作，校企联合培养方式，学术会议和行业会议，专业学位硕士研究生必修课程。希望相关探讨能对建筑学专业学位硕士研究生教学一线的同行有所启发，进一步促进建筑学专业学位硕士研究生的培养。

注释：

① 龙玲.建筑学专业型硕士培养管理特色研究.新教育时代电子杂志（教师版），2016（5）：26-27.

② 宋昆，赵建波.关于建筑学硕士专业学位研究生培养方案的教学研究——以天津大学建筑学院为例.中国建筑教育，2014（1）：5-11.

③ 何悦.基于创新教育理念的建筑学硕士研究生课程对比研究——以华南理工大学与根特大学为例.华南理工大学硕士学位论文，2018.

④ 张旭，李峥.中美建筑学专业学位硕士研究生培养模式的比较研究.江苏科技大学研究生部，科技信息.2012（14）：6.

⑤ 李广斌，王勇.建筑类学科专业学位研究生产学研联合培养路径研究——基于英国"三明治"教育模式的思考.高等建筑教育，2017（4）：36-40.

⑥ 邵大伟，刘志强，吴殿鸣.建筑类专业学位硕士研究生校企联合"双元型"培养模式及路径研究.教育与教学研究，2018（11）：44-49.

表格来源

表 1、表 3~ 表 7：作者自绘

表 2：华南理工大学建筑学院

作者：傅娟，华南理工大学建筑学院亚热带建筑科学国家重点实验室硕士生导师，副教授；李彬彬（通讯作者），华南理工大学亚热带建筑科学国家重点实验室硕士生导师，高级工程师

《中外建筑史》课程优化研究

罗薇

Course Optimizing Research of World Architecture History

■ 摘要：本文通过两年的课堂教学，发现现有教学体系中的问题和难点，加之学生的反馈和学习效果，希望通过对现有中、外建筑史双线平行式教学体系进行优化调整。中外历史上伴随重大历史事件的发生，华夏文化与其他地域的民族和国家不断发生交流与融合，建筑作为文明的物质载体之一，见证了这些变化。因此，可结合中外建筑理出一条人类建筑文明发展的主轴线，并选择其中的重要节点进行阐释，帮助学生建立全局观，提高专业素养。

■ 关键词：中外建筑史 课程优化 体系调整

Abstract：This research base on two-year teaching experience in World Architecture History. There are many problems and difficulties within our present teaching system. Together with the feedback of the students and their learning effect，the two parallel systems can be better optimized. In world history，the exchange and fusion continuously happened between Huaxia culture and other nations or countries，along with the significant event. Architecture as the carrier，witness the whole process. So，if combine the Chinese and other architectural civilizations and pick out import periods，those could help the students to build up holistic view and improve professional quality and enhance capacity.

Keywords：world architecture history，course optimizing，system adjusting

一、问题的发现

本文的研究基于笔者目前在授的《中外建筑史》本科课程，教学对象为城乡规划与风景园林专业本科生，授课学期在第三学期，必修课，周学时为 2，是一门关于中外建筑起源、各阶段演变发展过程及其基本规律的课程。对于城乡规划与风景园林专业的学生，在课程设置上，对于正在进行的建筑基础课程与即将正式进入的规划和园林课程之间起着承上启下的作用。该课程对于帮助学生深入理解建筑发展历程、脉络，掌握建筑风格和流派的演变过程有着重要作用。课堂上通过系统梳理建筑史，培养学生的宏观思考能力，加强对建筑学科在广度和深度上的认识，提升自身的专业素养。

1. 非建筑学学生的培养目标

近十年来，国内建筑院校本科生学习《中外建筑史》的条件有了很大改善，其中一个最显著的变化是，学生通过网络和旅行获取大量的建筑和城市信息，成为课堂授课的有益补充。然而，这些信息非常碎片化，难成体系，需要帮助梳理与巩固。对于非建筑学专业学生而言，《中外建筑史》教学并不旨在呈现一个建筑历史的万花筒，而是通过课堂教学建立完整的历史架构与秩序，解释历史的丰富性和复杂性。本课程的革新和探索拟将从世界文明的角度出发，帮助同学建立起宏观的知识体系，了解文明之间的相互传播与影响，进而落实在建筑这个特殊门类的文化艺术传播上，帮助学生体系化知识点。

2. 课时不足

由于深圳大学建筑与城市规划学院的教学调整，缩短了城乡规划与风景园林专业本科二年级学生的建筑史课时量，取消54学时的《中国建筑史课程》以及54学时《外国建筑史》课程，改为36学时的《中外建筑史》课程，原有授课时间压缩一倍。《中外建筑史》课程授课难度非常高，内容范围广泛与学时太少的矛盾十分突出。对于学生来说，如何能在有限的时间里掌握系统理论及知识点是对本课程的挑战。

3. 教学内容的选择取舍与系统连贯

西方可追溯的建筑历史上至古希腊，下至西方国家的当代建筑思潮，中国可追溯的建筑历史上至殷商时期的宫殿考古遗址，下至今天的优秀国家工程，涉及浩浩荡荡几千年的人类文明史。上述教学内容要在有限的课堂时间（36学时）内完成，显然难以实现。因此，应根据学时、专业特点、培养目标等因素，对教学内容进行调整，争取做到既重点突出，又系统连贯。

此外，现有建筑史教材包括《中国建筑史》《外国古代建筑史》和《外国近现代建筑史》三本教材，都是按照中、外建筑历史两部分分别介绍，平行展开，之间缺少联系，两套体系各自成章。导致学生学完了中建史忘了外建史，或者反之，效果不佳，甚至建立错误的链接，认为盛世唐朝的建筑对应古希腊建筑。在讲授中国近代建筑史的过程中，许多西式建筑风格词汇如古典式复兴、哥特式复兴、装饰艺术风格等，学生在未接触外国建筑史之前，完全不理解这些词汇指代什么形象的建筑，不知道古典建筑是什么，也完全无从了解什么是古典式复兴。西方近代园林受到的东方影响，在未学习中国建筑史之前，不了解它的真正内涵，也就无法理解欧洲文人对它的眷恋。西方当代建筑史中涉及的思潮部分，往往在中国当代建筑史中已经提及，却没有深入。

更有意思的是，当代的中国建筑市场已经非常开放，中国本土也是西方优秀建筑师作品的展示场，中国优秀建筑师也在中国以外大量接手项目工程，又怎能仅以地域分割当代建筑史呢？

二、课程优化

1. 培养目标的调整

以往的中外建筑史教学，全程下来学生们往往是认识几座重要中国坛庙、宫殿等建筑，外国部分记住几座大教堂、神庙，对于古代中外文明的相互交流毫无概念，甚至对于中西方频繁交流而形成的近代中国城市建筑和西方的中式园林影响等等也知之甚少，更无法在同一时空下进行联系和思考（图1）。对于上千年的中外历史而言，不仅有马可波罗、利玛窦，以及"西学东渐"，还有大量的"东学西渐"，这是史实，也是社会发展

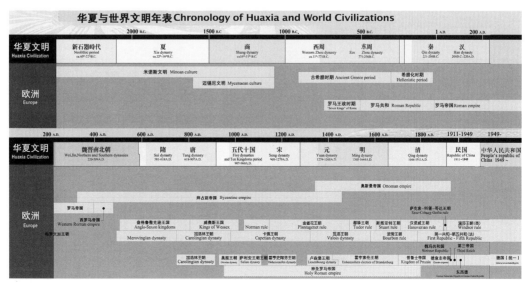

图1　华夏与世界文明年表

的本质。近年来，越来越多的学者在"东学西渐"领域做出了大量的研究成果，应纳入新的中外建筑史教学体系之中。在教学过程中，应当选择优秀学术资源，引导学生的学习方法，重构史学观点，拓展专业知识。

基于课时少，内容繁杂，中外建筑史并行的原有教学体系，可明确今后的培养目标定位在人类文明交流与融合的基础上的建筑历史教学，梳理中外建筑文化与技术在历史上的发展脉络，整理出中外建筑在历史上乃至近代相互交流的重要历史阶段与交流成果。例如：汉代匈奴的西进对罗马帝国时期欧洲的影响、拜占庭帝国与唐代长安的交流、大航海时代东西文明的互动，等等，整理历史上有关建筑的相关内容予以讲授。

对于学生的培养目标适当从面面俱到的建筑案例，向理解人类文明发展、社会演进过程中建筑所承载的人类文明的交流与进步转变。

2. 教学内容与体系的调整

建筑史需要记忆和理解的内容非常多，大多数学生在学习过程中难免会出现重点内容记忆混淆、张冠李戴的情况，分不清哥特式建筑与文艺复兴建筑的特点，其原因多半是学生没能掌握历史发展的时间主轴，无法确定主轴上的重要节点，无法对同时期发生的建筑历史上的重大事件进行关联。所以，课程体系可将中外建筑史并行的体系加以调整，适当强调重要节点的历史和社会背景，在此环境下产生的建筑类型与风格、技术上的革新等等，及该类建筑对其周边地区的影响，尤其是东西之间较大地理范围的建筑文化传播。删减以往讲授内容的次要建筑案例，整理出一条

主线来贯穿整个时间轴，在这条主线上把重要人物、重点实例、事件链接上去，使得学生能够对这些重要人物和典型实例产生联想式记忆，由线到点，再由点到剖面式跨地域的历史时空，如先了解古代丝绸之路发生的历史阶段位于人类文明时间轴的哪一阶段，然后了解该节点剖面丝绸之路沿线国家的宗教、文化、建筑的相互影响等内容。

对重要历史时期建筑案例的介绍，调整为对某个经典案例的深入分析讲解，如文艺复兴时期的西方建筑，可选择佛罗伦萨圣母百花大教堂做唯一案例，其他众多案例略讲，甚至一带而过。同一时空背景下中西建筑历史与社会背景的贯通讲解，加强对中西文化频繁交流时期，东西方建筑交流与融合的内容，如近代时期装饰艺术风格在欧洲、北美、中国某些城市的涉外建筑上的体现，古典复兴式在欧洲和北美的政府类建筑上的大量采用，等等（图2）。

3. 增强教学过程的互动性

以往的《中外建筑史》教学主要以讲授建筑发展的历史脉络为目标，教学方式以教材为蓝本，借助PPT课堂讲授，教师单方面输出知识的纯理论式教学，学生堂下听讲，很难与学生产生互动。针对此种情况，可将VR虚拟现实设备引入课堂，一方面此技术已比较成熟，已有的经典建筑模型或学生自己建模的经典建筑皆可导入专业软件，身入其中，进行沉浸式学习；另一方面，在佩戴虚拟现实头盔体验过程中，可将画面同时展现给在场学生观众，由体验者预先学习准备，并进行现场讲解，活跃课堂气氛，加深印象，激发学习兴趣。

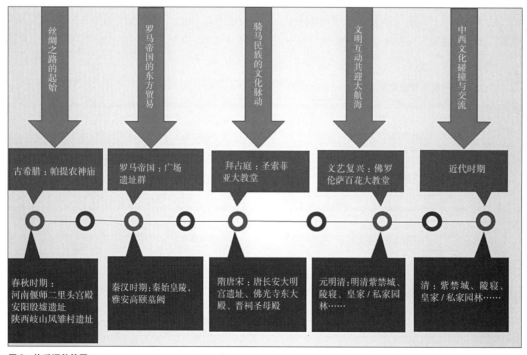

图2 体系调整简图

此外，除了课堂听讲、阅读教材之外，学习过程中可增加讨论环节，增强互动性。例如，中外建筑史需了解同一时期两种截然不同的建筑文化的发展情况，如中国的秦、汉时期没有地上建筑遗存，现有研究多为通过考古发掘、对陵墓中明器推测古代建筑的情况，而同时期的罗马帝国却留下了大量的建筑遗产，一个是木构架、一个是石材建造，不同的材料、不同的结构体系、不同的施工工艺，发生在同一时空下，截然不同的结果，是某一种文化更先进？还是二者各有短长？类似这样启发式的教学讨论宜引入课堂，培养学生的独立思考能力。

课后作业除传统的抄绘建筑图以外，增设思考问题。例如：欧洲的中世纪漫长而黑暗，但是中国却经历了汉、唐、宋等朝代辉煌的封建社会中期，留下了无可估量的文化遗产和重要的建筑历史见证，城市、建筑、园林都达到了相当高的水准。什么哲学思想影响了中国的自然山水园林和外国的几何化园林？任何教材对这些问题都没有直接回答，鼓励探索精神，需要学生自己查阅资料、深入学习、主动分析和思考总结，这种做法可对学生独立研究能力的提升产生深远的影响。

4．多重途径拓展外延

对于非建筑学专业的学生而言，记忆几座古代和近现代优秀建筑、几座典型城市历史，了解几处经典园林，并不能够满足未来工作和学习的需要，甚至不能满足他们的好奇心，这就要求授课者对于以往的教学内容进行大胆调整，并且扩大外延，如在授课过程中穿插一些传统园林的修缮与保护，北京、西安、洛阳等历史文化名城的规划与发展策略，巴黎圣母院的修复工程，中国的世界建筑遗产申报工作介绍，等等。让非建筑学专业的学生掌握中外建筑史的发展脉络，充实教学内容，拓展视野，对未来的工作有所裨益，也让他们对所学专业充满信心。

三、课程优化的难点与特色

1．优化难点

本课程的优化难点主要在于课程体系的建立，由于以往教学都是双轴并行式教学，且总课时为 72。目前需要将双轴并行的 72 学时课程调整为 36 课时的主时间轴贯通下的中西建筑的讲解，难度非常大，对授课教师的要求也非常高。

此外，对于从人类文明史上挑选出几个重要的节点难度很高，挑选哪几个时间段，需要反复推敲，仔细把握。哪里需要将中西文明结合起来讲解，哪里需要先讲西式建筑，再讲对中国的影响，哪里需要先讲中国园林，再讲对近代欧洲园林的影响，等等。

对于本课程优化调整的初期，并不能满足以上所有的条件，需要在教学过程中结合学生和其他听课教师的反馈意见，不断改进教学内容与方法，使得逐渐接近预期的培养目标。

2．课程特色

由于本课程开设给非建筑学专业的城乡规划和风景园林专业的本科二年级学生，他们对于建筑历史的认知不需要像建筑学专业学生那样深入细致，反而需要对建筑历史的全局能有宏观的理解，从联系与发展的角度建构中外建筑历史的体系，思考“东西文化互渐”的过程与历史意义。优化调整后的课程对于培养学生独立思考能力、提升专业素养、建立全局观都大有裨益。

四、小结

当今社会中西方文化与交流前所未有地广泛而深入，它并不是 21 世纪才有的新生事物，人类历史上存在过多次中西文化交流的盛期，并且都对双方社会、生活乃至建筑、城市产生了深远的影响，历史上的丝绸之路与如今的"一带一路"都是双方交流的纽带与见证。然而，传统的教学体系将中、西两部分建筑历史分道而行。在课程中引入中西方建筑文化交流的思想，增加中西方建筑交融节点的分析与研究，目的是希望学生们通过对《中外建筑史》的学习，能够帮助他们建立起远古至今世界建筑发展的全局观，培养整体性思维模式。

对于《中外建筑史》课程的大胆调整与创新，旨在培养学生们的独立思考能力，提升专业素养。对于当代大学生而言，学好《中外建筑史》课程，除了掌握基础知识、认识建筑文化的本质与发展趋势，使学生体味建筑历史学习对学科认识的意义之外，对设计实践亦有重要的启示作用。这将有助于学生深刻体会当今社会在建筑、规划、园林等领域发生的国际交流的内涵与意义，甚至成为推动中国青年设计师走向国际的某种文化驱动。

参考文献：

[1] 沈富伟. 中国与欧洲文明 [M]. 山西育出版社，2019，第二版.

[2] 刘先觉.外国建筑史教学之道——跨文化教学与研究的思考[J].南方建筑.2008 (01), P28-29.

[3] 卢永毅.同济外国建筑史教学的路程——访罗小未教授[J].时代建筑.2004 (6), P27-29.

[4] 刘松茯,陈思.从普利茨克建筑奖看当代西方建筑的发展趋势——[C].外国建筑史教学研究.2013 第五届世界建筑史教学与研究国际研讨会 (重庆), P75-80.

[5] 赵冬梅,卢永毅.中国建筑教育中的西方建筑史教科书研究[J].西部人居环境学刊.2014.29 (6), P119.

[6] 傅嘉维.《中外建筑史》"理实一体"的课程教学改革[J].建筑工程技术与设计.2015 (13), P2244-2244.

[7] 陈蔚,李翔宇.基于现代化史观的"西方近现代建筑史"教学研究——重庆大学"西方近现代建筑史"课程建设的思考与探索[J].西部人居环境学刊.2014.29 (2), P47-52.

[8] 宁玲.《中外建筑史》课程教学改革初探[J].四川建筑.2011.31 (2), P53-55.

作者: 罗薇,比利时鲁汶大学建筑历史与遗产保护专业工学博士,深圳大学建筑与城市规划学院讲师

云南大学与法国 ENSAPVS 建筑精英学院联合毕业设计教学方法研究

汪洁泉　张军　徐坚　刘翠林

From Teaching Reform Graduation Design of Architecture to Exploring the Teaching Method for Architect Elite Who Has National Sentiment and International Vision

■ 摘要：中国城市与建筑文化复兴与繁荣离不开既能传承传统智慧又能为当代生活与社会发展需求而积极创造的青年建筑师们。毕业设计是让建筑学的学生成长为建筑师的重要准备阶段，是对前几年大学知识的总结与提升，是未来专业设计的基础，是培养青年建筑师、规划师最重要的教学环节之一。此次探索立足于云南大学建筑与规划学院条件，结合云南大学双一流建设以及围绕学院人才培养目标，培养具有"家国情怀、国际视野、哲匠技艺的建筑人才"。通过观察法国巴黎瓦尔德塞纳精英建筑学院毕业设计教学方法，分析云南大学建筑与规划学院近年来的毕业设计的成果与经验，探索适合云南大学区位优势、多学科优势的教学改革方法。

■ 关键词：毕业设计　联合指导　跨学科　哲匠

Abstract：The revival and prosperity of China's urban and architectural culture is inseparable from the young architects who can inherit traditional wisdom when actively create for the needs of contemporary life and social development. Graduation-Design is an important preparation stage for the students of architecture to grow into an architect. It is a summary and improvement of university knowledge in bachelor years. It is one of the most important teaching links for cultivating young architects and planners. Based on situation of the School of Architecture and Urban Planning of Yunnan University, the exploration combines with the Dual First-level Construction of Yunnan University and the training objectives of the college to cultivate elite talents with "national sentiments, international vision and forward-thinking". Supported by the Yunnan University Education Reform Project "Research on the Innovation and Practice of the Joint Graduation Design of Yunnan University and the Ecole National Superieure Architecture Paris Val de Seine (ENSAPVS)", This article combines theory and practice, domestic and foreign study, work, and education experience to explore the training methods of elite talents.

Keywords：graduation design, joint instruction, interdisciplinary, forward-thinking architect

云南大学校级教改重点项目《云南大学与巴黎瓦尔德塞纳国立建筑精英学院（ENSAPVS）联合毕业设计创新与实践研究》支持，云南省科技厅项目YNZ2019008支持

前言

中国的城市在过去四十年快速发展，建设了大量的建筑，在经济发展上取得了巨大成功，当代中国城市建设已经从量的增长转变为质的提升，致使社会对建筑人才综合能力的需求比过去时代更高，从而促使建筑师自身对建筑文化的理解程度、对专业的前瞻性、对建筑技艺的精通能力要求越来越高。立足于云南大学是综合类高校，有着跨学科知识学习讨论的便捷条件，云南有着丰富的民族建筑与村落资源，有面向南亚、东南亚开放的桥头堡的地域优势，本着培养"家国情怀、国际视野、哲匠技艺"的建筑人才，本文观察对比云南大学与巴黎瓦尔德塞纳国立建筑精英学院指导毕业设计的方法与结果，探索通过毕业设计教学改革方法来培养建筑学专业精英人才的方法与途径。在这一对比研究中，教改团队的教师们辛勤付出，多次获得全国、国际性的毕业设计奖励（表1），感谢ENSAPVS精英学院的校长，Philippe BOACH多次邀请参加毕业设计答辩，观摩毕业设计过程。感谢Yankel FIJALKOW教授、Martine BOUCHIER教授、Bernard HAUMONT教授、Stephanie Bufellet老师参加了毕业设计过程的指导。

教改项目组中云南大学教师获得园冶杯国际竞赛奖项　　　　　　　　　　　　　　表1

获奖时间	获得奖项	指导老师	获奖同学	作品名称
2012年11月	二等奖	汪洁泉、徐颖	张洁 吴婕、李佳馨、胡媛媛、王鑫	香格里拉城市核心区景观规划设计
2014年11月	一等奖	汪洁泉、徐颖	徐米、何颖、陈宣先、和枫峻、段桔翠、袁小岚	莲城记——云南省广南县莲城镇古城区景观保护与更新规划设计（2014-2034）
	教师奖	汪洁泉		优秀教师指导奖
2016年11月	荣誉奖	汪洁泉、徐颖	何晓航、钟声、潘婷	盘龙江沿岸景观概念规划设计
2017年11月	荣誉奖	汪洁泉、杨子江	彭帝、许小阳、玉芯璇、金浩炜、陈禧	四维衍生——昆明翠湖片区城市景观概念设计
	三等奖	徐坚	刘斯曼、刘安琪、毕伊娜、罗仙	九曲街城——云南省沾益海峰湿地
2018年11月	三等奖	汪洁泉、杨子江	陈伟、童颖、吴娴、张琦瑀、许筱涵	水·木·人·家——昆明大观河滨水区景观概念规划设计
2019年11月	荣誉奖	张军	李皓月、邱惠怿、王儒黎、汪琳	诗竹雅苑——五感体验下的西双版纳别墅设计
	三等奖	徐坚	党吉、訾文莉、吴颖、罗洁、尹妮	三多·源基于民族文化融合与生态修复概念性景观设计
	三等奖	汪洁泉、刘翠林	徐宇宏、唐慧玲、陈晶麟、李欣、付靖文	世说"新"语——建水新房村景观保护与发展规划设计

一、选题与团队组合

1. 选题方向的确定

古罗马教育家昆体良（Marcus Fabius Quintilianus）认为教育的核心是以激发兴趣为主，关注个体差异，注意学习动机。这一观点在16世纪文艺复兴时期影响了法国教育家蒙田。我国教育家蔡元培先生说过："我们教书，主要是引起学生的读书兴趣，最好使学生自己去研究，等学生不能用自己的力量去了解功课时，才去帮助他。"建筑学、规划学与风景园林教学毕业设计是以学生的思考、探究为核心的文化性、社会性、实存性实践，是教与学互动的行为。当代，我国的建筑学教育与政治、经济、文化紧密联系，与市民生活需求相结合，建筑创作才有生命力。

在毕业设计准备过程中，联合毕业设计结合国家发展战略、城乡发展方向来选题，留给学生探索与创造的空间，有利于调动学生的兴趣与能动性。选题决定了教学过程中学生能动性的调动。我们分析了云南大学建筑与规划学院与巴黎瓦尔德塞纳国立高等建筑精英学院（ENASAPVS）①近10年毕业设计的选题模式，将选题方式归纳为以下几类：

方式A（教师主导型），指导老师提出年度毕业设计题目，由同学们个人自由报名参加，每位教师指导学生人数不超过5人。

方式B（讨论交流式），指导老师提出年度毕业设计方向，教师参与小组成员讨论后，共同决定毕业设计题目，小组成员依照成绩好、中、差进行搭配。

方式C（自由式），由学生自己选题，寻找相关领域的老师来指导毕业设计，教师与学生之间双向选择。

云南大学建筑与规划学院的毕业设计指导教师依据自己熟悉的理论或实践领域来选择题目，主要采用方式B。方式B带来的效果是，方案具有整体性，个人特长得到适当的发挥。毕业设计小组中的同学可以充分交流，相互学习，好、中、差同学设计能力差距逐渐缩短，小组同学们可以达到毕业设计要求，顺利毕业。ENSAPVS 则主要采用 A 与 C 方式。A 方式带来的效果是，教师有固定的研究领域，每年的教学可以使用上一年的教学研究经验，在这个领域不断研究与实践、教与学相长，教师的科研与教学能力在这个领域不断增强，为毕业设计的深度创造了条件，也给毕业设计创新提高了要求和难度，达不到指导教师要求的学生不予以毕业。方式 C，给了学生与教师最大的自由度，需要教师与学生充分交流后再确定毕业设计方向，学生和教师的创造力与应变能力均得到很大提升，有可能有很精彩的作品出现，也有一些学生毕业设计质量达不到答辩要求，不能取得毕业证，每年 ENSAPVS 都有不少不能毕业的学生，体现出宽进严出的特点。结合我们的教育模式与学生特点，三种选题模式都可以使用。在我们的教学改革中，云南大学 B 方式的选题可成为 ENSAPVS 的 A 方式选题，ENSAPVS 的 A 方式选题也可转换成为云南大学建规学院中的 B 方式选题。C 方式的选题，灵活度大，选题交流过程长，适宜于专业基础扎实、有创造力的学生，对教师教学灵活性要求高，需要因材施教，因不同的选题来选择不同的指导方式。

　　不同的指导教师指导不同的学生时，学与教的情况不同，应根据不同的情况来寻找教与学的平衡方式，单独以"教"为中心，有陷入灌输式、模式化的危险，单一以学生为中心也容易导致教学质量不可控，在短时间内由于学生在中学的学习模式惯性，接受知识型学习模式，会使得以学生为中心方式不易推行，但随着探索型、创造型兴趣学习在全社会开展，以学生为中心的模式会得到发展。近期内，毕业设计采取以教师为主，因材施教，依据学生的能力来决定教与学的重心。指导方式的多样化也带来了人才培养的多样化。云南大学近年毕业设计选题，涵盖城市研究、地段城市设计、建筑单体等各种类型，形成了指导模式多样化与选题多样化的模式（图 1）。

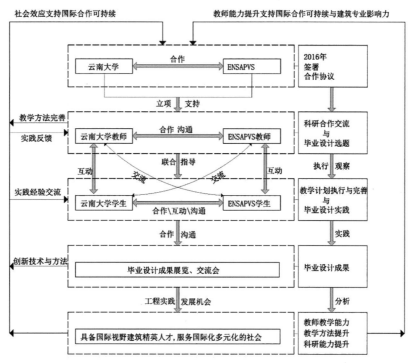

图 1　云南大学与法国巴黎瓦尔德塞纳国立建筑精英学院（ENSAPVS）联合指导毕业设计模式示意图

2. 团队组合

　　云南大学建规学院学生团队的组成是由毕业班的班主任依据应届毕业生的综合测评进行好、中、差搭配的方式分组，由老师抽签来确定所带的学生组，这种方式使老师能够深入地指导学生，同时让设计能力不强的同学在优秀同学的带动下顺利完成毕业设计，我们可称为调配式组合。通过多年的实践，学院教师指导的毕业设计取得了整体性的成好成绩，近五年来风景园林专业的国际大学生"园冶杯"[2]毕业设计竞赛获得奖项 50 多项，教改项目研究组成员获得奖项 10 项（表 1）体现出小组共同完成毕业设计的优势。ENSAPVS 的学生，则以自由选择为主，有的设计团队出现学生强强联合，能产生出比较优秀的设计，不少团队获得国际竞赛奖，这种方式可称为"自由组合"。也有学生希望独立完成设计，个别毕业设计作品很出色。在联合毕业设计中，综合考虑参与的学生各有所长，则采取自由分组与"调配式分组"混合分组的模式，培养学生的协作能力，同学之间有相互学习的机会。

二、联合指导课程设计

1．课程设计过程

课程设计的主要指导过程包括设计主题的确定、现场调研、发现问题、分析问题、解决问题、设计表现等环节。合作指导教师们综合自身研究与实践经验、学术热点及学生特点选择项目用地，设计主题的确定由师生交流讨论后确定。首先双方教师联合引导学生确定主题，在现场调研的过程中，老师指导中国与法国同学共同确定调研内容与表格，同学集中头脑风暴发现、分析问题，提出解决问题的策略与方法，设计表现有图纸表现、语言描述与口语介绍。在这一过程中，云大的学生表现出的是踏实的调研与分析特点，ENSAPVS的学生体现出的是创新思维与不拘一格的表现方式。在联合毕业设计中如有外方师生到中国参加调研的情况下，需要提前准备相关材料向相关的外事部门进行申报批准，云大学生如到巴黎则需要有相关的经费支持。

为了避免时间冲突对设计质量造成影响，应该给毕业设计足够的时间，对毕业设计严格要求质量。ENSAPVS学院的毕业设计一般在课程设计中已经做了准备，通过一两年的时间来进行毕业设计，设计过程中除教师指导外，还有可能在建筑设计事务所承担一定的工作。毕业设计答辩采取夏季答辩和春季答辩的形式。云南大学毕业设计为半年时间左右，11月确定选题，毕业设计期间，大部分学生在校学习，第二年5月左右举行答辩，答辩每年举行一次，因此需要提前对现场进行调研，留有足够的时间和空间开展毕业设计工作。

2．联合指导毕业设计方式

ENSAPVS与法国之外的60多个建筑院校有合作，云南大学近年来与国外学校开展了联合指导课程设计的模式。借鉴中国建筑学校已经有了联合毕业设计的经验，如清华大学早在1985年和美国麻省理工学院开展了联合毕业设计；又如近年来开展的开放式专题设计，东南大学在毕业设计组织形式上的多校联合毕业设计、校企联合设计、涉外毕业设计、卓工计划、教师自选等成功的经验，我们在联合毕业设计上采取两校教师联合指导、不同学科教师、设计院建筑师参加的方式，引导同学从多角度思考问题，了解以毕业设计为中心的多学科交叉知识。在现场调研阶段邀请了城市社会学家进行指导，这使得建筑专业同学的综合能力得到了提升。

图1的这种联合指导方式中有中国老师指导法国学生、中国老师指导中国学生，法国老师指导中国学生、法国老师指导法国学生的教学环节，并且有充分的交流和多种思维的碰撞。这种联合毕业设计模式，不仅对云南大学与ENSAPVS之间

的教师联合指导适用，也适用于和国内外其他大学教师的联合指导，还适用于云南大学内部不同专业的教师之间进行联合指导。以云南大学建筑与规划学院"云南大学与巴黎瓦尔德塞纳国立建筑精英大学（ENSAPVS）毕业设计联合创新与实践研究"项目为例，这种模式促进了教师间的科研教学交流、师生间的交流，培养学生在国际化、多元化工作环境中逐步接轨国际先进教育资源，采用教学、科研、实践相结合的方式，推动两校建筑学教育的持续化合作。

3．联合指导设计对科研的推动

毕业设计对前期资料有详细的收集与分析，因此成为教师们带领后来同学进行研究调查的基础。例如，在2019年的毕业设计中，设计主题是关于滇越铁路个碧临屏段铁路文化区中新房村的保护与发展规划设计，刚好与云南省科技厅的中法高质量人居环境研究（YNZ2019008）有部分研究区域的重合，学院教师、ENSAPVS教师、毕业设计组的同学和项目组调研同学对此区域再次进行分析研究，这让教学与研究过程处于持续的工作过程中（图2、图3）。这个毕业设计既协助完成了科研项目的调研工作，也为毕业设计现场调研准备了丰富的现场资料，毕业设计成果调动了下一届同学的能动性，起到了教学与科研的互动，实现了师生之间、学生之间的互动。

三、毕业设计的评价阶段

1．评价过程

毕业设计评价是对毕业设计质量把控与师生共同学习交流的重要过程。学院目前评价毕业设计的标准为百分制，本组教师评定成绩占70%，公开答辩评委评定成绩为30%。2020年采用指导教师与评委评定成绩各占50%的情况。公开答辩方式对于学生和评委老师都是重要的师生交流和老师间交流的机会，为了充分地交流，应提前1~2周将最终文本电子版上传到网络，让评委们提前了解方案。答辩的作用更重要的是建立师生交流的媒介，这一过程也有利于深入了解学生的设计意图与图文表现能力，锻炼学生的口语表达能力。回答评委问题的过程调动、提升了学生的思考能动性、思辨能力。在公开答辩过程中，不仅同学受益于这一集中的交流，教师也提升了科研教学能力。云大建筑与规划学院的毕业答辩有严格的时间与纪律要求，这有利于培养纪律与时间观念。ENSAPVS的毕业答辩当天氛围相对轻松，尽管在准备答辩前经历了一个很刻苦的过程，作为很重要的一般人生历程，在公开答辩中学生会邀请家人与朋友出席旁听。

2．校内评价

指导教师的评价基于对设计质量的把控，有

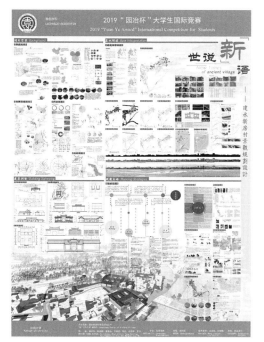

图2 村落与建筑分析

图3 规划设计方案

利于毕业设计过程中对专业技能的推敲，长时间的交流有利于引导学生深入解决专业技术问题，及时帮助学生找到解决问题的方法和选择解决问题的方式。评价的依据来自于成果，目前学院的要求为文本与电子文档。ENSAPVS的要求则有不同比例尺度模型制作，依照选题有1：2000，1：500、1：100、1：50等比例，一般同学的模型成果要求至少有两种以上的比例，首先分析研究周边环境与历史人文资源，之后才进入建筑单体的设计。电子文件节省纸张材料，模型制作可更深入了解现场和了解建筑构造。

3.校外评价

校外评价有两种方式。一是参加国际竞赛。毕业设计的评价阶段，除了参加教学要求的答辩环节以外，还可以参加全国或国际设计竞赛，参赛的过程也为毕业设计积累了经验，本校学生的毕业作品接受评价的同时，可以观摩学习其他学校的毕业设计。云南大学建筑与规划学院教师指导的毕业设计多次获得园冶杯国际竞赛奖，对学生就是一种鼓励。

二是公众评价。巴黎ENSAPVS每年举办毕业设计展览会，作品旁留有留言本。展览会期间，举行毕业成绩公布会，参与的人有师生、校外专家、朋友、毕业生的亲人等，大家一起来参观同学们为之付出很长时间的作品，这一重要交流活动对毕业生来说也起到了很大的鼓舞作用（图4）。

这两种方式，为毕业设计过程留下了深刻的记忆，能鼓励毕业生们持续学习。

四、毕业设计与持续学习

人才的培养是一个持续的过程，毕业设计不是专业学习的终点，它仅仅是迈向未来专业工作与研究的起点，是为进入更高层次的理论研究与工作实践做准备的阶段，我们依据同学的发展特点推荐到更高层次的学习平台。在毕业设计中有同学擅长实践设计，学院将引导同学们建立与国内外设计院、事务所的联系，部分毕业设计选题可以和实习阶段的设计任务结合在一起，为毕业设计之后从学生过渡到职业建筑师或风景园林设计工作打好基础；对于擅长理论思考的同学，则

图4 法国巴黎瓦尔德塞纳国立建筑精英学院（ENSAPVS）毕业设计典礼，拍摄于2019年7月宣布成绩当天，中间坐的是获得优秀成绩的毕业生，周围是同学、朋友、家长、老师

建议毕业设计结合研究生阶段的学习，在毕业设计的过程中，尽量建立和未来研究方向相关的联合指导的方式，为研究生阶段打下基础。

毕业设计的重要任务之一是总结、运用前几年学习的专业知识，进行创新与解决问题的过程，将开启持续学习探索相关领域的兴趣。毕业设计在解决城乡人居环境问题的过程中，分析当代市民需求，思考未来生活方式。联合毕业设计将为两校的学生与老师建立一个沟通的平台，从毕业设计开始共同探讨当代人居环境的提升改善方法。

注释：

① 巴黎瓦尔德塞纳国立建筑精英学院，法文名称 École Nationale Supérieure d'Architecture de Paris，简写 ENSAPVS，是法国文化部管辖下的公立建筑精英学院，在法国建筑专业排名前三。

② 园冶杯大学生毕业设计竞赛自 2010 年由二十余所国内外风景园林相关专业院系联合主办，类别覆盖风景园林、建筑、城市设计、环境艺术等整个人居环境学科，到 2020 年已有 20 多个国家 238 所高校参与，8000 多名学生参赛。

参考文献：

[1] （古希腊）柏拉图著. 理想国 [M]. 上海：商务印书馆，2006.

[2] （意大利）昆提良. 论演说家的教育 [M]. 冯克成编. 北京：中国环境科学出版社，2006.

[3] （英）亚当斯密（Adam Smith）. 国富论 [M]. 北京：商务印书馆，2007.

[4] （美）霍华德加德纳（Howard Gardner），多元智能新视野 [M]. 沈致隆译. 北京：中国人民大学出版社，2008.

[5] （日）左滕学. 教育方法学 [M]. 于莉莉译. 北京：教育科学出版社，2016.

[6] l' École nationale supérieure d' architecture Paris-Val de Seine，Diplômes 2017-projet de fin d' études，https：//www.paris-valdeseine.archi.fr/accueil.html

[7] 杨宝军，郑德高. 祝福中国 70 年华诞，城市规划 70 年的回顾与展望 [J]. 规划中国，2019，10：https：//mp.weixin.qq.com

[8] 清华大学建筑学院. 四年级毕业设计 2019 年春季学期综合论文训练 3——基于三山五园大环境的海淀博物馆设计 https：//mp.weixin.qq.com/s/he9dmcuLUe1F8ly0SJHSEw

[9] 清华大学建筑学院. 2017 清华大学毕业设计，https：// www.sohu.com /a /156465844_ 676093

[10] 东南大学建筑与规划学院. 东南大学建筑学院毕业设计作品选集（2015-2016）[M]. 南京：东南大学出版社.2018.155.

[11] 东南大学建筑学院. 2019 东南大学建筑系毕业设计成果展，https：//www.arch.seu.edu.cn

[12] 同济大学建筑与规划学院. 2019 同济大学建筑系毕业设计成果展 https：//caup.tongji.edu.cn/

[13] 设计赛. 中央美术学院设计教学改革 3.0 版的教学案例 .https：//mp.weixin.qq.com

[14] 厦门大学. 建设一流本科教育必须创新大学教学 . https：//mp.weixin.qq.com

[15] 张杰、单军等编. 清华—MIT20 年：清华——MIT 北京城市设计联合课程 20 年回顾及作品集 [M]. 北京：清华大学出版社，2009.

[16] 开放式专题设计编委会 .2015 开放式专题设计 [M]. 北京：中国建筑工业出版社，2016.

图片来源：

图 1：作者自绘

图 2、图 3：2019 毕业设计 "世说新语" ——建水新房村景观规划设计，图纸绘制：徐宇弘、陈晶麟、唐惠玲、付静雯、李欣、石梦律、罗伟

图 4：法国巴黎瓦尔德塞纳国立建筑精英学院教师瓦勒黑. 马力孔斯克（Valérie Manikowski）摄影

作者：汪洁泉，云南大学讲师，博士；张军，云南大学教授，硕士，硕士生导师；徐坚，云南大学教授，博士，硕士生导师；刘翠林，云南大学讲师，博士

影像论史：都市空间的视觉证据

王为

Eyewitness：Visualizing the Argument for

Urban Space

题图：东南大学建筑学院"住宅与都市"课程

■ 摘要：本文以 2019 年度东南大学建筑学院"住宅与都市"课程作业中的 4 份影像记录为基础，通过分析拍摄者对都市脉络中的私人空间的理解与诠释，以此讨论"影像"作为现今不断普及的新媒介，在历史研究中的实践方法，及其具有的价值与应用的可能。

■ 关键词：影像　住宅史　都市史　建筑史　历史研究方法

Abstract：Based on the 4 video records from "Housing and Urbanism", a historical course in School of Architecture (SEU), this paper analyzes the different interpretations of the private space in the urban context, which represent the multiple understandings by filmmakers. And then, it suggests that IMAGE, as a kind of developing medium with valuable possibilities of application, should be used as a practical method for historical research.

Keywords：image, housing history, urban history, architectural history, historical methodology

本文受国家自然科学基金 (51708101) 青年项目"基于'空间批判'视角的住宅现代生产研究：以20世纪长江三角洲地区为例"、国家自然科学基金 (51678128) 面上项目"1950s—1990s中国建筑转译引进理论及重构实践的研究"资助

"住宅与都市"(Housing and Urbanism)系东南大学建筑学院面向本科4年级学生开设的历史类选修课程，课程的期末任务要求学生通过影像制作，尝试一种借助当代技术手段进行历史论述的实践，即以一个"私人性"空间为题材，分组拍摄并制作15~30分钟长度的视频，就所拍摄的"空间"及其组织起来的"社会生活"进行纪录。其目的在于，通过对象的分析性呈现，尝试将视听知觉中的时序、构图、声效等要素与内容及其主题关联，以此加深对实景、图绘、访谈、陈述等不同类型史料的理解，并在实际操作中，建立起对影像作为一种历史讨论方法的初步认知。这一训练至少具有两个不同层次上的意义。显然，其本身即提供了一份对于现代都市空间的详细记录；更重要的是，通过对这些影像的解读，可以从中观察到当今即将完成建筑学院本科阶段教育的学生，对"空间"进行历史角度的认知过程中的方法与水平，具体可能包括：题材选择与问题意识；信息搜集；资料的整理、组织与呈现；观点论证及其理论化，等等。

本文将立足于这次教学实践，着重讨论利用影像搜集、记录、探讨包括"住宅"在内的"都市"空间类型，并试图在此过程中，呈现并剖析当今中国建筑教育体系中的本科阶段建立起的建筑史学的认知模型与相关特征。

一、影像作为记录

最终完成的4部影像，分别是（图1）："小天窗下的家"（影像1），拍摄对象是秦淮区太平南路76巷6号，系1幢两层的内廊公寓式住宅，建于民国时期，当时隶属于太平巷建福里，已登录为历史保护建筑，目前用作外来务工人员聚居的群租房[①]；"城中桃源"（影像2），拍摄对象是秦淮区文昌巷52号，即市级文物保护单位童寯住宅，现仍为童先生次子童林夙教授及其夫人詹宏英教授的住所；"方寸之间"（影像3），拍摄对象是玄武区进香河路29-6号住宅小区沿街的一间底商铺面，如今正经营着一家名为"枪炮与玫瑰"的创意餐厅，店主是一位中年退休女性；"肥宅的桃源居"（影像4），拍摄对象是秦淮区户部街33号"天之都"大厦3009-3010室，商住两用型跃层式公寓，当前是一处称作"蚊玩"的桌游店，拥有者是一位从房地产中介行业辞职后自主创业的青年男性（表1）。

图1 "住宅与都市"课程最终成果

拍摄对象基本信息 　　　　　　　　　　　　　　　　表1

	影像1	影像2	影像3	影像4
时长	19分17秒	23分40秒	16分15秒	15分14秒
片名	小天窗下的家	城中桃源	方寸之间	肥宅的桃源居
地点	太平南路	文昌巷	进香河路	户部街
类型	多层公寓	独立住宅	小区附属商铺	高层公寓
年代	约1930年代	1947年	约1990年代	2004年
产权归属	租赁	自有	购置	购置
使用现状	居住	居住	商业	商业（居住）
屋主职业	外来劳工	知识分子	退休职工	自由职业者
屋主年龄	各年龄聚居	老年（80+）	中年（50+）	青年（20+）
其他	历史建筑	文物保护建筑	—	—

二、选题与疑旨

上述 4 部影像题材的选择具有各自的典型性，可惜的是，在最终的视频成果中，这些特征并未帮助制作者找到对应的核心问题。"影像1"和"影像2"的拍摄对象均为处于都市中的历史建筑，"传统与现代"或者"保存与发展"即是值得深究的议题之一。此外，无论是"群租房中的社会群体"还是"高龄老人的居住"，作为当下典型的都市问题，也足以引起讨论。尽管两部视频在某些片段已经触碰到相关的信息，但是都没有以此为主题充分展开。相较而言，"影像3"和"影像4"更能聚焦"空间"主体的不同身份，分别提炼出"现实环境折射出的内心世界"以及"个人与社会边界的模糊"两个主题，组织材料进行叙述。不过仍可更进一步，找到研究性的"疑旨"（problematic）。比如，"物质"与"精神"两者相互转换的"空间过程"中，是否存在着选择与塑造，在此背后，是否同时受到更深层次的结构性力量的推动；再或者，"私密"与"公共"这种截然二分的概念预设，为什么会在某些"空间类型"中逐步消解，这是否和使用对象的行为模式与心理状态有关，而这种或许带有群体性的意识，又是在怎样的社会脉络中形成的。

这些问题的解答，有赖于讨论性的展示与分析，通过视频中的材料得到"再现"。这不是制作时所面对的庞杂信息不言自明的结论，而是作为记述的线索，引导着整个过程中对原始材料的搜集、整理、筛选、表达，以及相关的获取途径、记录载体、编排次序、阐释方式、剪辑风格，等等；并在此基础上，进行支撑性论据的检索与补充。

三、材料搜集与利用

与其他呈现形式相比，视频影像可以借助场面调度、画面风格、声音效果等手段提供动态的知觉经验，并具有显著的时间性，这对组织材料的逻辑提出了更高的要求[2]。但在缺乏中心论点或问题推动的情况下，上述 4 部影像在该方面均有不足之处。比如，缺少必要的案头工作，童寯住宅已有比较完备并公开发表的基础资料，但"影像2"中对一些必要的背景信息——建造时间、使用现状、保护级别，等等——展现过于简略（图2）；再比如，对获取的专业性资料缺乏充分的利用，"影像1"与"影像3"均绘制了建筑的整套技术图纸，却未能剪辑编入成果视频之中，仅作为附件编排进了过程记录手册（图3）；又比如，没有对已经掌握的信息进行整理，导致令人遗憾的疏漏，"影像4"对桌游店作了细致的 SU 建模，并在影像开头加以介绍，却始终未能出现一张它处在整个公寓楼层平面中的位置示意图（图4）。这类缺失极大地降低了成果本身的史料价值。

要弥补上述缺憾，只需进行简单的检索或绘图，耗费的时间与精力甚少，因此，这种忽视主要反映出的是制作者相关意识的不敏感，不能简单归于工作态度，而更多地源自对史学方法的生疏。需要继续说明的是，对此类材料的用途判断，取决于使用目的，如果仅将影像理解为一种"表现的手段"而非"纪录的载体"，那么这些基础性信息确实不够重要。而这种认识的偏差，在整部视频的叙事结构之中，表现得更为明显。

四、论证及其风格

既没有核心的论点，又缺少经过细致组织的资料，要完成有力的论证无疑具有相当的难度。"影像2"片长接近 24 分钟，其中表现"室内空间"的部分约 8 分 45 秒，镜头随参观路线推进，经入口及庭院；至一楼厨房、起居室、卧室（内有写字台）、独立在外的小房间（内有台式电脑）；再转上二楼房间；最后回到室外。该部分没有旁白，亦未加入访谈，部分特写镜头也缺乏文字或剪辑的信息提示。随后展示"生活"的部分约 2 分 50 秒，主要拍摄了起居室看电视、阅读书报、卧室练字、（保姆）厨房做饭、宠物狗笼，等等；另外还应包括上部分詹宏英教授买菜归来与使用电脑两个场景，基本采取以画面描述的方式，没有旁白介绍或是随机发生的口述与对话记录。第三部分"访谈"，以童林夙教授为主，先后涉及以下话题：童寯先生设计自宅时的想法，提到对经济适用的考虑以及后来作为教学范本的应用；住宅中发生的

图 2 "影像 2"在视频中以路牌和门牌展示童寯住宅的基本信息

图3 "影像3"过程记录手册中"枪炮与玫瑰"餐厅的空间图绘

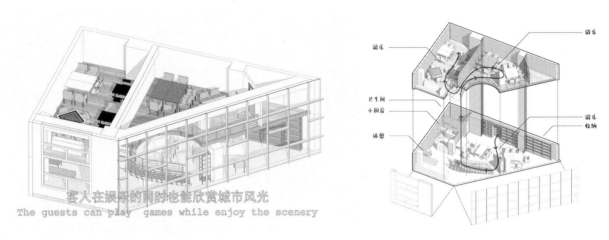

图4 "影像4"在视频和过程记录手册中对空间模型的展现

故事,集中于童氏后辈的教育经历,詹宏英教授也补充说明了自己的情况;童老的家庭生活,比如和晚辈的相处与在家治学的情形;以后将住宅改造成纪念馆,向社会开放的打算(图5)。这种"场景—活动—访谈"的大致框架,被"影像1"共同沿用,但也有不少区别:一是根据群租房中的聚居特性,选择了"追踪式"的拍摄方法,在时长45秒的外部环境交代之后,跟随一对祖孙的视点,捕捉了从建筑外部至家门前这段1分15秒的过程,完成对主题的铺垫;二是展示住宅"空间"与"活动"时保留了即兴交谈和背景声音,更具纪实感;三是使用提示性的字幕暗示分专题的存在(图6)。

概括地说,"影像2"和"影像1"的表现手法近于"白描",在通过必要的陈述——如旁白、访谈、图示等——展示信息方面着力较少,这使视频纪录的资料性显得薄弱,也无法支撑中心论点或问题。以后者为例,太平南路76巷6号中的人口数量、年龄、性别、职业等相关背景,租金水平,居住单元的面积、布局、设施情况,聚居生活的规律性特征,等等,这些住宅研究中的关键问题,即使部分已在工作过程中有所触及,却均未在视频中出现,更谈不上对此类群租房背后的都市问题作出探讨(图7)。

相对而言,"影像4"和"影像3"中,通过访谈记录下的信息比重更大,但又带来了另外的问题。"影像4"在1分45秒后,即以1分55秒的篇幅结合"空间"轴详细介绍了室内布局、陈设、城市视野等信息,随后进入时长近11分钟的对话部分,但因为缺乏必需的处理也未能形成充分论证。前期计划明显不足,缺少问题引导,部分对话流于闲谈,虽说这有助于保持沟通中的亲切感,但仍需在制作中重组取得的材料,比如,清楚涉及的"周边环境""装修与陈设""功能设置""经营方式""服务特点"等话题,以及作为拍摄重点理应更加关心的"私密与公共"的空间问题,按照现实中问答的顺序直接呈现,没有经过剪辑编入相应的主题板块,最终仅止于一手资料的搜集与记录(图8)。"影像3"则有意识地将材料整合进"枪炮与玫瑰""橱柜与鸟巢""诗意的交集"三个部分,首先从店名切入,对店内最富特色的陈设——老板的旅行照片与模型收藏——进行重点展现,并通过访谈作出阐释;接着转入厨房区域,结合其中的烹饪场景以及相关对话,记录下餐厅经营活动的一个重要环节;最后的部分主要从顾客视角进行拍摄,比如可能的拼桌状况,宾主之间的互动,特别通过一个东南大学研究生的经历,呈现了开放式厨房支持的社交行为。这种安排完整且生动地阐释了"狭小的室内空间与广阔的外部世界"的对照(图9)。

图 5 "影像 2"视频中对童林夙教授与詹宏英教授的访谈

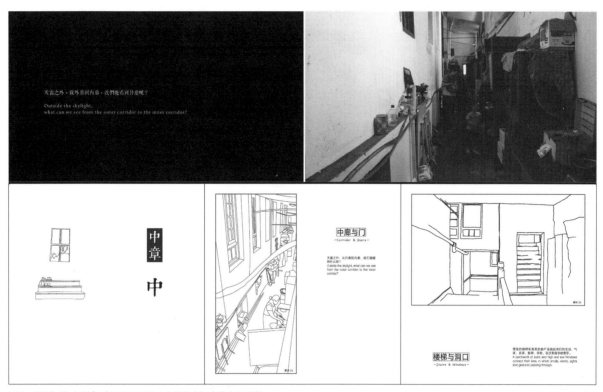

图 6 "影像 1"视频与过程记录手册"分镜脚本"中的主题切换

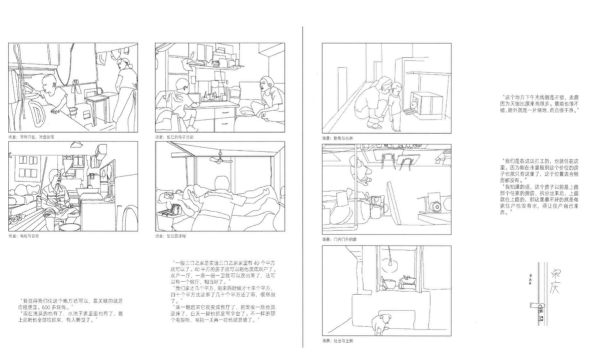

图 7 "影像 1"过程记录手册"分镜脚本"中的访谈内容

图8 "影像4"视频与过程记录手册中的"访谈"及其记录

图9 "影像3"视频与过程记录"分镜脚本"中的吧台空间

五、观念预设

根据课程任务书的建议，视频拍摄以写实为主，个人性的风格可以通过镜头语言和声效选择进行展示。在这一点上，"影像1"中固定长镜的运用颇具特色，特别是对楼梯、天窗、走廊、屋脊等部位的表现，通过对称构图与一点透视强化了的静态质感，渲染出昏暗而陈旧的"空间"气氛，有力地烘托了主题（图10）。而这带来了另一个疑问，这种混杂着个人立场和情绪，带有明显的主观视角的"再现"是否恰当，终又归于隐藏在"影像"背后的拍摄者阐释时的"观念"甚至"意识形态"预设。4部影像的拍摄者都是已经基本完成本科阶段学习的四年级学生，他们通过这些作品，为自身的专业背景在"现代住宅"研究中既有的认知"范式"（paradigm）提供了清晰的注解③。

第一，"设计"被不自觉地视为专业者的特权；"图绘"作为相应的心智产物也在无意识中免受外部干预。如前所述，4部影像的制作者都基于拍摄对象的现状绘制了图纸甚至建模，却极少在访谈中用来与受访者讨论其"空间"特征。"影像4"以模型描述的"空间"，不少是店主有想法的安排，却没有在两者之间建立明确的联系；"影像3"中开放式厨房的吧台是店内重要的社交"空间"，在

第三部分已有所展现，但并未就此处的布局展开对话。更明显的是"影像2"中，仍将童寯住宅的"设计"问题停留在童老当年。而在现实中，可以清楚看到童林夙教授夫妇根据自己的年龄特征，在使用上作出的多处调整，比如起居室中的陪护床、一楼与二楼房间不同使用频率的安排、电脑摆放的位置，等等，这些方面都没能触及（图11）。相应地，制作者并非不了解居住"空间"拥有的主体性，但多倾向于通过拍摄室内陈设进行呈现。事实上，这在某种意义上已经将其归入"现代建筑"体系之中备受贬抑的"装饰"范畴，可以轻易地排除在"设计概念"之外（图12）。

第二，以某种趋于自身习惯的文化想象，将"空间"特质的形成简单归于"品位"。4部影像中有2部以"桃花源"为题，即使这两处"空间"的多数特征相去甚远，况且在各自的视频呈现中，也没有就此深入讨论。更典型的例子出自"影像3"，制作者有目的地对调研获取的材料进行了筛选，从最后的视频中看，关于店主的个人经历，除了与餐厅主题相关的爱好，其余如生活习惯、退休前的职业、家庭状况等背景，基本没有出现。这首先归于采访者自身意识的缺失，店主的大量信息散布在过程记录手册中，始终没有得到梳理；且不完全是出自保护隐私的考虑，并不存在一个搜集

图 10 "影像 1"视频中的空间场景

图 11 "影像 2"视频中的空间场景（1）

图 12 "影像 2"视频中的空间场景（2）

到资料再隐去的过程；相反，店主对此不太戒备，采访状态十分放松，甚至在无意间透露了自己的姓名（图 13）。事实上，店主对餐厅的命名、退休时间、旅游目的地与频率、与子女的关系，结合年龄、外表、衣着等等，清楚勾勒出她所处的社会阶层，店内的装饰风格、布置方式乃至菜式口味，正是这种身份特征的折射。而在"影像 1"中，拍摄者的立场更造成了视角的局限性，对群租房中生活状态的表现过于诗意，一种迟滞时光中的怀旧情绪浸染在了建筑本身的历史风格中，甚至遮蔽了现实的社会问题，也丧失了"现代建筑"早期注入"住宅"议程的理想主义色彩。

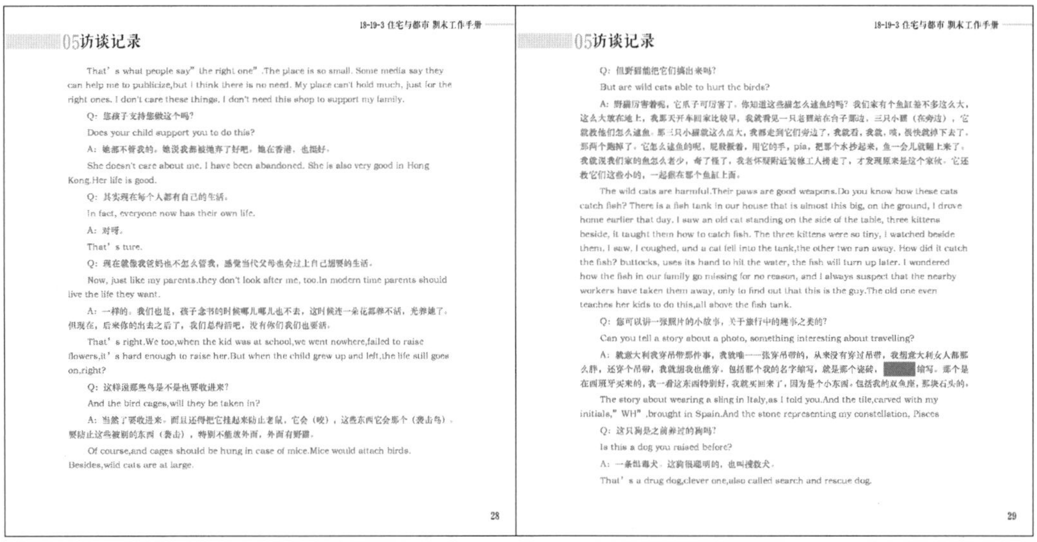

That's what people say,"the right one".The place is so small. Some media say they can help me to publicize, but I think there is no need. My place can't hold much, just for the right ones. I don't care these things, I don't need this shop to support my family.

Q: 您孩子支持您做这个吗?
Does your child support you to do this?

A: 她都不管我的, 她说我都被她带大了, 她在香港, 也挺好。
She doesn't care about me. I have been abandoned. She is also very good in Hong Kong. Her life is good.

Q: 其实现在每个人都有自己的生活。
In fact, everyone now has his own life.

A: 对呀。
That's ture.

Q: 现在就像我父母那些不太会去照看, 现当代父母也应当上自己照顾他们的生活。
Now, just like my parents, they don't look after me, too. In modern time parents should live the life they want.

A: 一样的。我们也是, 孩子金哪的时候哪儿哪儿都不去, 到好, 养菊嬉了。但现在, 后来她的出去之后了, 我们日愿有闲闷, 没有你们的我们也愿想。
That' s right.We too, when the kid was at school, we went nowhere, failed to raise flowers, it's a hard enough to raise her. But when the child grew up and left, the life still gone on, right?

Q: 这样说那些鸟是不是很聚敬进来?
And the bird cages, will they be taken in?

A: 当然了要收进来。而且还得把它挂起来防止去老鼠, 它会 (咬), 这些东西它会那个 (遭出鸟)。繁好止过有被猫的吃到, 特别小越游外面, 外面有野猫。
Of course, and cages should be hung in case of mice. Mice would attach birds. Besides, wild cats are at large.

Q: 但野猫能把它们捕出来吗?
But are wild cats able to hurt the birds?

A: 野猫很害鸟的, 它爪子可厉害了。你知道这些猫怎么逮鱼的吗? 我们家有个鱼缸盆有差不多这么大, 这么大摆在地上, 我那天开车回家比较早, 我就看见一只老猫站在桌边, 三只小猫 (在旁边), 它就教他们怎么逮鱼。那三只小猫就这么点大, 我听我到它时劳边了, 我就咳, 我就咳, 那快就跑下去了, 那两个跑掉了。它怎么逮鱼的呢, pia, 把那个手抓动, 鱼一会儿就蹦出来了。我就很纳闷我们的鱼怎么会少少, 少了一程了, 我总怀疑附近发隐工人搞走了, 才发现原来就是这个东西。它还教它它们这些小的, 一起都在这个鱼缸上面。
The wild cats are harmful. Their paws are good weapons. Do you know how these cats catch fish? There is a fish tank in our house that is almost this big, on the ground, I drove home earlier that day. I saw an old cat standing on the side of the table, three kittens beside, it taught them how to catch fish. The three kittens were so tiny, I watched beside them, I saw, I coughed, and a cat leit into the tank, the other two ran away. How did it catch the fish? buttocks, uses its hand to hit the water, the fish will turn up later. I wondered how the fish in our family go missing for no reason, and I always suspect that the nearby workers have taken them away, only to find out that this is the guy. The old one even teaches her kids to do this, all above the fish tank.

Q: 您可以讲一张照片的小故事, 关于旅行中的趣事之类的吗?
Can you tell a story about a photo, something interesting about travelling?

A: 就意大利我这件带那件事, 袁镜唯——张吊坠吊带的, 从来没有穿过吊带, 我相笑大利女人都那么样, 还穿个吊带, 我就随意也就穿, 包括那个名字细写, 就是那个缩写, 那个是在西班牙买来的, 我一看记念来回特别来了, 因为是个小东西, 恰恰我的鱼欧座, 那块石头头的。
The story about wearing a sling in Italy, as I told you. And the tile, carved with my initials, "WH", brought in Spain. And the stone representing my constellation, Pisces

Q: 这只狗是之前养过的狗吗?
Is this a dog you raised before?

A: 一条缉毒犬, 这狗很聪明的, 也叫搜救犬。
That' s a drug dog, clever one, also called search and rescue dog.

图13 "影像3"过程记录手册中的"访谈记录"

第三, 都市中的"住宅"被视为一门自主学科中的"建筑"类型, 更多呈现的是处于"空间"美感层次的个体经验。面对南京"都市"环境中的相关问题, 4部影像的讨论鲜有触及业态、租金、收支等经济层面, 特别对"影像3"和"影像4"中商业性的经营场所, 这显然是极其关键的要素; 不过, 2部影像的制作者并未选择此种视角。前者引用了《哈姆雷特》中的名言, 将对"空间"的讨论引向了人文主义角度的思辨, 并在随后的描述中同样诉诸"桃花源"的意象④。与之相似的, 后者已经预见了"商业形式的变化""线上交流的普及""新型娱乐文化需求的出现", 促使一种"藏在写字楼中的'私店'"的产生, 并消解了"私人"与"公共"二者间的界限, 但却未能通过视频手段以受访者为对象, 提供一份"空间"的经验研究, 对该现象作出解释。在最终的视频中, 这个问题被一组店主整理个人物品的镜头和少量对话带过, 且多集中在现代建筑文化中的"私密性"范畴, 并未紧接上"商业外向性(需求)的减弱"以及"低租金的效益"两点假说性的观察⑤。同样的问题在当下经济学、社会学、地理学、亦包括政治经济学取向的都市研究等领域的"空间研究"中, 已经有了许多深入的探讨, 然而这些成果并未能够得到建筑学科的重视, 或者说没有转化为拍摄者可资提取的理论储备, 以至难以处理相关内容的材料⑥。

由此回应了"住宅与都市"课程的核心目标, 旨在揭示: "住宅"问题在建筑学科体系中的历史解释, 通常借助于"类型""风格""功能""建造"以及相关的"住房政策"等概念展开; 这些概念, 不仅是"空间"的形式特征, 而是更深层的"结构"要素的再现, 涉及了性别、阶级、族群、政治、经济等各种社会性的动力; 特别在"现代性"条件下, 上述动力作为"社会过程", 实则与资本主义的发展密切相关, 在此过程中同步兴起的由"中产阶级"主导的现代设计文化, 构成了当今建筑教育的原点, 也塑造了它的根本属性。

六、结语: 影像作为论述

当然, 通过影像的技术手段, 将理论模型转变为视觉语言, 本身即非易事, 针对尚处于学习阶段的拍摄者, 非电影专业本科学生为主完成的课程作业, 上述批评不免过于严苛。暂且搁置相关技术因素, 这里仅意在揭示一个问题: "影像作为媒介", 在建筑学的专业实践与学科研究中, 应当得到何种方式的应用? 借助先前的讨论, 这又可以具体为一个相对直观的疑惑: 如果"住宅与都市"课程的作业要求, 并非以"影像"而是较常见的"文字"形式提交调研报告, 上述的某些缺陷, 例如: 中心论点或问题的遗失, 基本信息的疏漏, 缺乏对访谈结果的整理, 对技术图绘资料使用不足, 等等, 是否会同样发生? 通过此前4部影像制作者提交的视频短片与过程记录手册的比较, 可以发现, 仅研究内容的完整度以及思考深度而言, 后者明显超过前者。或许, 这仍可以归于已经逐步显露的分歧: 建筑学应当将"影像"理解为一种"纪录的载体""表现的手段"还是"论述的方式", 以及, 这些立场是否会因为解决"设计"还是"历史"问题而有所不同?

以今天视频技术的成熟与设备普及的程度而言, 在研究当中进行利用绝非难事。在历史学领域, 对此的方法讨论已有足以倚赖的学术成果; 而在社会学与人类学领域, 也正在逐步积累相关的实践经验⑦。"现代建筑"高度依赖"影像", 未来的"空间"研究者将会是在大量视听数据中捕获有效资料的一代, 那么, 熟识它的特性, 掌握它的方法, 了解它的局限, 这一需求终会浮出水面, 构成眼下建筑学教育需要面对的问题。

事实上，随着近年强调实际建造的"设计"课程的兴起，拍摄已经成为惯常使用的"记录"手段；此外，VR与AR技术也开始进入方案推敲与成果"表现"等多个步骤；"影像"在这些普及过程中，不可避免地带上了"专业实践"的印记；作为"学科研究"，"历史"需要在"记录"与"表现"之外，另行找到"论述"的可能性。首先，需要建立对"史料"概念的理解，"影像"如何构成其中的一种形式以及它所拥有的优势，比如，现场信息保存的完整度、体验的直观性、接近于一手证据的说服力，等等；其次，还关系到对"历史"学科性质的认识，"影像"的用途不仅局限于重返遗址现场，同等重要的是，它扩展了历史学的视野和应用范围，以此观察并记录当下现实社会中的"空间过程"，为缺乏文献与档案记载的普通大众留下生活过的证据，正是向未来历史的大厦贡献砖瓦；最后，这当然需要相关理论方法的传授与实际操作的训练，批判性地使用史料，深入复杂的脉络，提出建筑历史学科中具有价值的研究"问题"，这或许会成为"建筑历史与理论"培养计划中高阶课程的一个部分，并将涉及建筑学课程中"历史"教育的目标预设。

感谢东南大学建筑学院2015级参与"住宅与都市"课程的同学为本文贡献了富有价值的研究材料[③]

附录："住宅与都市"课程作业任务书（有删节）
每12~13人为一组，以一个"私人性"小空间（30~50m² 左右，可以是住宅，亦可以是个体经营性质的杂货店、咖啡屋、工作室等）为题材，拍摄并制作15~30min长度的影像记录。视频应具有明确主题，就所拍摄"空间"及其组织起来的"社会生活"进行分析性的呈现。
提交内容
A. 视频文件（以avi、mkv、mpeg、rmvb等常见视频格式提交）
1. 片头（建议10s）；
2. 空间概况简述（建议60s）；
3. 空间周边情况展示（建议90s）；
4. 空间布局与室内陈设（建议180s）；
5. 空间中的日常生活场景（建议300s）；
6. 空间主人以及与之相关人员访谈（建议300s）；
7. 片尾（建议20s）。
备注：
a. 片中所有旁白、对白及出现的重要文字信息需配中英双语字幕；
b. 注意拍摄风格，比如：如表现影片的纪实感，访谈镜头可由统一的固定机位进行拍摄；
c. 空间本身的表现可借助图纸和模型，剪辑编入影片中；
d. 如使用背景音乐等具有知识产权归属的材料，须在片尾字幕中标明来源及相关信息（如：曲名、词曲作者、演奏者、发行方、年代等）；
e. 以上建议时间接近下限要求。
B. 工作手册
1. 主题阐释（theme）；
2. 剧本大纲（script）；
3. 分镜脚本（storyboard）；
4. 场景图绘（scene）；
5. 访谈记录（interview）；
6. 制作花絮（sidelights）。
C. 展板（80cm×120cm，1张，以pdf或jpg格式提交）；
选取视频与工作手册中的重要内容排版制作。

注释：
① 太平南路76巷6号周边另有4幢相近年代的独立住宅，即76巷2、3、4、5号。
② 课程任务书建议搜集的材料包括：建筑基本背景调研；平面、立面、剖面，三维模型等技术图绘；针对实物拍摄内外空间与周边环境；拥有者或使用者在不同场景中活动与访谈的影像记录。
③ 在此要补充说明的是，因为学院教务管理系统的技术原因，本课程未向"城乡规划学"的同学开放；就分组情况而言，"影像1"和"影像2"的拍摄者主要为建筑学专业的学生，"影像3"和"影像4"的拍摄者主要为风景园林学专业的学生；两组视频的观察角度和呈现特征上确实存在着一些差异，但这是否与不同的学科背景相关，受限于样本数量，暂时无法充分讨论，姑且留作后续可以探究的问题。

④ "O God, I could be bounded in a nutshell and count myself a king of infinite space, were it not that I have bad dreams." (HAMLET, Act 2, Scene 2, 239-241)；以及 "外在的空间被无限虚化，内在的空间价值得以被生动有力地呈现，从而打造出一个只属于店内人的桃源境、极乐园"，参见：《方寸之间，广阔无垠："枪炮与玫瑰"私家餐厅中的诗性空间》小组工作手册 "主题阐释" 部分。

⑤ 参见《肥宅的桃源居》小组工作手册 "主题阐释" 部分。

⑥ 江苏凤凰教育出版社 "世界城市研究精品译丛" 中不少著作均涉及此问题。

⑦ 历史学领域，参见 [英] 彼得·伯克著，杨豫译，图像证史 [M]，北京：北京大学出版社，2008；社会学和人类学领域，参见 2018 年起网络上关于 "快手 APP" 的讨论。

⑧ 本文使用的影像资料系东南大学建筑学院 2018~2019 学年第 3 学期 "住宅与都市" 课程作业，由 2015 级本科学生拍摄制作；文中插图如无说明，均从 4 部影像制作组完成的视频作品与过程记录手册选取，参与人员名录： "影像 1：小天窗下的家"：周隽恒、周嘉鼎、陈庆、陈旭刚、潘文蔚、尹维茗、秦瑜、李淑琪、王佩瑶、陈婧涵、石佳欣、黄奕宸、罗洋、邱一诺； "影像 2：城中桃源"：王一婷、宋哲昊、魏小糠、林琴琳、马诗雨、王迅、艾萨克、杨清、王晓南、郝翰、朱利朋； "影像 3：方寸之间"：高玥琰、高媛、张宸、郑世丰、冒宇飞、黎颖琳、黄丹如、谢予宸、叶聪、谢珑璁、唐荣康、陈雪纯； "影像 4：肥宅的桃源居"：曹息、李鑫、吴宇坤、谢祺铮、常晓旭、李雅迪、马志骏、李昶玮、王安琪、翟志雯、李俊威、王奇睿、张晓雨。

参考文献：

[1] Sam Wineburg，Daisy Martin & Chauncey Monte-Sano. 像史家一般阅读：在课堂里教历史阅读素养 [M]. 宋家复译. 台北：台大出版中心，2016.

[2] [英] 彼得·伯克. 图像证史 [M]. 杨豫译. 北京：北京大学出版社，2008.

[3] [美] 海登·怀特. 元史学：十九世纪欧洲的历史想象 [M]. 陈新译，南京：译林出版社，2004.

[4] 夏铸九. 窥见魔鬼的容颜 [M]. 台北：唐山出版社，2015.

图片来源：

本文所有图片均由制作小组拍摄或绘制

作者：王为，东南大学建筑学院建筑历史与理论研究所讲师，博士

设计作为研究的实验性考古

——象棚：包豪斯人物空间剧场

胡臻杭

Experimental Archeology of Design as
Research
——Xiang Peng：Bauhaus Figural Space
Cabinet

■摘要：2017 年 11 月至 2018 年 4 月，中国美术学院与包豪斯德绍基金会共同开展了重新发掘"包豪斯舞台"当代价值的联合教学与研究，笔者作为中方艺术指导全程参与了这项工作。1921 年开始的包豪斯舞台工作坊是历史上包豪斯教学的重要组成部分，1923~1929 年间奥斯卡·施莱默创建了实验性的教学环境，舞台和表演成为全面探索"空间和形式产生""人和空间关系"的重要媒介。在史学观念的指导下，中方提出基于笔者既有宋代剧场的研究成果，将宋杂剧作为研究对象，并将该项目纳入到"宋代戏剧／剧场研究"的学术框架中。该项教学与研究借由"设计作为研究"和"实验性考古"的方法，其成果最终通过"象棚：包豪斯人物空间剧场"呈现。在该项目中，一方面包豪斯舞蹈之人体几何模式和空间运动借由宋杂剧得到全新探索，另一方面它亦作为宋杂剧复原之载体。本文旨在揭示、总结该项工作背后的教学、研究思路，并探讨相关理论问题。

■关键词：包豪斯 剧场 舞蹈 奥斯卡·施莱默 宋杂剧 设计作为研究 实验性考古 建设性误读

Abstract：From November 2017 to April 2018，China Academy of Art and Stiftung Bauhaus Dessau jointly conducted a teaching and research to rediscover the contemporary values of the historical Bauhaus Stage，and the author participated in the whole period of this project as the art director from the Chinese side. The Stage Workshop，which began in 1921，was an important part of Bauhaus curriculum in history. In the experimental pedagogical environment created by Schlemmer between 1923 and 1929，stage and performance had become an important medium to explore the creation of Space and Form and the relationship between Man and Space. Under the instruction of the theoretical conception of history，the Chinese collaborator proposed an idea of setting the Variety Opera (Zaju) in the Song Dynasty as the research object and bringing the project into the academic framework of Song Dynasty Drama and Theatre Research based on the author's

中国美术学院院级课题
（YB2016004）资助

existing research on theatres in the Song Dynasty. Through the methodology of Design as Research and Experimental Archeology, the project achieved its result which was presented as a performance "Xiang Peng：Bauhaus Figural Space Cabinet". In this project, the Bauhaus Dance's geometrical models of the human being and spatial motions of have been newly explored through Zaju in the Song Dynasty. Also, this Bauhaus Dance is regarded as the carrier to present the restoration achievement of Zaju in the Song Dynasty. This paper aims to reveal and summarise the teaching and research ideas and discuss related theoretical issues.

Keywords：bauhaus；theatre；dance；oskar schlemmer；zaju（Variety Opera）in the Song dynasty；design as research；experimental archeology；productive misunderstanding

一、背景

包豪斯学院对现代设计教育与实践有着极其深远的影响。1921 年开始的"舞台工作坊"是历史上包豪斯教学的重要组成部分。奥斯卡·施莱默（Oskar Schlemmer）在 1923~1929 年间亲自指导了舞台工作坊，将其发展成了一种空间造型的应用型、表演型教育项目，舞台训练成为独一无二的针对设计师和建筑师的拓展课程。学员并非以成为制作人、演员和舞者为目标，而是通过和材料与空间的互动，借助舞蹈般的运动练习来丰富自己的感官体验，成为空间塑造者。在施莱默创建的实验性教学环境中，舞台和表演成了全面探索"空间和形式产生""人和空间关系"的重要媒介（图 1）。

2010 年，中国美术学院引进了"以包豪斯为核心的西方近现代设计史系统收藏"，并建立了包豪斯研究院和中国国际设计博物馆，开始了系统性的包豪斯研究。2017 年 11 月~2018 年 4 月，中国美术学院中国国际设计博物馆与包豪斯德绍基金会共同开展了重新发掘"包豪斯舞台"当代价值的联合研究与创作，该项目在中国美术学院建筑艺术学院的支持下通过博物馆公共教育工作坊的方式进行，其成果《象棚：包豪斯人物空间剧场》（后文均采用其学术名称"象棚：人物空间壁橱"）[①]于 2018 年 4 月在中国国际设计博物馆新馆开馆典礼上公演（图 2），并计划参加 2019 年于德国德绍进行的包豪斯 100 周年"包豪斯节日总舞台"活动。该项目之目标是促进对包豪斯舞台教学法和当今建筑、设计、艺术教育以及表演研究的进一步思考，并建立应用研究的长期合作机制。笔者作为中方艺术指导，与德方的托斯滕·布鲁姆（Torsten Blume）共同主持了这项工作。本文旨在揭示、总结该工作背后的研究、创作思路并探讨相关理论问题。

二、立题——史学视野下的文化对话

在项目筹备阶段，德方提出了一个系统性的学术框架："1921 年包豪斯舞台工作坊被置于包豪斯课程之中以创建一个培训和体验领域。未来的建筑师、设计师、艺术家能够以全身体的参与来探索运动和轨迹如何作为形式和空间的塑造途径。建筑师不应该仅仅为舞者演员设计舞美和服装，而应该亲自进行舞蹈与表演，并以此实验和论证空间的塑造。时至今日，这种激发建筑和设计学生以其内在身体来探索运动空间的实践依然非常孤立。包豪斯德绍基金会多年来持续通过工作坊的形式来进行这种训练实验，它并非意图重现历史上的包豪斯舞蹈，而旨在探索如何发展当代的'形式与设计'的身体训练模式。2017 年基金会开启了'开放舞台：表演的建筑构造学（Open Stage：Performative Architectonics）'项目，和全球多所高校合

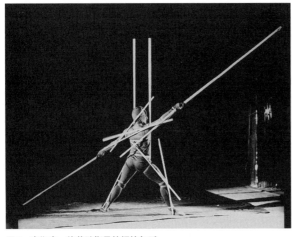

图 1　奥斯卡·施莱默指导的棍棒舞蹈

图 2　"象棚：人物空间壁橱"（中国国际设计博物馆新馆开馆典礼演出）

作去发展与尝试新的'设计师之身体训练'。"②

面对已成体系的包豪斯舞台训练方法及其清晰的全球合作框架，作为中方的专业负责人，笔者首先需要思考：我们如何能够避免仅仅满足于学习和借鉴这项外来的训练方法并从中受益？我们如何避免仅仅被动地成为德方全球合作框架中形式上的一部分？我们应当以怎样的视角介入，才能积极主动地在国际合作中进行建设性的输出？

通过笔者与中国国际设计博物馆的讨论，我们认为笔者关于"南宋演剧与剧场"的既有研究③有机会作为中方的学术基础。若以史学的观点重新审视，无论包豪斯舞台实验还是宋代戏剧艺术实际上是人类文化史上位于不同时空的两个节点（图3）。它们均涉及多种艺术门类之整合，也都对全球艺术文化产生了深远的影响，又都在极盛之时经历了相似的政治压制。它们在这些方面的共同点为二者提供了比较对话的基础。④

基于这样的史学认知，笔者希望将该项目纳入"宋代戏剧／剧场研究"的学术框架中，以包豪斯式的舞台表演作为这项研究的载体。同时，中国传统戏剧的引入对于包豪斯舞台研究来说亦有独特意义：在20世纪20年代，对于在寻找"剧场演出规则性"和探索"结构性即兴演出可能性"的奥斯卡·施莱默来说，传统的中国戏剧非常让人兴奋，它秉承了丰富多彩的民间艺术和舞蹈化的歌唱表演风格，这被施莱默视作重要的榜样并借此设计出了针对不同舞台角色类型的服装类型。中国传统戏剧中舞台元素的严格形式规范也触发了施莱默去发展他"在严格规范下"的包豪斯舞台。⑤如是，笔者认为，在双方各有一套平行独立学术体系的基础上，其碰撞更有可能产生未知的无限能量。

由此，中德双方共同提出了工作的主旨："项目将同时回顾历史上的包豪斯舞台实验和中国宋代的传统表演样式，以历史的眼光重新审视二者，探索比较和对话的可能性。该项目将关注包豪斯舞台和宋杂剧的人物形象，并作为基本素材和灵感来源。通过舞蹈和其他行动艺术，以当下之视角探索空间的运动性及其设计。该项目旨在通过发展编舞对象（身体延伸、道具、服装部件）来实现一种运动中的空间设计。"

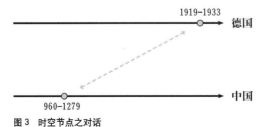

图3　时空节点之对话

三、过程——设计作为研究的"实验性考古"

1. 方法

在史学观念的指导下，我们提出了"实验性考古（Experimental Archaeology）"的理念，"实验性"指向探索性、拓展性的创作活动，"考古"则对应严谨的历史研究。"考古"是"创作"的基石，"创作"则作为"考古"的驱动力。如果将表演创作视为一种设计活动的话，"创作"和"考古"间相辅相成的关系可以用建筑学领域"设计作为研究（Design as Research）"的方法论加以解读。它是以设计行为本身作为研究的手段和方式，其研究成果不是以论文的形式发表，而是以设计方案图纸的形式呈现，它必须带有知识生产的性质。⑥在本项目中设计方案可理解为舞台作品。知识生产包括两个层面：第一，其成果则指向"为某些普遍性问题的认知提供线索"⑦，具体是指从教学法的角度探寻包豪斯舞台训练方法在当代设计教育中再应用的可能性。包豪斯侧重于作为一种方法体系，杂剧知识和表演元素则倾向于作为一种训练材料。第二，其成果指向有关宋杂剧和历史上包豪斯舞台实验的史实求证、比较与解读。演出则是作为史学研究成果而呈现的载体。

2. 对象

"象棚：人物空间壁橱"这一名称显示了本项目的两个历史原型：奥斯卡·施莱默的《形象橱柜》（图4）和宋杂剧（"象棚"为北宋东京一演剧勾栏）（图5）。它们是考古的两个主要对象。

（1）《形象橱柜》

1923~1927年间，奥斯卡·施莱默和其兄弟卡尔·施莱默通过包豪斯舞台的学员创造了《形象橱柜》系列表演。这是一种以平面的"艺术人形"为对象的游戏。施莱默用这些扁平的人形展示了稳定的人体形态模式是如何向一种展开的、未完成的、多义性的造型结构演变的（图6）。它们以游戏方式扭曲地表现人体规则性的"对立形象"，从中可以看出一个现代人身体感觉上的不确定性或者是人类和机械形体的融合。⑧诚然，本项目之研究并不完全局限于《形象橱柜》，奥斯卡·施莱默的总体理念和其他剧场作品亦作为广泛参考的对象。

（2）宋杂剧

宋代商品经济的发达导致城市里坊制的崩坏并促成了瓦舍勾栏的出现，从而为原本各自独立表演门类相互融合提供了空间载体，最终形成了较为成熟的戏剧样式——杂剧，如王国维对"真戏剧"定义所说："必合言语、动作、歌唱，以演一故事，而后戏剧之意义始全。"⑨它是中国戏曲的雏形。在宋代，杂剧不仅十分流行，而且已经

图4 《形象橱柜》剧照

图5 《眼药酸》杂剧图

成为众伎之首,⑩如宋代灌圃耐得翁《都城纪胜》载:"散乐,传学教坊十三部,唯以杂剧为正色。"杂剧以滑稽戏为主,《都城纪胜》记载:"大抵全以故事世务为滑稽,本是鉴戒,或隐为谏诤也。"院本是宋杂剧的别称,到了金朝原北宋杂剧改称为院本,据元代陶宗仪《南村辍耕录》所言:"院本、杂剧,其实一也。"故在本项目中宋金院本之文物、文献亦是研究之素材。

3．要素

本项目的研究和创作涉及若干要素,下文将逐项予以阐述:

(1)名称

"人物空间壁橱(Figural Space Cabinet)"源自施莱默兄弟二人创造的系列表演《形象橱柜》(*The Figural Cabinet*)。在本项目中,我们又在其中增加了"Space"一词以强化空间塑造的含义。

"象棚"二字的由来则源于排练中的机缘巧合。在2017年第一期工作坊成果演出的彩排中,托斯滕·布鲁姆正一直敦促笔者构思项目的中文名字,与之同时,我们试图用一张A0白纸遮蔽临时场地的背墙涂鸦。白纸的飘摇之感让笔者联想到宋代商业空间的招子形象,笔者脑海中浮现出"象棚"二字,那是北宋东京最大的勾栏之一。

宋代孟元老《东京梦华录》载:"街南桑家瓦子,近北则中瓦,次里瓦。其中大小勾栏五十余座。内中瓦子莲花棚、牡丹棚,里瓦子夜叉棚,象棚最大,可容数千人。""象棚"如此规模的剧场极有可能承载了北宋的杂剧演出。笔者遂在白纸上写下"象棚"二字,以示怀古之寓意。中国国际设计博物馆执行馆长袁由敏在观看了演出后,对"象棚"二字颇感兴趣,他进一步阐释了"象"在中国文化中的哲学意味。笔者于是联想到《道德经》中有"大象无形",意思是有意化无意,不要显刻意,不要过分的主张,要兼容百态。许多证据表明,《道德经》曾对包豪斯教学有着非常重要的影响,这与包豪斯为全人类创造价值的愿景是有关的,因此它曾积极地吸收异国特别是东方的文化,所谓"兼容百态"。"象"字反映出了双方传统的共通之处,也符合这次合作打通文化边界、相互交融的理念。

此外,"象"直译为"形状(form),样子(image)",正对应包豪斯讨论的对象。"象"又可通"像","棚"可理解为一个空间,对应英文"Figural Space Cabinet"。同时,"象"暗指象山,"棚"也指"勾栏棚",意为在中国美术学院象山校区的一个公共剧场项目。

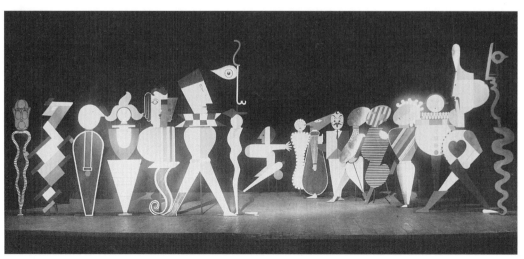

图6 《形象橱柜》剧照

（2）体例

布鲁姆基于其对施莱默的研究提出了剧本的三段式结构序幕（Prologue）、人物空间舞蹈（Figural Space Dances）、尾声（Epilogue）。这个结构正好和宋杂剧艳段、正杂剧、杂扮的三段结构相吻合。《都城纪胜》记载："杂剧中……先做寻常熟事一段，名曰艳段；次做正杂剧，通名为两段。……杂扮或名杂旺，又名纽元子，又名技和，乃杂剧之散段。""序幕"对应"艳段"作为暖场，"人物空间舞蹈"对应"正杂剧"，是全剧的核心部分，"尾声"对应"杂扮"作为意犹未尽之收尾。

序幕／艳段被定义为带有念白的游行，念白的内容是诗歌的音节，以富有节奏感的方式念出，巨大人像（Figure）亦在演员的操控下参与其中。人物空间舞蹈／正杂剧共包含五个片段，分别是"此与彼""内与外""上与下""静与动""重与轻"，五组对比的物质形态通过演员的运动和服装整合加以表现。尾声／杂扮是一场歌唱中的群舞狂欢。

（3）角色

在角色设定上，我们参考了杂剧的五人体制，即：末泥、引戏、副净、副末、装孤（图7）。《都城纪胜》记载："杂剧中，末泥为长，每四人或五人为一场……末泥色主张，引戏色分付，副净色发乔，副末色打诨，又或添一人装孤。""末泥"是杂剧演出的领导者，他负责安排、调度整个演出，同时也要上场念诵诗词歌赋并歌唱。"引戏"源于唐代宫廷大乐里的引舞，他在杂剧中首先上场表

演舞蹈，然后引出其他角色。"副净"用墨、粉涂抹颜面，在表演中的特长是"发乔"，即装呆卖傻。"副末"搽白脸，职掌在杂剧表演中"打诨"的工作。"副末"与"副净"构成一对滑稽角色，互相配合，共同营构滑稽场景。"装孤"就是扮演官员，他并非一个完善的角色，只有在官吏出场时才起作用。[11] 此外，一系列的宋金杂剧文物图像显示，乐队也是杂剧演出的重要组成部分。

第一部分"序幕／艳段"和第三部分"尾声／杂扮"均在末泥的带领下进行。第二部分"人物空间舞蹈／正杂剧"先由引戏色作开场舞，随后其将副净、副末引入，由副净和副末进行双人对舞，引戏间或参与其中形成三人共舞。在"人物空间舞蹈／正杂剧"的第二和第四片段的结尾，舞蹈会被装孤打断，装孤踩着鼓点入场，其他角色定格。三个乐手始终于台侧奏乐。

在角色特征上，布鲁姆引入了施莱默提出的四个范型作为参考："末泥""引戏""副净和副末""装孤"分别对应"去物质化""牵线木偶""一个技术的有机体""可走动的建筑"[12]（图8），服装和行动的设计均一定程度借鉴了这四个范型。

（4）运动

演员的创作首先从折纸开始，进而通过肢体动作来表达折纸所体现的空间意味。随后A0白纸、自制的服装道具被尝试性地引入来探索其对身体的束缚、拓展，以及由此产生的运动模式对于空间塑造的可能性（图9）。这里的运动必须是精确的，

图7　山西垣曲坡底村宋金墓杂剧砖雕（笔者综合各研究成果作标注处理）

末泥 Moni　　引戏 Yinxi　　副净&副末 Fujing & Fumo　　装孤 Zhuanggu

　　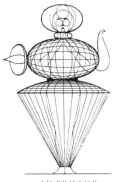　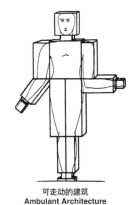

去物质化　　牵线木偶　　一个技术化的有机体　　可走动的建筑
Dematerialization　The Marionette　A Technical Organism　Ambulant Architecture

图8　奥斯卡·施莱默提出的四个范型

且具有形式上的意义，^⑬ 它并不是为了展示情感，而是把自身转化成运动的艺术造型，并且和周围环境相融合。^⑭

布鲁姆亦给出建议："最好的是，你非常非常慢地运动，同时思考着三角、矩形、圆形和线条的模式。""尝试把你的关节想象成空间中的点，通过身体运动让它们的轨迹画出你可以看得到的线条，然后你可以以这样的方式舞蹈，就好像你周围的环境看上去也是如此。""你的身体运动可以像是咖啡杯被塑造出来的过程，或者是一张纸被折叠的过程。最终每个造型总是一个或者是多个运动的结果。""如果对你来说空间过大，你可以首先通过舞蹈让自己成为某个独特的形体。或者，奥斯卡·施莱默也许会这么说，让你自己被物体'下魔咒'。"^⑮

除了回溯历史上的包豪斯舞台表演之外，我们亦试图在创作中融入宋杂剧的表演元素。不过由于年代久远，完整的宋代杂剧早已失传，昆曲作为现存最古老之传统剧种，我们认为其中应保留了许多早期的表演要素。考虑到宋杂剧具有滑稽戏的特质，可能和后世的"丑角"关系密切，我们邀请了浙江省昆剧团担当丑角的国家一级演员汤建华老师为演员讲授并示范昆曲理论与表演（图10）。布鲁姆指出："虽然现如今的人们已经没法以完全忠于历史的方式来重现宋杂剧的演出形式，但是从保留下来的昆曲表演中，还是可以体会和想象宋杂剧高度结构化的表演模式。通过模仿和宋杂剧具有相似风格的昆曲的那些典型、严格的基本身体运动和体态风格，就可以培养一种个体的身体意识，找到人体是如何像一尊移动中的雕塑那样运动的感觉，也就是施莱默所说的，人体在这个运动中变成一个'艺术形象'。"^⑯

在创作过程中我们发现，贯穿中国传统戏曲的弧形运动和机械般的包豪斯舞蹈形成了鲜明的对比，二者在理论和实践上均可相互补充。因此我们将演员分为两组，一组以包豪斯机械方直的方式运动，一组以中国传统流动圆润的方式运动，并将这种对比重点体现在"人物空间舞蹈／正杂剧"的五个片段之中（图11、图12）。

（5）服装

服装的设计和运动的创作以演员为主体同时进行。服装的作用是塑造一个清晰的造型并尽可能阻止已习惯的身体运动，这样便可以去尝试更多未知的运动模式。在服装设计中我们考虑了竹、木、纸等不同规格材料的形式和力学属性，通过弯折、编织、拼装等来实现"人物空间舞蹈／正杂剧"中暗示的五组对比形态，并探索服装作为运动中的身体延伸来塑造空间的可能性（图13）。一个经典的范例是在《三人芭蕾》中，舞者身着螺旋形的裙子以旋转的方式沿着螺线轨迹运动，如是服装、运动、空间是浑然一体的（图14）。耐人寻味的是，施莱默强调"人"，却惯用面具来遮蔽个人情感的表达，这看似矛盾的做法，事实上正是突出了更具哲学性的广义的"人类"属性。

（6）念白

在序幕中，布鲁姆引入了有节奏的念白，他搜集了历史上包豪斯教员和学生的诗歌作为素材，

图9　运动练习

图10　汤建华老师昆曲示范

图11　机械式运动

图12　圆润式运动

图 13 "象棚：人物空间壁橱"部分定妆照   图 14 复原的"三人芭蕾"剧照

其中包括约瑟夫·亚伯斯（Josef Albers）、保罗·克利（Paul Klee）、玛丽安娜·布兰特（Marianne Brandt）以及奥斯卡·施莱默的作品，它们均具有"空间"或"形式"的含义。比如施莱默所作的《正方形》（Das Quadrat）[17]：

Es geschah，	就这样发生了，
Es war da，	就这样存在了，
Über Nacht war's gemacht.	一夜之间它就诞生了。
War nicht mollig war nicht rund，	它不是矮胖的，不是圆行的，
War nicht ockig war nicht bunt，	它不是八角的，不是彩色的，
Es war voller Pracht，	它充满绚烂，
Das Quadracht.	它是正方形。
Scheinbar wenig war es viel，	它貌似少，实则多，
Es war Stil und Weltgefühl，	它是一种风格和一种世界感，
Scheinbar war gar nichts dabei.	它貌似一无所有。
Dennoch：ein Columbusei，	然而：他就像哥伦布竖的鸡蛋，
Blinde wurden plötzlich sehend，	盲人立刻可以看见了，
Lahme wurden plötzlich gehend.	瘸子立刻可以行走了。
Fast an jedem zeigen Spuren，	正确的面积轨迹，
sich von richt´gen Quadraturen，	几乎向每个人都展现了出来，
Wo Quadrat ist auch ein Wille.	哪里有立方体，哪里就有意志。
Man tanzt nur noch die Quadrille，	人们仍旧只跳着方块舞，
Nicht genug mit diesem Reiz，	这种刺激还不够，
Bringt es auch das Fadenkreuz，	还带来了十字准线，
Fort mit allem Eigendünkel！	带着所有自傲离开吧！
Glück ist nur im rechten Winkel，	幸福只是在一个直角上，
In diesem Zeichen wirst du siegen，	在这个图形中你将会胜利，
Sterben oder Kinder kriegen.	死亡或者得到孩子。

布鲁姆还阅读了大量已翻译成德文的中国文献，其中包括苏轼、米芾、李清照、朱熹等的诗词，并提出了中文念白的建议。然而，在笔者看来，这些诗词过于雅致，不符合宋杂剧的整体基调。事实上，宋杂剧作为一门市井艺术，其内容大量来源于俗词。于是笔者开始阅读宋代俗词研究的文献，试图从中搜寻出适合演出念白的素材。宋代俗词主要包括：俳谐类、咏妓类、宗教类和祝寿类。这里除了俳谐类，其他几类均不适合在该项目公开演出场合使用。另一个筛选的标准是有明显的"空间"或"形式"的含义。遗憾的是，在仅剩的俳谐类中几乎找不到合适的诗句，而已被排除的道教俗词却被发现极具"空间"意味。[18]现有俗词都不可用，又无完整的杂剧剧本流传，笔者只能将目光聚焦于现存杂剧和院本剧名。在宋代周密《武林旧事》"官本杂剧段数"与元代陶宗仪《南村辍耕录》"院本名目"等文献中存有杂剧与院本剧名数百种。[19]这些剧名在今人看来有一定的意义，同时却又无法解读其确切含义，这种模糊性带来了独特的意趣，这与上文所及的包豪斯诗歌颇有共通之处。剧名的选择原则是暗示了空间、服饰或运动的意味。基于此标准进行初步筛选，我们得到了剧名 66 种，以韵脚归类排列后，选择每一韵脚有足够数量的进行保留，并依字数节律筛选排列，得到了一种似词非词的状态，作为演出时的念白：

单搭手，双搭手，食店梁州，佳景堪游。

入桃园，大菜园，回回梨花院。

单顶戴，双顶戴，春从天上来。

三入舍，三出舍，四海民和，天下乐。

六变妆，闹学堂，赶门不上，唱拄杖。

三打步，闹巡铺，大江东注，打五铺。

（7）舞台

舞台的设计同时参考了由格罗皮乌斯设计的包豪斯德绍校舍舞台（图15）与宋杂剧舞亭（戏台）
（图16）。德绍校舍舞台呈正方形，由四柱限定主要演区，边长约7米。它位于建筑体量的中心，观众席和
餐厅分别位于其前后两侧，均可作为观看之视点（图17）。这符合了格罗皮乌斯"总体剧场"的理念。笔
者在过往研究中曾复原了南宋临安杂剧勾栏之舞亭，其亦为四柱方形结构，柱距为16尺（合约5m），上为
厦两头造（歇山）屋顶，山花朝前，舞亭相对独立位于勾栏院落的中心，由过廊联系门屋（图18）。颇耐
人寻味的是，在见到笔者所复原的南宋舞亭后，布鲁姆认为：格罗皮乌斯在设计德绍校舍舞台时，受到东
方戏台的影响，因为其等边四柱结构明显未融入该建筑的通用柱网，是后置附加的结果。

基于两者的共性，中国国际设计博物馆演出的舞台亦为四柱正方结构，根据实际空间尺度，柱距沿用
了南宋舞亭的5m，台面边长为6.5m。由于场合的限制，舞台只能贴边放置，以最大限度留出单侧的观众
席空间，这在某种程度上削弱了包豪斯和宋杂剧舞台原有的核心特质。舞台采用几何造型，并以比例模数
控制具体尺寸，其柱头模拟了德绍校舍舞台柱子与天花的交接方式作折形构造。有意思的是，在另一个方
案中，布鲁姆所提议的柱头形式是开口向上的半圆，以模仿中国斗栱的形式（图19）。这显示出双方对于
彼此文化的兴趣，这种兴趣在念白和音乐的讨论中亦有体现。[20]

（8）人像

人像是施莱默《形象橱柜》的重要组成部分。我们在2017年和2018年的两期工作中分别采用了两版
人像系统（图20），它们均以《形象橱柜》的手稿或历史照片为原型。第一版的人像系统包括两个人像，对
应包豪斯和宋杂剧，分别由德方的琳达·彭斯（Linda Pense）和中方的韩雪设计。其中包豪斯人像参考了
施莱默的人体画作，宋杂剧人像则参考了宋佚名《眼药酸》杂剧图中的副净形象。

图15　包豪斯德绍校舍舞台

图16　南宋舞亭复原

图17　包豪斯德绍校舍二层平面图（笔者浅色标注部分为舞台）

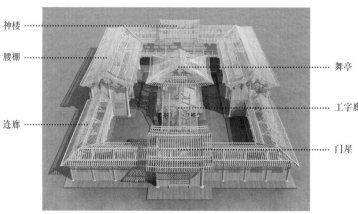

图18　南宋演剧勾栏格局

神楼
腰棚
连廊
舞亭
工字廊
门屋

图 19 "象棚：人物空间壁橱"演出舞台

图 20 中国国际设计博物馆大厅中的中、德人像

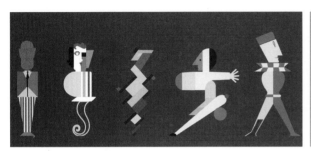

图 21 复原的《形象壁橱》人像（自左至右依次：导演、问号、对角线、自然力、粉红）

图 22 新设计的宋杂剧人像（自左至右依次：末泥、引戏、副净、副末、装孤）

第二版中，我们从施莱默为《形象橱柜》设计的诸人像中选取了 5 个，分别为 der Direktor（导演）[21]、der Fragliche（问号）、die Diagonale（对角线）、der Elementare（自然力）、der Rosa-Rote（粉红），它们由琳达·彭斯复原（图 21）。同时，韩雪亦基于史料创作了五个宋杂剧人像："末泥"，头戴东坡巾，身穿圆领窄袖长袍，手持棍棒，多重手臂的形态借鉴了施莱默"去物质化"的范式，其姿态一方面借鉴了文物中的末泥动态，一方面亦基于其领导者的身份强调其"指挥"的含义。"引戏"，头戴短脚幞头，着圆领宽袖长袍，执扇，他是开场引舞者，为强调其动感，设计借鉴了书法之形式。"副净"和"副末"，头戴牛耳幞头，身穿圆领宽袖短袍，面部以黑、白涂面，其姿态提炼了丑角表演的手部和腿部的典型动作，形成一对比，副净的云手转化为螺旋形，副末踢腿抽象为弹簧状。"装孤"，身着官服，手执笏板，其介于立体与平面之间的立方形式借鉴了施莱默"可走动的建筑"的范式（图 22）。

（9）色彩

服装、人像、舞台的最终形象都离不开色彩系统。笔者选定的参照体系是宋代建筑色彩，资料主要是清华大学李路珂的《营造法式彩画研究》（图 23）。宋代建筑色彩在本项目中的适用性主要基于以下两点的考虑：第一，参照包豪斯教育，"建筑"始终位于其核心，故采用建筑色彩有其独特意义。第二，即便我们追溯宋代服装色彩，由于其采用的矿物颜料、有机颜料、化学颜料其原料与建筑所用大致相同，因此建筑色彩和服装色彩有相当的一致性。布鲁姆也提供了施莱默创作手稿中的色版（图 24），我们将两者进行了对比，发现总体而言有比较高的重合度。

（10）音乐

音乐根据"序幕／艳段""人物空间舞蹈／正杂剧""尾声／杂扮"的三段结构进行设计。在"人物空间舞蹈／正杂剧"中，背景音乐针对五组对比性的片段提供不同的气氛。前景音乐的创作融合了包豪斯与宋杂剧的传统：在包豪斯方面，我们主要采用了现场的金属音效，如乐手通过小铲摩擦腿部服装上的螺杆，又或将众多螺丝置于胸前晃动的圆盘中相互碰撞发出声响。在宋杂剧方面，许多研究[22]通过对文物图像的分析统计揭示了宋金杂剧乐队的伴奏情况，所涉乐器包括大鼓、腰鼓、杖鼓、板鼓、拍板、横笛、筚篥、琴、方响、琵琶、排箫、笙。其中，一些乐器（如琴、笙等）仅在个别文物中出现，而鼓、拍板、横笛、筚篥四种乐器使用频率极高，几乎在每组文物中均有出现（表 1），本项目将以上四种乐器作为主要音效素材。[23]

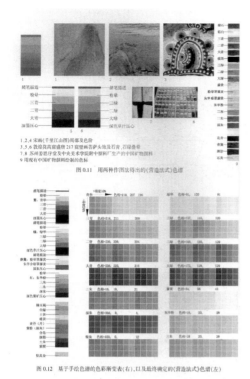

图0.11　用两种作图法得出的《营造法式》色谱

图0.12　基于手绘色谱的色彩渐变表(右),以及最终确定的《营造法式》色谱(左)

图23　复原的营造法式彩画色谱

图24　奥斯卡·施莱默色彩设计手稿

山西保存的宋金杂剧伴奏乐器图像统计表　　　　　表1

地点　　　　乐器	琴	方响	琵琶	排箫	笙	鼓	横笛	筚篥	拍板
闻喜小罗庄金墓	2	1	3	2	2	5	2	1	2
高平西李门二仙庙						3	2	1	1
闻喜峪堡金墓	1	1			1		1	1	1
闻喜寺底金墓				1	1				1
新绛北苏村金墓			1	1	1	3	1		1
平定西关金墓						1			
襄汾金墓							1		
垣曲坡底金墓						1			1
新绛大李村金墓						1		1	1
新绛南苑村金墓						5	1	1	1
稷山段氏1号墓						2	1	1	1
稷山段氏4号墓						2	1	1	1
稷山段氏5号墓						1	1	1	1
合计	3	2	4	4	5	25	10	8	12

四、结论与启示

《象棚:人物空间壁橱》重现了宋杂剧和包豪斯舞台实验历史性的相互影响,并再次创造了它们的一次实验性对话交流。托斯滕·布鲁姆指出:"和中国美术学院合作的《象棚:人物空间壁橱》是包豪斯教育理念借由中国宋杂剧的理念进行实践的一次拓展性尝试。不同舞台理念中的角色类型、人体几何模式和空间运动借此得到全新的探索,它作为一种'表演的建筑构造学'以游戏的方式得以结合和展现。我们以'实验性考古'的眼光对宋杂剧在戏剧空间造型方面进行探索,寻找它的与众不同之处,这样就可以在当代找到它和包豪斯舞台的结合点,就好像奥斯卡·施莱默在20世纪20年代所发展出的'包豪斯舞蹈'一样。人们可以视宋杂剧为一种启发性的方法,它以典型化的角色形象与程式化运动模式进行表演。虽然我们几乎无法在戏剧表演层面重现宋杂剧,但其基本原则足以激发人的兴趣。显然,通过对中国传统戏剧的研究,我们也可以更加贴近施莱默的包豪斯舞台理念。这就是《象棚:人物空间壁橱》所期许的目的:通过宋杂剧和包豪斯舞台中空间和具有模式结构的身体练习来训练今天的设计师、建筑师和艺术家。"[24]

图 25 "象棚：人物空间壁橱"（中国国际设计博物馆新馆开 图 26 象棚：包豪斯人物空间剧场教育成果展
馆典礼演出）

　　基于中方的立场，《象棚：人物空间壁橱》以"实验性考古"的方式进行，它包含了"考古"和"实验"两个层面的意义。一方面，借由考古我们得以产生关于包豪斯舞台和宋杂剧的史学知识。尤其对于宋杂剧而言，现有研究多停留在文献理论的梳理，但本项目的成果是直接指向表演呈现的。诚然我们无法完整复原宋杂剧，但我们得以将宋杂剧的若干研究成果依附于真实演出之上，让观众得以切身地一窥宋杂剧的若干切片，这在某种程度上类似博物馆中对古代破碎陶罐的修复呈现。另一方面，我们的工作又并不是完成一篇史学论文，而是更偏向于艺术创作，因此我们不会拘泥于某些尚不清晰的史学信息的考证，而会进行二次创作，具有某种探索性，即"实验性"。"误读"是这种实验性的核心。虽然误读有时会令我们产生困扰，但同时也带来了不确定的创造性，我们称之为"建设性误读（Productive Misunderstanding)"。事实上，文化的传播和变迁也是通过群体间的一系列误读发生的。我们的误读包括两个层面，一是中德之间的误读，布鲁姆会对中国文化、对宋杂剧产生许多误读；同样，笔者对德国语境的包豪斯也会产生误读。另外，误读还包括时代间的误读，我们以当代人的身份去想象德国 20 世纪早期和中国 10~13 世纪的表演艺术，在许多模糊之处都会填入自己的想象。这种误读作用在创作上，就有可能产生新的艺术形态。通过这次合作，我们实际上是在一个极小的领域中创造一种新的文化片段（图 25、图 26）。

注释：

① 在学术讨论中，该项目的英文原名为 *Xiang Peng：Figural Space Cabinet*，直译为"象棚：人物空间壁橱"。为便于在中国公众理解，在公共活动中译作"象棚：包豪斯人物空间剧场"。该名称的来源参见后文。

② 据托斯滕·布鲁姆与笔者的通信以及他为中国国际设计博物馆撰写的展览说明翻译整理。该资料中若涉德文，译者为周丛杉，后文同。

③ 胡臻杭. 南宋临安瓦舍空间与勾栏建筑研究 [D]. 南京：东南大学，2010.

④ （1）艺术融合：舞台艺术是多种艺术门类的融合，历史上包豪斯舞台工作坊扮演了整合各教学工坊的角色，在保罗·克利所构思的课程体系草图中，"舞台"和"建筑"一起被置于图示的中心，此后格罗皮乌斯虽然没有公开承认"舞台"的核心作用，但在他的九年任期中确保了施莱默在相当有限的条件下将包豪斯剧团所能发挥的作用最大化。在北宋中期，商品经济的发展促成了里坊制的打破，瓦舍勾栏应运而生，原本相互独立的说、唱、歌、舞、杂技等表演门类有机会在市井公共空间相互融合，形成宋杂剧。（2）深远影响：包豪斯对现当代设计与艺术的深远影响已毋庸置疑，其中奥斯卡·施莱默所指导的舞台实验脱离了叙事，转而以空间、形式、动作作为创作的出发点，极为深刻地影响了现当代的舞台表演艺术。同样，宋代艺术对中华文化之重要意义也无须多言，它进一步深刻影响了东亚文化并传播至全球，其中宋杂剧是中国戏曲的雏形，王国维谓之"真戏剧"，它是中国传统戏曲发展的重要节点。（3）政治背景：包豪斯舞台工作坊开始于1921年，1923~1929 年奥斯卡·施莱默将它推至了顶峰，由于和汉内斯·梅耶的政治化社会化倾向不合，奥斯卡·施莱默于1929 年辞职，1933 年包豪斯学院被纳粹关闭。瓦舍勾栏中的杂剧演出亦经历了相似的情况，宋亡后在元代市井表演艺术经历了短暂的辉煌，但到明初，基于朱元璋严苛的政令，市井的杂剧演出遭到严厉的压制，直至明代中期以后市井的戏剧演出才在酒楼茶园剧场中再次兴盛。

⑤⑧⑬㉔ 据托斯滕·布鲁姆为中国国际设计博物馆撰写的展览说明翻译整理。

⑥ 张路峰. 设计作为研究 [J]. 新建筑，2017，(3)：24.

⑦⑭~⑯ Ibid.

⑨ 王国维. 宋元戏曲史 [M]. 上海：世纪出版集团上海古籍出版社，2008：28.

⑩ 俞为民. 中国戏曲艺术通论 [M]. 南京：南京大学出版社，2009：98.

⑪ 廖奔. 中国古代剧场史 [M]. 郑州：中州古籍出版社，1997：257.

⑫ （1）去物质化（dematerialization)：象征着人体各种成分的抽象表现形式，展开的手掌构成星形，交叠的手臂构成无穷号 ∞，脊椎和肩构成十字形；双重的头、多重的肢体、形式的分割与压制。结果是：去物质化。（2）牵线木偶（the marionette)：关系到空间的人体官能法则。这些法则造成人体形式的典型化：头的蛋形、躯干的瓶形、手臂和腿的棒形、关节的球形。（3）一个技术化的有机体（a technical organism)：空间中人体的运动法则。在此，我们获得了旋转和方位的各种面貌，以及由此交织的空间：旋转的陀螺、缓慢的位移、旋转状的运动、圆盘状运动。（4）可走动的建筑（ambulant architecture)：在此，方体的形式转为人的形状：头、躯干、手臂、腿都变形成空间—方体的构造。（奥斯卡·施莱默. 包豪斯舞台. 北京：金城出版社，2014：12-13.）

⑰ 引自托斯滕·布鲁姆与笔者的通信。

⑱ 额外的发现是，道教俗词尽管在本项目中不适用，却极具"空间"意味，如陈朴《望江南》："中黄宝，须向胆中求。春帝令行生万物，乾坤膝下与吾俦。百脉自流通。施造化，左右火双抽。浩浩腾腾充宇宙，苦烟袅袅上环楼。夫妇渐相谋。"道教俗词中出现大量描写烟气江河山川运动、物质转化、出入绕行仙界殿宇的文字，这在任何其他类俗词中均不见的现象。笔者所接触的诸多包括布鲁姆在内的外国学者均对《道德经》抱有极大兴趣，抑或正来源于其独特的空间观念。如当年笔者就读建筑学时的第一课，老师便引《道德经》"埏埴以为器，当其无，有器之用。凿户牖以为室，当其无，有室之用。故有之以为利，无之以为用"，以说明"建筑的本质是空间"。

⑲ 胡忌. 宋金杂剧考. 北京：中华书局，2008：127-151.

⑳ 在合作中，笔者发现托斯滕·布鲁姆对探索表演与建成空间的互动关系兴趣不大，在训练和最终呈现中他始终坚持的是单面观看的固定的方形舞台。笔者曾经的困惑在于这似乎和格罗皮乌斯"总体剧场"的理念并不相合，不过随后笔者意识到或许对于奥斯卡·施莱默或托斯滕·布鲁姆来说，当舞台空间变为极简之后，才能将身体、服装、运动内在关系的探索发挥到极致。

㉑ 据托斯滕·布鲁姆的解释，"导演"形象取自奥斯卡·施莱默本人。

㉒ 牛嘉. 山西保存的宋金杂剧图像研究 [D]. 太原：山西大学，2015./ 席倩茜. 晋南金墓砖雕中的戏曲图像研究 [D]. 太原：山西大学，2012./ 黄婧. 两宋杂剧形态研究 [D]. 上海：上海戏剧学院，2017.

㉓ 鉴于短期内资源所限，在 2018 年 4 月的演出中仅融入了鼓和拍板。横笛和筚篥并未得以成功融入，若能在今后该项目发展中得以融入，演出成果或更具宋杂剧之古意。

参考文献：

[1] 胡臻杭. 南宋临安瓦舍空间与勾栏建筑研究 [D]. 南京：东南大学，2010.

[2] 张路峰. 设计作为研究 [J]. 新建筑，2017，(3)．

[3] 廖奔. 中华艺术通史（第 7 卷）[M]. 北京：北京师范大学出版社，2006.

[4] 李路珂. 营造法式彩画研究 [M]. 南京：东南大学出版社，2011.

[5] 曲向红. 两宋俗词研究 [D]. 济南：山东师范大学 .2007.

[6] Torsten Blume. Dance the Bauhaus [M]. Leipzig：E.A.Seemann，2015.

图片来源：

图 1、图 4、图 6、图 24：包豪斯德绍基金会提供

图 2、图 11~图 13、图 25、图 26：中国国际设计博物馆提供，孟庆伟摄

图 3：笔者自绘

图 5：http://www.ltfc.net/img/5be396f98ed7f411e26a46cf，南宋·佚名

图 7：廖奔. 中华艺术通史（第 7 卷）[M]. 北京：北京师范大学出版社，2006：260，241.

图 8：奥斯卡·施莱默. 包豪斯舞台 [M]. 周诗岩. 北京：金城出版社，2014：12-13.

图 9：中国国际设计博物馆提供，周鸿摄

图 10：笔者自摄

图 14：http://interiorator.com/triadisches-ballett/

图 15：https://www.bauhaus-dessau.de/en/service/hire-rooms.html

图 16：笔者自摄，胡臻杭、韩心宇复原设计

图 17：https://www.archdaily.com/87728/ad-classics-dessau-bauhaus-walter-gropius/

图 18：笔者自绘，胡臻杭、韩心宇复原设计

图 19、图 20：中国国际设计博物馆提供，万金宇摄

图 21：包豪斯德绍基金会提供，奥斯卡·施莱默设计，琳达·彭斯复原

图 22：韩雪设计与绘制

图 23：李路珂. 营造法式彩画研究 [M]. 南京：东南大学出版社，2011：32.

表 1：牛嘉. 山西保存的宋金杂剧图像研究 [D]. 太原：山西大学，2015：43.

作者：胡臻杭，中国美术学院建筑艺术学院讲师，木伏建筑研究所主持建筑师

"之间"：

中西方建筑边界综述及表层空间认知

孔宇航　宋睿琦　胡一可

"Inbetween": A Systematic Review of Chinese and Western Architectural Boundary and Cognition of Surface Space

■ 摘要：回溯海德格尔的空间思想，思考边界的原型价值。比较中西方空间观念差异及其对建筑边界空间的影响。综述建筑边界研究现状，提出建筑边界认知是中西方建筑空间差异的核心，指出以人为主体研究建筑边界的新视角。辨析界线、界面、边界层三个概念在建筑学领域的差异。基于边界层理论，结合人的主体性提出边界层三个假设，论述实体要素与空间组织方式，探讨边界空间的可能性。分析并阐释建筑边界概念，从建筑物理环境边界、功能边界、结构边界、空间心理边界及空间体验边界五方面建立边界概念的理论基础。为未来城市空间再生及生活空间营建提供理论依据。

■ 关键词：建筑边界　表层空间　人的主体性　空间要素　边界原型

Abstract：Tracking back to Heidegger's Space Thought, thinking about the archetypal value of the Boundary. First of all, analyze the different Space Concept of Chinese and Western and architectural Boundary Space. Based on the systematic review of the research status, the recognition of architectural boundary is the core and a new Research perspective on the building boundary with Human subjectivity is proposed. Then discriminate three Concepts of Boundary, Interface and Boundary layer in the field of architecture. Combined with the human subjectivity, three hypotheses of the boundary layer are proposed. Based on the boundary layer theory, discuss the types of entity elements and space elements, which influent the possibility of boundary space. Subsequently, explain the concept of architectural boundary. Finally, the theoretical basis of boundary concept is established from five aspects：physical environment boundary, functional boundary, structural boundary, psychological boundary and experience boundary. The conclusion could be used in urban space regeneration and living space construction in the future.

Keywords：building boundary, frontage space, human subjectivity, space element, boundary prototype

国家自然科学基金项目"基于系统分析的建筑'形式—空间'生成方法优化研究"(51778401)资助

"空间—边界"是个古老的议题，承载着人类对"诗意栖居"的美好夙愿。海德格尔（Martin Heidegger）从哲学层面思考边界与空间的内涵，辨析二者之间的关系。回溯其空间观可知：边界应是有活力的地方，具有分隔与连通空间的双重属性，即边界的原型价值[1]。在德语中 Raum 一词兼具房间之意，指有边界的空间。中国古代建筑的边界多在大尺度与小尺度之间穿越，对内与外空间的认知也因墙、院、廊等空间类型的不同而存在差异。空间的边界具有人所感知的周边环境的主要特质[2]。在物质空间基础上以使用者的视角研究建筑边界空间特质，正是本研究的根本动机。

西方古典建筑更看重实体，强调建筑的主体地位，突出单体在纵轴线上的进深；中国传统建筑更强调群体组织层面的空间，建筑在环境中处于从属地位。希格弗莱德·吉迪恩（Sigfried Giedion）指出空间是从实体到关系的转变，提出"空间之间"就是一种"边界"概念[3]。查尔斯·詹克斯（Charles Jencks）批判现代派建筑缺乏与城市肌理的联系，过分强调建筑由内而外，而不考虑从外部空间向建筑内部的过渡[4]。中国古人对世界本源的认识和理解以"阴阳五行"理论为框架，用"金木水火土"的生、剋、制、化、阴阳互易相依的理论来解释宇宙万物的变化。太极图中阴阳鱼之间就是"边界"的原型，更注重"自然—人—空间"三者之间的关系。《说文解字》载："界，境也。从田，介声。"对"之间"的关注取代对"实体"的关注，是当代中西方建筑与城市空间研究范式的重要转变。反思型的文化，把对象世界看作反映人心的一面镜子；体验型的文化，即把自己的心看作对象世界的一面镜子[1]。中西方对"之间"的关注，其结合点就是建筑表层空间。建筑表层空间的变迁承载了"建筑边界"这一概念的演进，代表了城市与建筑、主体与客体的多重转变。

一、概要

1. 背景

未来城市中建筑存量大，增量减少，为避免生态环境破坏，大规模的新建将不多见。本文基于中西方的空间认知差异对建筑的内与外进行重新认知，探讨城市中建筑表层空间更新、改造的技术途径。建筑改造多发生于建筑边界，并非表象更新，而是内涵更新，且可以在最小的进深中谋求更多面积空间的品质提升。在中微观尺度改造增多的背景下，建筑边界向外拓展形成空间层，既能增加使用面积，又能激活空间，还有机会使内与外双向更新。

信息时代，人类生活与认知方式发生了改变，重新思考建筑边界意义深远：在实践层面，会带来城市与建筑空间的双向改变，未来的新城更新最主要发生在建筑边界；在理论层面，提出"边界为空间"的假设及以人为主体研究建筑边界的视角。海德格尔不是唯一强调"之间"核心性的人。如果没有间隙，过程、实体或建构等就没有任何意义[2]。探讨内外空间互动关系具有中国传统的空间思维方式。

2. 相关文献综述

克里斯托弗·亚历山大（Christopher Alexander）曾论述边界空间的重要性指出："如果边界不复存在，场地活力也将大幅度降低；边界并非简单的线，而是空间体，是人们活动的场所。"[3]勒·柯布西耶（Le Corbusier）提出"三项备忘"：体块、表面、平面。将表面定义为体块的外套，可以消除或丰富我们对体块的感觉[5]。在日本，阵内秀信（1992）在"江户东京研究"中，探讨了东京都市的历史深层结构与表层空间的关系[6]。大野秀敏（1985）研究东京传统住宅的表层，对城市公共空间及建筑表层领域进行系统研究[7]。近年来，在测量学领域维基·瓦格斯（Viji Varghese）等研究者（2016）用 LIDAR 准确提取建筑边界线（Building boundary），采用快速扫描技术替代传统的物理探测，用于城市空间 3D 模型的建立[8]。中国人认知边界更强调场域，在层层包裹的建筑边界中多体现为表层空间，如传统的廊空间及室内外结合的檐下空间，形成的主要体验就整合在表层空间里。

国内学者早期的相关研究主要基于中国传统文化思想，从空间与营建两方面探索中国古代建筑思维模式，对建筑表层空间的系统性研究成果相对较少。朱文一（1993）用"边界原型"解释中国传统城市空间，天然屏障与人工屏障共同构成了边界实体，"墙的建筑"就是中国建筑的"边界原型"[9]；杨思声等（2002）将"中介空间"概念应用于中国传统建筑中，进一步对其不同结构层级进行探讨[10]；谢晓璐（2008）对建筑的中介空间进行分类和原型归纳，进而对比分析了传统和现代中介空间形态[11]。21 世纪以来，国内开始从边界、界面、中介空间、街道表层等角度对现代建筑表层空间的相关概念进行探讨。邹晓霞（2006）用街道"表层"概念来重新定义沿街空间，并进一步解析表层与城市深层构造的关系[12]；李静波（2015）用周界理论诠释双层表皮，建立涂黑、分解与层透三种形式操作方法和审美评价标准[13]；史永高（2013）辨析表皮、表面、表层，论述表面的重要性，探讨表面与建构的共通性[14]；袁野（2010）认为边界应从"线"的形态转化为可容纳功能的边界空间[15]；汪妍泽（2017）分析受不同时代不同空间观影响的建筑边界如何改变[16]；陈皆乐（2011）基于巴赫金的边界学理论阐释建筑的边界体系是线性与非线性的辩证统一[17]；沈晓恒（2018）概述了弗兰克·达菲的建筑思想及办公建筑的4S分类法——即边界层理论[18]。

综上所述，传统建筑学以明确的功能分区为基础，而当今城市及建筑的发展强调复合型空间，弱化空间边界，形成边界是空间体的观念。国外更早关注建筑边界处人的体验，认为边界是人的活动场所。中国传统空间就表现出边界的观念，国内学者从哲学观、传统建筑观以及传统园林组织方式层面阐述传统建筑空间及要素，对表皮及双层表皮形式操作的关注，到研究建筑边界的空间性及使用效率，再到从空间的物理属性和社会属性两个层面重新思考表面的文化性。国内的研究经历了"建筑边界为实体外部——建筑边界作为空间——将建筑边界作为'之间'"的"空间"的过程。从目前学者的研究结论中可以发现，建筑边界将走向模糊、互动、复合功能的"空间"，从某种意义上讲是对中国传统空间认知的一种回归。

3. 目的及意义

从人的使用方式、行为及视觉体验角度探讨建筑边界。聚焦"表层空间"的界面及要素构成，探讨与近建筑尺度的外部空间及内部空间的双重关系。推动城市空间更新与改造向精准化、高效化、体验化方向发展。

二、界线、界面、边界层辨析

1. 界线——控制线

法律法规中常用建筑控制线、建筑轮廓线、屋顶正投影线等概念划定建筑的内与外；建筑面积计算规范常用边界线测量计算面积[19]；城市空间中使用街道界面贴线率、近线率等概念。虽然划地为界的开发模式严重影响空间整体布局的合理性，但明显可见"界线"更多体现法律意义，而其背后的空间内涵颇为丰富，在微观尺度上存在心理边界和三维空间概念④。

2. 界面——新视角

艺术为认知建筑边界提供了新视角。当整个建筑被布包裹，人们仍能识别出被隐藏的物体和包裹之下的结构⑤。建筑边界被物化，呈现出实体边界（图1）。当外界面采用镜面材料，建筑映射外部环境，实体边界消隐，产生视觉感知边界（图2）。建筑边界也可以向内拓展，物质实体和热工性能不变，但在感知层面产生内外互动，边界变得模糊（图3）。可见以"界面"探讨建筑边界的倾向。

瑞典建筑师黑塞尔格伦·斯文（Hesselgren, S）提出"被封闭的空间"（Restricted space）概念，认为建筑应给人被限定的空间感觉。哈迪·亚瑟（Hardy.A.C）也持有同样的立场，封闭（Enclosure）同样应发生在外部空间，过去强调防御及应对气候变化，如今更强调获得个人领域和视觉、听觉的私密性。但开放与封闭相互依存[20]。当建筑边界被从建筑与环境的关系角度认知，中西方所共识的表层空间有其特殊的意义。

3. 边界层——空间体

回溯历史，欧洲典型的城堡建筑以防御功能为主，通过在主要房间墙壁上打洞形成辅助房间，亦被称为"空间包涵体"[21]（图4）。现代主义重新由内而外思考建筑：柯布提出多米诺体系，使结构、功能与形式开始分离；密斯用钢和玻璃实

图1 实体边界——德国议会大厦

图2 视觉感知边界——镜之屋

图3 空间体验边界——盲亭

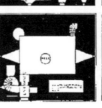

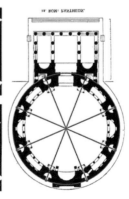

图4 西方古典建筑边界"空间包涵体"

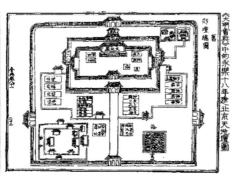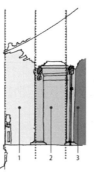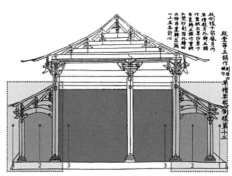

图 5　桃源仙境图轴、侧缘空间开敞度示意

现〝皮骨分离〞，透明性的介入使内与外变得模糊。新风系统的出现产生〝皮 + 骨 + 设备空腔〞。由〝结构即表皮〞到〝结构与表皮分离〞，再到〝设备与结构、表皮一体化〞，形成边界空间体（表1）。

　　与西方边界的实体演变相比，中国传统建筑边界以廊空间为主，涉及墙、院、廊等空间原型，始终关注建筑与外部环境的关系。其中，侧缘空间按开敞度依次递减分形成三个层次（图5）。传统文化让我们在重重包裹的空间内才有安全感和稳定感，甚至成为一种建筑基因[22]。无论是塑造物质实体的有形边界，还是追寻空间关系的无形边界，边界空间使用和体验的主体都是人。建筑边界不仅仅是〝空间〞，而是可进入（路径），是可视和可用的建筑空间体系的组成部分。

垂直向边界层模型　　　　　　　　　　　　　　　　　　　表1

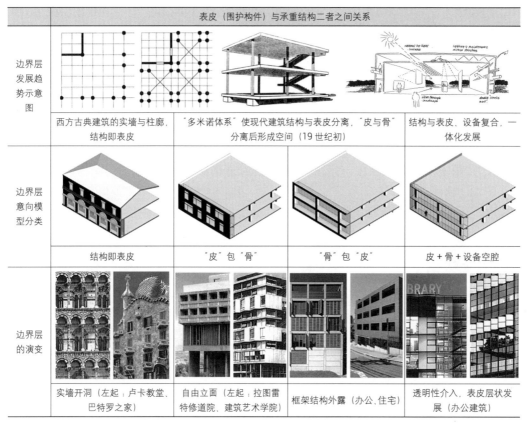

	表皮（围护构件）与承重结构二者之间关系			
边界层发展趋势示意图	西方古典建筑的实墙与柱廊，结构即表皮	〝多米诺体系〞使现代建筑结构与表皮分离，〝皮与骨〞分离后形成空间（19世纪初）	结构与表皮、设备复合，一体化发展	
边界层意向模型分类	结构即表皮	〝皮〞包〝骨〞	〝骨〞包〝皮〞	皮 + 骨 + 设备空腔
边界层的演变	实墙开洞（左起：卢卡教堂、巴特罗之家）	自由立面（左起：拉图雷特修道院、建筑艺术学院）	框架结构外露（办公、住宅）	透明性介入，表皮层状发展（办公建筑）

三、边界层理论及模型

　　边界层（Boundary Layer）又称剪切层（Shearing Layers），其理论由弗兰克·达菲（Frank Duffy）率先提出。受生态学和系统理论学的相关理论影响，达菲认为建筑各部分的变动速度存在很大差异。

1. 边界层理论的发展与演变

　　根据不同系统的寿命和更换周期，达菲提出办公建筑4S分类法，将建筑分成外壳、设备、内隔墙和家具四部分，并指出不同寿命周期对办公建筑的设计和使用意义重大⑥。斯图尔特·布兰德（Stewart Brand）也认为建筑具有多层变化，进一步提出了6S分类法。2004年，荷兰SLA事务所将路径视为新要素，提出SLA体系[23]。由4S → 6S → SLA演变的边界层理论模型是抽象的概念模型，表达明晰的层状关系，只展示

边界层理论模型　　　　表2

理论	4S 分类法	6S 分类法	SLA 体系 7 要素
提出者	弗兰克·达菲，英国建筑师	斯图尔特·布兰德，美国生态学家	荷兰 SLA 事务所
概念模型	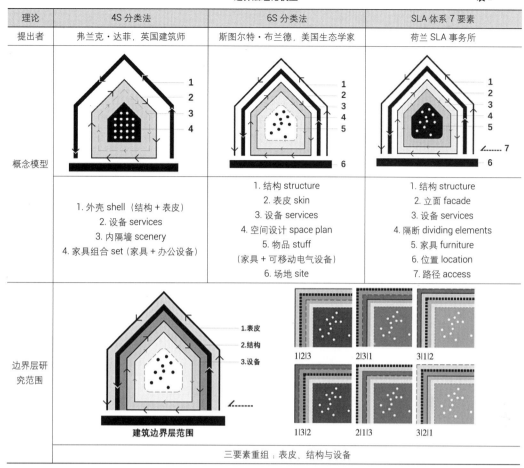1. 外壳 shell（结构＋表皮） 2. 设备 services 3. 内隔墙 scenery 4. 家具组合 set（家具＋办公设备）	1. 结构 structure 2. 表皮 skin 3. 设备 services 4. 空间设计 space plan 5. 物品 stuff （家具＋可移动电气设备） 6. 场地 site	1. 结构 structure 2. 立面 facade 3. 设备 services 4. 隔断 dividing elements 5. 家具 furniture 6. 位置 location 7. 路径 access
边界层研究范围	1.表皮 2.结构 3.设备　建筑边界层范围	1|2|3　2|3|1　3|1|2 1|3|2　2|1|3　3|2|1	
	三要素重组：表皮、结构与设备		

出实体要素类型及不同使用周期，但对各要素之间的组织方式和层级关系缺乏进一步探讨。如果选取并重组其中的三要素（表皮、结构与设备），就能衍生出6种概念类型，用于探讨边界空间的可能性（表2）。

2. 从人的主体性思考边界层

以人为主体，根据使用者的需求提出边界层的三种假设：(1) 热工性能假设：对边界层物理环境性能的需求，如遮阴、避雨、防晒、保暖等方面。(2) 储物空间假设：对设备、家具等人造物的储藏或展示需求。(3) 空间体验假设：从人的行为与视觉感知角度，对边界层空间进行研究，分析可用、可进入、可视三种"行为—空间"类型，以人的主体性视角补充与完善边界层理论模型（图6）。

在未来城市中，建筑是乐活的"居"的空间，建筑边界更多承载的是人的体验。为了满足使用者的活动需求，实现建筑的多重功能，边界空间变得更灵活、多样，边界甚至可以移动。数字时代，虚拟空间也会影响塑造物质空间，传统的建筑边界可能转化成中心（物质的或感知的），建筑的功能布局也具有了不确定性 [24]。良性的建成环境核心内容不是区分内与外，而是如何以多类型、多体验、多尺度的复合空间承载生活。

3. 边界层的空间要素

借鉴边界层理论，不仅从建筑全生命周期角度研究边界层的实体要素，也兼顾使用者的体验，将空间要素分为三大类：界面（空间整体形态）、要素（空间中的实体）和物理空间环境（风、光、热，温湿度等）。

图6　边界层三种假设示意（左起：港南区综合楼、KCC瑞士城模块住宅、小泉中日桥大厦）

又可细分为七小类：侧界面、顶界面、底界面、服务设施（可用）、展示要素（可视）、单元空间体（可进入），以及风光热等物理环境因素（表3）。

边界层的空间要素分类　　　　表3

分类		说明	内容
1. 空间界面	侧界面	在垂直向上表皮、结构、设备内外层级关系	门、窗、墙体、柱、杆件、百叶、管道等
	顶界面	屋顶、遮阳板、雨篷、楼板等水平向延伸	挑檐、挑梁、格栅等
	底界面	路径：可进入、可驻留等；停留空间	楼梯、扶梯、阳台等底界面
2. 空间要素	服务设施	以服务为导向的实体要素	指示牌、自助机、设备、街具、家具等
	展示要素	以人的行为为主导的目标吸引物	雕塑、大型条幅、LED屏、绿植、视觉景观等
	单元空间体	容纳人行为体验的空间单元	结构家具一体化、嵌入式模块化单元
3. 物理环境	物理环境因素	能量空腔：风、光、声音、日照等	采暖、制冷、采光、通风、能源收集等

四、建筑边界概念界定及其属性阐释

建筑边界非线、非面，而是体，存在法规边界、心理边界、功能边界等多个层次，分为有形边界和无形边界（图7）。根据边界的实体要素使用周期不同，边界层的结构随时间变化，可满足人的诸多需求。通过对边界属性和边界原型的探讨阐释建筑边界概念，从建筑物理环境边界（热工性能）、功能边界（设备及家具）、结构边界（表层结构中的空腔）、空间心理边界（集体意识）及空间体验边界（视觉感知与行为体验）五方面建立边界概念的理论基础。

1. 建筑边界概念

从建筑的角度而言，建筑边界向外与城市空间或自然环境接触，形成"城市—建筑"（建筑与外部环境）的表层空间；向内与建筑室内空间相连。边界是双向的，实体与空间并存，更强调内外之间的关系，具有分隔与连通空间的双重属性。从人的感知和体验而言，建筑为人提供生活场所，边界层的空间特征往往会影响人对整个建筑的体验。可以通过五感体验，融入智能化和虚拟仿真的技术手段，"空间信息"与"属性信息"集成，满足使用者更高层次的体验需求。边界空间有建筑和城市的双重属性，同时具有时间性，是一个有趣的缓冲区。

从空间角度认知看，建筑边界既是中介空间（自身构成），又体现出内与外的空间组织关系（图8）。从实体上讲，边界层各实体要素不同的组织方式与层级关系形成不同的边界类型，随着建筑功能的改变，要素更新重组，实体要素类型也因技术发展而产生变革。

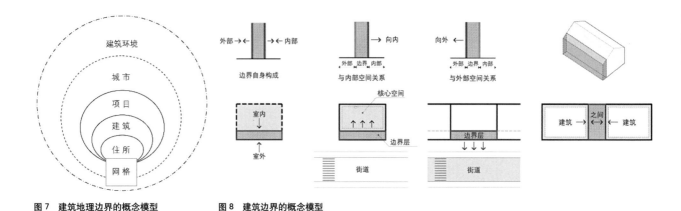

图7　建筑地理边界的概念模型　　　　图8　建筑边界的概念模型

2. 边界属性及原型

建筑边界具有物理（可变性、透明性和体积性）和社会（安全性、舒适性、参与性）双重属性，以及线性与非线性特征，可归为"空间包涵体""层透空间"和"廊空间"三种原型（图9）。边界还可以是动态的，具有可变性和模糊性。一方面从全生命周期角度，随着功能的转化，在比较长的时间尺度上边界是可以变化的。另一方面，边界还具有瞬时性变化特征，例如由建筑物理环境驱动的动态表皮等。传统街道空间有不可见的边界、动态边界、出入口边界、装饰及标识性边界、"阈"结点等[25]。中西方边界均在演化，使"表层空间"的价值日益凸显，具有明显东方特质的空间想象、介入与多元并存是其重要特征。

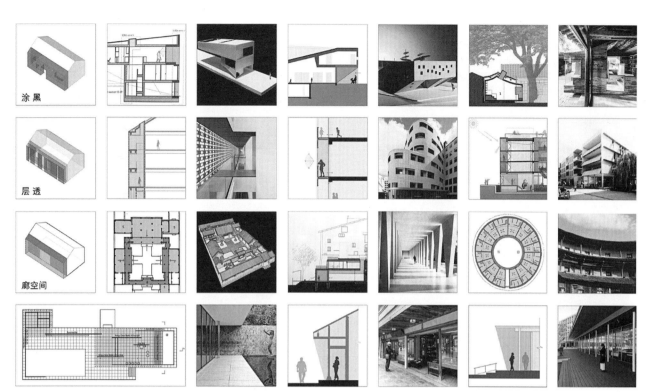

图9 边界的三种原型

五、结语

建筑是城市记忆的载体，建筑边界如同"面具"形成城市表情。当今的命题是建筑设计如何轻、柔地介入城市空间。本文尝试论述这层"面具"可以成为承载人日常活动的"空间体"。重新定义公共性与私密性，创造二者融合的可能性，空间的流动不仅可以提升城市建筑的使用效率，还是对"表面"的重新定义。建筑表面作为外部空间界面的作用已逐渐弱化，取而代之的是可供使用的空间。古人用"衣锦衣，裳锦裳"来形容锦衣纹饰若隐若现，建筑的内与外应当从另一个维度进行认知。建筑边界关于表层空间的探讨改变了以往对实体和封闭性的关注，以营造舒适性和安全感为核心内容，浅空间带来的建筑空间的极限问题成为更具讨论价值的话题。目前，世界范围内存在大量钢筋混凝土框架结构建筑，其边界空间存在着诸多变化的可能性。在挖掘传统空间智慧的基础上，提供多种表层空间模式，可以让城市迎来一场变脸的新契机。

从建筑学视角剖析边界是"空间体"，暗示了皮骨分离形成的表层空间。基于边界层理论模型，界定与解析建筑边界概念，分析其属性及特征，建立三种建筑边界原型，从建筑物理环境边界、功能边界、结构边界、空间心理边界及空间体验边界五方面梳理建筑边界的理论框架无疑具有重要意义和价值。与传统由内而外的"设计—建造"流程相比，边界层设计是由表及里修改已有建筑边界的过程，并引发建筑内部空间的重组，立面成为最后一道工序的传统设计流程将被改变。重新思考人的需求及建筑与环境的关系，"建筑边界"可能为中国的城市化困局提供别样的解题思路。

在"物我两忘"的语境下认知建筑边界，东西方已经达成共识，是对传统建筑经验进行知识重构的开端，也试图得到开放性的结论。城市建设将迎来化整为零的新时代。

注释：

① 邓晓芒.康德宗教哲学与中西人格结构[J].湖北大学学报（哲学社会科学版），1998（05）：4-7.

② 芭芭拉·亚当.时间与社会理论[M].金梦兰译.北京：北京师范大学出版社，2009：40.

③ C.亚历山大.建筑模式语言[M].王听度，周序鸿译.北京：知识产权出版社，2002.

④《建筑工程建筑面积计算规范》（2014版）提出建筑空间概念：以建筑界面限定的，具备可出入、可利用条件的围合空间。不再以设计时是否加以利用作为面积计算的依据。

⑤ 1995年《包裹德国国会大厦》是克里斯托夫妇最雄心勃勃的行为艺术，用10万平方米的银色织物（镀铝防火聚丙烯）以及总长15.6公里的蓝色聚丙烯绳，把整个德国国会大厦包裹了两周时间。其作品通过隐藏来实现审美启示，探讨了建筑边界的呈现方式。

⑥ 达菲对四个层的生命周期有不同的表述，躯壳（shell）被分解成结构（structure）和表皮（skin），寿命为50年；主要设备（major services）的寿命是15~20年；内隔墙不再提具体使用年限，而是与出租周期相对应；家具布置（set）被认为变动得越来越快。参见：Frank Duffy & Les Hutton，Architectural Knowledge：The Idea of a Profession，1998，p.108.

参考文献:

[1] 袁野.城市住区的边界问题研究 [D].北京:清华大学,2010.

[2] 陈洁.浅析亚历山大《建筑模式语言》中的空间研究 [D].北京:清华大学,2007.

[3] 希格弗莱德·吉迪恩.空间·时间·建筑 [M].王锦堂,孙全文译.武汉:华中科技大学出版社,2014.

[4] [美]查尔斯·詹克斯.后现代建筑语言 [M].李大夏摘译.北京:中国建筑工业出版社.1986.

[5] 勒·柯布西耶.走向新建筑 [M].陈志华译.西安:陕西师范大学出版社,2004.

[6] 陣内秀信.東京の空間人類学(ちくま学芸文庫)[M].東京:筑摩書房,1992.

[7] 大野秀敏.周縁に力がある——都市·東京の歴史的空間構造 [J].建筑文化(466),1985(08):78-82.

[8] Varghese,V;Shajahan,DA;Nath,AG.Building Boundary Tracing And Regularization From Lidar Point Cloud[C]. International Conference on Emerging Technological Trends,New York:ICETT,2016:150-154.

[9] 朱文一.空间·符号·城市 [M].北京:中国建筑工业出版社,2010.

[10] 杨思声,关瑞明.中国传统建筑中的"中介空间"[J].南方建筑,2002(02):85-87.

[11] 谢晓璐.中介空间形态的原型归纳与比较 [J].四川建筑,2008(2):44-45.

[12] 邹晓霞.商业街道表层研究 [D].清华大学,2006:192-193.

[13] 李静波.内外之中间领域作为建筑界面的形式操作 [D].重庆:重庆大学,2015.

[14] 史永高.表皮,表层,表面:一个建筑学主题的沉沦与重生 [J].建筑学报,2013(08):1-6.

[15] 袁野.城市住区的边界问题研究 [D].清华大学,2010:210.

[16] 汪妍泽,单踊.观看之道——纽约现代艺术博物馆改扩建中的建筑边界探讨 [J].新建筑,2017(06):82-85.

[17] 陈皆乐,李嘉华.建筑的边界生存理论——巴赫金哲学理论在边界设计中应用 [J].华中建筑,2011,29(05):14-15.

[18] 沈晓恒,洪勤.弗兰克·达菲的办公建筑设计思想介绍 [J].新建筑,2018(4):54-57.

[19] 杨本廷.新旧《建筑工程建筑面积计算规范》的对比分析 [J].城市勘测,2015(2):144-147.

[20] 常怀生.建筑环境心理学 [M].台北:田园城市,1995:166-167.

[21] 德普拉泽斯.建构建筑手册 [M].任铮钺等译.大连:大连理工大学出版社,2014.6:256-260.

[22] 张在元.边缘空间:建筑与城市设计方法 [M].北京:中国青年出版社,2002:166-167.

[23] Braham WW,Hale J.Rethinking Technology:A Reader in Architectural Theory[M].New York:Routledge,2007.

[24] 胡一可,宋睿琦.数字技术与建筑美学 [J].建筑与文化,2014(1):95-96.

[25] 荆其敏,张丽安.城市空间与建筑立面 [M].武汉:华中科技大学出版社,2011:41.

图片来源:

图 1:http://www.sohu.com/a/228995843_619150

图 2:https://www.gooood.cn/mirror-house-by-mlrp.htm

图 3:http://www.qdaily.com/articles/50580.html

图 4:苏格兰城堡的腔体涂黑(建构建筑手册)

图 5:http://www.tjbwg.com/cn/collectionInfo.aspx?Id=2572

中国古典建筑设计原理书中原图绘制分析图

图 6:日本建筑杂志增刊作品选集 2019,第 134 集,第 1722 号.P59,P151.

图 7:改绘自文献零碳建筑的系统边界(System boundaries of zero carbon buildings)

图 8、图 9 作者自绘

表 1~表 3 均为作者自绘(表 1 中案例图片来源:立面构造手册)

作者:孔宇航,博士,天津大学建筑学院教授、博导,院长;宋睿琦,天津大学建筑学院,博士生;胡一可(通讯作者),天津大学建筑学院风景园林系副主任、数字建构实验室主任,副教授、博导

"失"·"适"·"拾"

——现代主义影响下中国建筑不同历史发展阶段的响应与进步

蒋博雅　黄宝麟　胡振宇　于沛

Loss · Adaptation · Collection
——Response and Development of Western
Modernism for Buildings in Different Histori-
cal Stages of China

■ **摘要**：本文以近代中国建筑文化交流中的"失语"现象为切入点，通过梳理中国建筑不同历史发展阶段对现代主义的响应与进步，对各时期为"拾"文化自信做出的努力给予肯定。同时，在对各阶段现代主义话语权的转换——"失语"·"适语"·"拾语"——总体概述及在当前可持续发展思想形成、现代建筑技术转型背景之下，指出中国建筑未来的发展之路——"适"时而"拾"。

■ **关键词**：现代主义百年　发展历程　文化自信　适时而拾

Abstact：Derived from the phenomenon of "aphasia" in modern cultural communication in China, this paper puts forward the response and the development of "Western Modernism" in the past century and gives affirmation to the efforts to collect with cultural confidence. In the meantime, from the macro perspective, the overview of discourse conversion for the development of Chinese buildings at all stages - "Lose"·"Adaptation"·"Collection" is proposed, and from the micro perspective, the detailed analysis of modern building technology is presented, as the mainstream of sustainable development. Accordingly, the suggestion of "collection of a greater confidence that matches trends in this era" is summarized for promoting the future development of modern buildings in China.

Keywords：centenary of modernism, development course, cultural confidence, timely collection

基金项目：南京工业大学2020年自选课题（"一带一路"化工与建筑行业中外人文交流研究专项）（立项编号：20ZX19）；国家自然科学基金资助（项目批准号：51708282）

一、引言

"中国建筑的未来在前方，而不在后方和西方。"[1] 中国工程院院士程泰宁先生曾于2011年提出这样一个言简意赅却饱含深意的建议。20世纪初西方著名建筑师瓦尔特·格罗皮乌斯（Walter Gropius）也说过："建筑没有终极，只有不断的变化。"[2] 同样是对建筑未来的展望，为何对于中国建筑的评价，总是离不开对西方文化渗透的探讨，而对西方建筑的评价，却极少衬以东方元素作比对？这是一种现象么？难道西方文化就是向前的么？一直都是世界发展的潮流么？这正是程泰宁先生自20世纪80年代至今就中国现代建筑在文化交流下"失语"现象提出的疑问。但在中西方建筑文化交流过程中，中国是否自始至终以他人之新为新，又是否有为尝试摆脱西方文化影响而努力探索，又于何时开启了自己的话语权，程先生未作系统的阐述。笔者试从西方"现代主义"对中国建筑百年来的影响探讨中国建筑不同历史发展阶段下的努力与进步，并鼓励中国建筑界继续走"文化自信"的发展道路。

第一次世界大战后，格罗皮乌斯于1919年成立包豪斯学校。包豪斯学校的教学方针是将工艺美术与工业生产相结合，并为两次世界大战之后建设修复提供了宝贵思路，也形成了西方现代建筑影响至今的设计风格：简洁、实用、灵活。包豪斯学校将革命性、时代性、功能性的理念融入建筑设计中，影响了世界上一代又一代建筑师。这一手法被称为"现代主义"，这在瓦尔特·格罗皮乌斯、勒·柯布西耶 (Le Corbusier)、密斯·凡·德·罗 (Mies Van der Rohe)、赖特 (Frank Lloyd Wright)、阿尔托 (Alvar Aalto) 等建筑师的作品中均有体现（表1）。

西方现代主义建筑发展历程中的代表人物、作品与特色、代表性理论　　　　表1

代表人物	代表作品	作品特色	代表性理论
格罗皮乌斯	包豪斯校舍 (Bauhaus)	结合工艺美术与机器技术	建筑要随着时代向前发展
柯布西耶	萨伏伊别墅 (The Villa Savoye)	几何形状，外观简洁，有着灵活的内部空间	机器美学
密斯	巴塞罗那世博会德国馆 (Barcelona Pavilion)	简洁外观，流动空间	探索钢框架结构和玻璃在现代建筑中的运用
赖特	流水别墅 (Falling water)	建筑功能、形体、材料与周围环境融为一体	有机建筑
阿尔托	帕米欧肺病疗养院 (Sanatorium at Paimio)	建筑形象简洁明快，朴素而又合乎功能布置逻辑	建筑人情化、地域化

虽然这些作品形式与设计思想在当时的中国建筑中未必见得到，但并没有影响西方"现代主义"思潮在中国的传播。以中国鸦片战争战败、辛亥革命、共和政体的短暂繁荣等直接因素为导火索，中国建筑在第一次世界大战后的10年内一直处于"被动"输入的状态。甚至可以说在还未真正开放文化交流时，中国建筑界"失去话语权"就已成为事实。为更深入地讨论西方现代主义百年来对中国建筑的影响，笔者将1918年第一次世界大战结束定为西方现代主义影响下中国近代建筑发展"失语"的起始点，将横向中国近代以来不同时期语境作为背景，纵向后续四个不同时间段作为转折点来展开研究（图1）。通过对各时期不同语境下的建筑话语权转换的归纳——"失语""适语""拾语"，即话语权的缺失、新语境的适应、"文化自信"这一新话语权的拾起，来探讨在西方现代主义百年影响下中国建筑各历史阶段对现代主义的响应与进步。

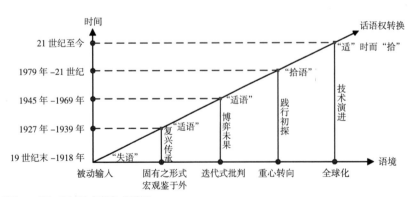

图1　研究架构——纵向"时间"与横向"语境"

二、西方现代主义在中国的萌芽：20世纪20年代初至新中国成立前

1. 历史背景：固有之形式，宏观鉴于外

1927年，国民党政府定都南京。1929年南京《首都计划》针对新首都的建设形式作了规定："中国固有之形式""宏观规划鉴于欧美，微观规划采用中国传统建筑"。同年上海《市中心区域规划》出台，指出"为提倡国粹起见，市府新屋应用中国式建筑"。这成为中国近代建筑探索开端的直接政策导向。这一时期，第一代留学归国建筑师吕彦直、梁思成、林徽因等人开始对中国建筑新形式进行探索，强调中西结合的传统复兴潮流应运而生。

2．响应的开端：复兴与传承

在1925年南京中山陵（图2）设计竞赛中，留美建筑师吕彦直的方案中标，该方案从总体布局到单体建筑均采用中国古代陵墓建筑形式，但在立面与内部处理上，吸收了不少西方建筑设计手法。如"祭堂内排列着12根钢筋混凝土柱……墓室墙壁中间墙体为现浇钢筋混凝土，外墙体用香港花岗石砌筑，内墙体用妃色人造大理石贴面"等。[6] 南京中山陵设计竞赛是中国近代以来，国内首次采用国内外招标的方式举办的大型竞赛，许多外国建筑师参与方案设计，引起国内外建筑界乃至文化界不小的反响，为中国建筑走向现代之路奠定了基础。在此之后10年间，国内建筑师更加坚定地实施随后颁布的《首都计划》，相继建成了不少有国家特色的代表性传统复兴建筑，如广州中山纪念堂（1928，吕彦直）（图3）、北京仁立地毯公司（1932，梁思成、林徽因）（图4）、旧上海市博物馆（1933，董大酉）（图5）等。这些作品并非单纯模仿西方现代建筑，而是非常难得地保留了中国建筑的传统风格。

3．后续影响："失"转"适"

在"固有之形式，宏观鉴于外"这一政策的推动下，以传统复兴潮流为开端，不少归国建筑师开始了对西方现代主义的探索，为寻找中国自己的"话语权"做出了不少努力。但在新中国成立前，中国建筑界尚未对西方现代主义理论形成成熟认知，而更多的是来自新思想观念的冲击。这意味着"适应"新语境成为该时期中国建筑的发展主线。但不可否认，在复杂的历史背景与政策环境下，中国建筑界能从话语权的"失去"到开始有意识地进行话语权的"主动探索"来响应现代主义，是西方现代主义的传入和传统复兴潮流带给中国最大的收获。

三、现代与传统的博弈：新中国成立至20世纪70年代末

1．历史背景：迭代式批判

1945~1979年，西方建筑界正有条不紊地进行战后修复建设，"高层建筑""大跨建筑""建筑工业化"等新词汇传向世界。而同时期的中国建筑界，"适应"新的政策环境仍在继续。1952年8月建筑工程部会议提出"适用、经济、在可能条件下注意美观"的建筑设计方针；同年政务院财政委提出四点关于国家建设的基本方针[①]。1955年国内进行社会主义建设工作，为区别资产阶级的形式而出现了新的建筑语言——"民族形式"。梁思成先生曾认为对于"民族形式"应"从生活开始……而非'机械套用'。"[7] 短短两年内，"民族形式"取代了传统复兴时期的建筑表达。尽管如此，国内又批判"民族形式"是"严重的浪费""华而不实"[②]。

图2　南京中山陵

图3　广州中山纪念堂

图4　北京仁立地毯公司

图5　旧上海市博物馆

1958~1959 年，建筑师为执行"八字方针"③，加之资金匮乏，建筑界走入过度节约的极端而再次受到批判。

2．文化自信的缺失：对政策的误解

1956 年 4 月 16~18 日，董大酉于中国建筑学会北京第一届第二次理事会上发言，称当前建筑的设计未被给予客观评价，民族形式被贴上"方盒子""不中不西""折衷主义"的标签[8]。首先，其言反映多数人思想局限于中西方对立的语境来审视中国的建筑，从而对当前政策提出的"适用、经济"解读有误，致使没有人能正确评价这一时期的建筑。其次，建筑就一定非"中"即"西"、非"西"即"中"么？难道建筑的发展就只有中西范畴的比对么？不是的。但无奈的是，人们总是不自觉地将西方价值取向和评价标准当作我们的取向和标准[9]。实则不然，"适用、经济"≠"现代"，"现代"≠"西方"，它是基于中国当下历史背景提出的政策方针，应理解为中国当前发展语境下与自身对比从而提出的对未来中国建筑发展的提议。这么一来，"民族形式"可否被认为是探索中国建筑的现代性并适应政策环境而存在的，一种在传统复兴观念之上，现代建筑观念之下起推动建筑现代转型作用的独立过渡形态呢？然而在当时的中国建筑界似乎并没有这样的文化自信去思考这一问题，使得这一阶段出现的建筑形式都在片面批判中草草结束。

3．博弈未果

笔者认为，虽说这一阶段的中国建筑仍无独特的创作思想，但依然有许多建筑作品将中国传统形式和现代功能有机结合，意在打破对西方现代主义照搬照抄的局面。它们大多为公共建筑，如北京和平宾馆（1951~1952，杨廷宝）（图6）、武汉同济医学院病房大楼（1952~1955，冯纪忠）（图7）以及北京电报大楼（1955~1957，林乐义）（图8）、北京天文台（1956~1957，张开济、宋融）（图9）等[3]。1959 年"大跃进"及设计革命之前，西方现代主义影响下中国建筑对现代性的探索与理解及对新政策环境的"适应"可谓一波未平一波又起。缺乏文化自信，客观评价之人少之又少。设计革命后 10 年内，中国建筑创作虽有政策的积极引导，但仍无法强调"自由"，被片面批判牵着鼻子走。就算有过不少值得借鉴的作品，也因其将西方价值取向作为自身评价标准而误解政策方针，从而错误引导中国现代建筑的转型，实属遗憾。此阶段的中国建筑在西方现代主义的影响下发展道路虽多，却条条不通，可见现代与传统的博弈仍旧没有结果。

四、现代主义在中国的实践：改革开放至21世纪初

1．历史背景：重心转向

1978 年 12 月，党的十一届三中全会提出将工作重心转向经济发展，使得中国各行业都对自身体制做了许多大幅度的改变。其中建筑业于 20 世纪 80 年代实行企业化管理，90 年代建立民营设计单位，并推行注册建筑师制度。这不仅调动了新一代建筑师的积极性，也更有效地进行国家建设。中国实行改革开放为

图6　北京和平宾馆

图7　武汉同济医学院病房大楼

图8　北京电报大楼

图9　北京天文台

建筑界提供了全新的、开放的创作交流环境，既克服了以往的主观评判漏洞，对解放建筑创作思想有积极作用，又为增进中外建筑师的交流提供了更广阔的交流平台。相比过去，归国建筑师们有了更加"自由"的环境发挥创作才能，评论家能够更加客观地理解创作意图。这为后期中国建筑界话语权地位在国际中的提升奠定了基础。

2. 践行初探

改革开放之初，经济条件改善有限、创作思想解放力度不够、中西文化交流理解程度不深、对自身文化自信的缺失等 [10]，使得前期"复古""仿洋"建筑俯拾皆是。随着文化交流愈加频繁，越来越多的建筑师思考西方文化对中国建筑界的渗透是否对中国有利，一个时期、流派和几位"大师"是否即西方文化 [1] 等问题，这使我们开始重新审视自身文化自信。由此笔者列举了一些在这一阶段脱颖而出的作品，其中具体实践主要分为以下三个方面：

（1）功能性表达。此类建筑多为交通建筑，如昆明汽车客运站（1979~1983，云南省建筑设计院）（图10），以几何平面构图解决复杂的人流关系，是以功能为基础的理性化交通建筑；重庆白市驿机场航站楼（1984，布正伟、郑冀彤、张仁武）（图11），将多个分散小候机厅旋转45°，既满足交通的流畅，又活跃外观形体。这类交通建筑大多具有功能性强、流线直接的特点，契合现代建筑的设计原则 [10]。

（2）象征性表达。此类建筑集自由创造精神与建筑师对地域文化表达的迫切愿望于一体。如沈阳新乐遗址展厅（1984，张庆荣、李慧娴）（图12），以内外相连的规则几何形体组成建筑群，展现远古新乐人遗址的古生代穴居文化；上海西郊宾馆睦如居（1985，魏志达、季康、方菊丽等）（图13）的室内设计，以江南民居的亲切尺度为定位，乳白玻璃灯具配木制油饰灯框，体现江南元素的朴实中透着精巧；侵华日军南京大屠杀遇难同胞纪念馆一期工程（1985，齐康）（图14），利用室内外空间尺度的变化，饰以枯木表达生与死的主体，使人触景生情 [10]。这类作品不拘泥于现代主义的形式，大胆应用地域文化表达象征性，是中国现代建筑设计理念质的突破。

（3）技术性表达。改革开放初期，常用"土法上马"来形容当时中国解决建筑技术实际问题的方法 [10]。所谓"土法上马"即用现有条件解决现有的问题。因此，低技术的应用成为当时中国建筑经济性发展的现象之一。应用"低技术"的甘肃敦煌航站楼（1983~1985，刘纯翰）（图15），为防风沙、辐射及热损耗，旅客大厅的窗小而少，楼沉入地下；重庆白市驿机场航站楼室内采用小型空调设备、西向窗设有通风系统，有效规避炎热气候下无条件使用集中空调的困窘。

（4）联动性表达。20世纪90年代末，继中国各大高校合并扩招后，大学城的建设成为中国现代建筑实践的亮点之一。学校之间以绿化带、河流分隔，各校区内建设以教学科研为主的教学楼、行政楼等，以生活为主的共享地带如宿舍、食堂等，以及以交流活动为主的公共空间，如体育场、大礼堂等 [11]。这不仅提高了公共设施的利用率，扩大各校学生信息交流，同时也带动了周边科技园区的建设。建筑创新思维

图10　昆明汽车客运站

图12　沈阳新乐遗址展厅

图11　重庆白市驿机场航站楼

图13　上海西郊宾馆睦如居

图 14 侵华日军南京大屠杀遇难同胞纪念馆一期工程　　图 15 甘肃敦煌航站楼（模型）

不再局限于单体设计，巧用周边环境产生联动效应可谓设计思路的创新。

3. 后续发展："适"转"拾"

形式不再束缚创作理念，讨论不再局限亦中亦西，中国建筑师关注得更多的是在开放的政策环境下对单体建筑功能性、象征性、技术性的理性表达以及对群体建筑与环境的联动性表达。这是对包豪斯精神的实践，也是中国建筑逐渐摆脱西方现代主义建筑理论影响并尝试拾起中国建筑话语权的开端。在这一阶段，中国在创作思想、创作形式、创作评价方面都在为自身文化自信由"适"转向"拾"而努力。随着 21 世纪的到来，这一转变面临新的挑战——全球性环境危机。西方建筑界于 20 世纪 80 年代末在可持续发展基础上加强了对人工环境与自然环境矛盾的重视，同时中国也开始紧锣密鼓商榷如何在新的问题面前推进新政策，以应对人与自然的协调关系。

五、"适"转"拾"的契机：可持续发展思想与现代建筑技术转型

1. 研究背景：全球化格局下的可持续发展

20 世纪 70 年代，阿拉伯石油危机席卷全球，各地能源保护意识高涨。1987 年世界环境与发展委员会明确提出"可持续发展战略"，西方现代主义建筑发展愈来愈趋向于强调技术转型以适应可持续发展，如材料技术中有机高分子的发明取代不可再生能源，结构技术中采用仿生原理提高结构效率，设备技术中采用机械设备控制环境，等等[12]。中国在世界环境保护思想的影响下，也于 1993 年编制了《中国 21 世纪议程》，成为我国经济与社会发展的指导文件，并于 1999 年提出了科学发展观的核心内容——可持续发展观。

据《建筑学报》1979~2017 年刊载的环境相关主题文章数量统计，可发现改革开放后的前 20 年间，以环境为关键词的话题持续受到关注，以 2007 年为最多；以生态为关键词的文章随着可持续、绿色建筑的话题在 21 世纪初的关注度的增长而逐年增加；2011 年后基本保持在一个均值，稍有波动（图 16）。可见如何解决环境问题是迈入 21 世纪最重要的议题。

2. 技术演进

改革开放之前，中国建筑技术受到短缺经济的制约，这与西方国家发展历程有些许不同，中国现代建筑技术的实践不完全源于国家对环境问题的关注，更多的是源于短缺经济的制约。传统复兴时期南京中山陵在结构中使用钢筋混凝土柱支撑，以及应用"低技术"的甘肃敦煌航站楼对建筑热光声的巧妙配置等，一方面体现了短缺经济对技术转型影响之大，另一方面也体现了中国建筑技术转型立足于实际发展的进步。改革开放后，辅以可持续发展政策的引导，建筑技术开始向"适宜技术"过渡，中国在建筑技术转型方面的成就，

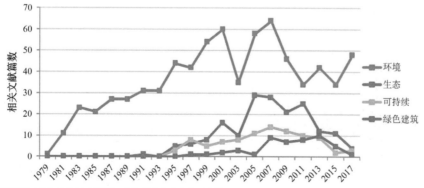

图 16 《建筑学报》1979–2017 年刊载的环境相关主题文章数量统计

成为文化自信由"适"转向"拾"的重要契机。为说明中国建筑在向适宜技术转型过程中所作的努力，笔者将中国建筑结构技术方面自改革开放至1999年的演进中具有代表性的作品呈现于下表[13]（表2）。

由此可见，适宜建筑技术在高层建筑、大跨建筑与交通建筑中的应用与创新较为广泛。

其一，高层建筑的代表有1989年贝聿铭建筑事务所设计的香港中银大厦（图17）。从选址、场地调整到总平面、结构体系的改进，贝聿铭先生均以经济性为出发点。如选址因地制宜，场地考虑周边建筑干预，改进构造如摒弃传统空间焊接而选用混凝土固定的幕墙细部与角柱复合拼接技术（图18）。结构钢筋节约了近65%，体系效率非常高[14]。

其二，大跨建筑的代表有1997年建成的上海八万人体育场（图19）。该作品采用钢管空间结构屋盖，并于悬挑处使用K型管式相贯节点，这是国内土建工程运用的首例，同济大学与上海建筑设计研究院为精确计算极限承载力，曾做了11次足尺节点试验[15]；除此之外屋盖上覆SHEERFILL膜层屋面结构（图20），此为一大特色，是中国首次将膜结构应用于大面积建筑中[16]；同时体育场的绿化覆盖率近90%，并设置了便利的排水系统[17]。

其三，交通建筑的代表有1999年投入运行的上海浦东国际机场一期航站楼（图21）[18]。该作品在结构选型与结构设计方法上尤为新颖。首先，它采用钢筋混凝土与钢结构的结合体系，加大了结构的承载力与结构强度。其次，这是国内首次采用预应力张弦梁布置屋盖，并且为了美观、经济，应用了国产低合金钢上弦与腹杆结合高强度冷拔镀锌下弦钢丝的连接方式（登机廊R4屋盖横向剖面图，图22），能够呈现出最原始的力学图像形态，这在工程结构设计中是非常值得借鉴的。

演进中的代表性作品（自改革开放至1999年）　　　　　　　　　　　　　　表2

代表性作品	年份	结构类型	建筑设计	结构设计	结构代表
南京金陵饭店	1983	框架核心筒	香港巴马丹拿公司	香港巴马丹拿公司	高度37层，111m
吉林冰上运动中心滑冰馆	1986	上下索错位的索桁结构	哈尔滨工业大学建筑设计研究院	哈尔滨工业大学建筑设计研究院	20世纪80年代索桁结构的代表建筑
香港中银大厦	1989	垂直悬臂桁架体系	贝聿铭建筑设计事务所	贝聿铭建筑设计事务所	高度315m，早期巨型桁架结构的代表建筑
广东国际大厦	1991	无粘结预应力平板	日本KKS公司	日本KKS公司	高度200.18m，当时中国最高且层数最多的钢筋混凝土结构，同时也是世界上采用无黏结预应力平板楼盖最高的大楼
上海国际体操中心	1996	铝合金网壳	上海冶金设计研究院	上海冶金设计研究院	国内第一个铝合金网壳结构
上海八万人体育场	1997	膜结构	上海建筑设计研究院	上海建筑设计研究院	国内第一次将膜结构用在大面积永久性建筑上
上海浦东国际机场一期航站楼	1999	张弦梁	华东建筑设计研究院	华东建筑设计研究院	国内第一个大跨度张弦梁结构

图17　香港中银大厦

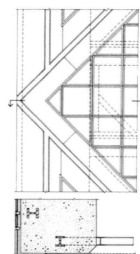

图18　幕墙细部与角柱剖面

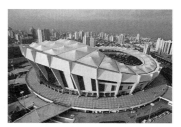

图19　上海八万人体育场

图20　SHEERFILL膜层结构屋面

3．后续发展："拾"文化自信

1990 年后，中国改革开放开始进入第二个十年。在创作思想上，政治的拨乱反正已达到显著效果；在创作环境上，市场经济模式对建筑师的影响利弊共存；在文化交流方面，国家愈来愈强调自身文化精神的建设。这对提高中国文化自信起到了至关重要的作用。但随着中国建筑界不断繁荣、市场不断扩大，信息化时代的到来与信息技术在中西方建筑设计中的相互借鉴与运用，国内外文化交流中的同质性逐渐被忽略，新语境下对中国建筑"拾"文化自信提出了新的挑战。

六、中国建筑未来发展道路："适"时而"拾"

1．研究背景：信息化时代的再思考

2002 年，党的十六大提出："坚持以信息化带动工业化，以工业化促进信息化，走出一条科技含量高、经济效益好、资源消耗低、环境污染少、人力资源优势得到充分发挥的新型工业化路子。"随后信息化、机器化结合建筑技术的改进在中西建筑界中如火如荼地进行。BIM 技术结合绿色建筑及工业化建筑作为高效节能经济的发展模式也成为中西方当代建筑发展的总趋势。但这就意味着建筑将永久追求超前科技而发展么？

2．"'适'时"的"适"

1927 年科幻作品《大都会》对大机器时代的对立冲突提出过伦理讨论，1966 年成立的 Superstudio 的作品《连续的纪念碑（纽约新象）》（图23）化构筑物为匀质纯粹以表达他们对机械建筑物占有环境的不满。机器不会有助于人们避开自然问题，只会将问题更加深入地推给人类。既然如此，那今天这个时代，建筑朝着早在 20 世纪备受争议的"机械化"发展的意义何在？难道是格罗皮乌斯提倡的"不断变化的建筑"出错了么？究竟"变"的是什么，而"不变"的又是什么呢？笔者不禁思考，是否可以将中国对建筑话语权的"适应"看成是建筑界中的"适者生存"效应。我们知道，自然界中的生物（包括人）是无法完全将环境改造成适宜自己生存的模样的，正如建筑存在的时代复杂多样且无法预测一样。自然界中有些生物之所以能存活近百年、千年甚至有了自己的种与类，是因为它们有非常强烈的生存进化意识，以至于外界环境的改变不足以将其淘汰。那么支撑中国近现代建筑不断发展下去的生存意识还存么？若存在，建筑不也能像生物一样在特定环境中繁衍出自己独特的种与类么？中国近现代建筑发展以来对现代主义的响应与进步依旧不足以形成完整且不可撼动之体系的根本原因出在哪里呢？

3．建筑的生存意识：文化自信

根本原因就在于中国建筑的生存意识薄弱，

图 21　上海浦东国际机场一期航站楼

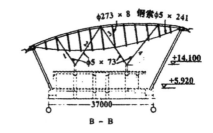

图 22　登机廊 R4 钢结构屋架横向剖面图

图 23　连续的纪念碑（纽约新象）

即文化自信的缺失。实际上，格罗皮乌斯所说的"没有终极""不断变化"是西方文化语境下对西方建筑适应时代发展提出的推进性建议。基于"不变"的文化自信，"变化"的是对西方建筑设计理念的创新，这才是格罗皮乌斯话中的本意。而中国近现代建筑发展在这方面领悟力欠缺，使得中国建筑在长时间内研究的不是如何摒弃旧质以迎新质，而是想方设法缩小仿西方与西方之间的差距以摆脱西方文化笼罩下的窠臼。但无法否认的是，中国建筑界的生存意识尚有留存。这种生存意识来自中国传统文化基奠下汉唐盛世的宝贵文化底蕴[1]。传统≠落后，我们需要拾起自己的话语权，找回文化自信，否则中国建筑在世界建筑"适者生存"效应中迟早会被淘汰。

七、结语

本文以近代文化交流中的"失语"现象为切入点，探寻中国建筑不同历史发展阶段对西方现代主义的响应与进步。笔者将中西方当代建筑发展概括为四个阶段，每一阶段均有各自的话语权特点（图24）。19 世纪末 ~1926 年，一方面西方在工业革命与急速城市化背景下探索新建筑，一

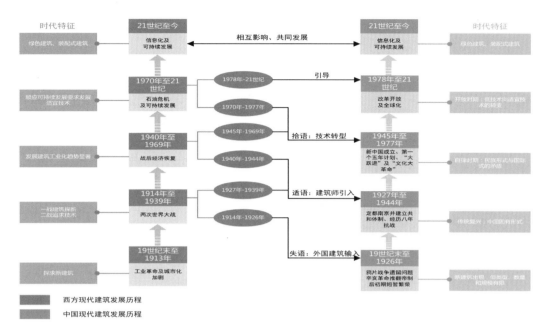

图 24　中西方现代建筑发展阶段特征比对

方面中国在鸦片战争中失败后不平等条约的签订及辛亥革命胜利后的短暂繁荣，使得西方新的建筑思潮"被动"传入中国，"失语"是这一阶段的话语权特征；1927~1944 年，一方面西方战后经济恢复，一方面中国建筑师归国与相应政策的出台，给中国带来了新设计理念的同时，也使国内长时间陷入"适语"的阶段；1945~1978 年，一方面西方战后经济完善，一方面中国提出"三点四项"设计方针，均为中国对现代主义话语权由"适语"转"拾语"奠定了基础；1979~21 世纪初，以全球环境问题为背景，中国现代建筑技术转型为契机，中国建筑对现代主义的话语权开始了由"适语"向"拾语"的转变。

　　如今，民众对建筑的需求从适应到适宜已走过了一个世纪，以何种方式创造适合这个时代发展的建筑值得我们深思。在现代与传统博弈的过程中，如果把可持续发展比作新的一盘棋局，追根溯源作为经验总结，文化自信作为创作基础，"适"时而"拾"则是 21 世纪中国建筑界扭转局面的一颗重要棋子。绿色建筑的问世重新定位适宜现代建筑技术的地位，BIM 技术巩固了绿色建筑领域，装配式建筑在 BIM 技术的辅助下，朝着智慧化方向迈进。一切都在契合这个时代的语境下找到最好的途径。反观之，在技术发展蒸蒸日上的时代，是唯技术至上还是再探寻全新突破，同样应引起我们再思考。依笔者之见，为更符合当下建筑发展的进化模式，不妨借鉴以下作品的设计理念，如以当代语汇"把历史智慧告诉人们"④的首都博物馆（2006，崔愷）（图 25）、于"通感"中寻求创作思路的浙江美术馆（2009，程泰宁）（图 26），或是采用绿色低碳木结构建筑技术的江苏省第十届园博会主展馆（2018，王建国）（图 27）。尽管西方现代主义对中国建筑的影响至深至久，

但要肯定中国建筑在历史不同阶段中的努力，并坚信中国建筑的进步为未来发展指明的道路——"适"时而"拾"。每个时代的建筑师，最有意义的鸣放不在于争论异质文化交流中谁主次，而是在于如何"拾"文化自信并创造符合这个时代发展的建筑。"拾"文化之自信，方可行对话之通途。

图 25　首都博物馆

图 26　浙江美术馆

图 27　江苏省第十届园博会主展馆

注释：

① 1952 年政务院财政委作出关于国家建设的基本方针："国家第一，工业第二，普通建设第三，一般修缮第四"。
② 建筑师张镈主持设计北京西郊招待所（现名友谊宾馆）时提到的设计问题："华而不实""严重的浪费""单是 1954 年就用了三十多万件琉璃瓦，价值 20 多万元，单是金箔就贴了二十多万张……"
③ 1958 年"大跃进"后，国家执行"八字方针"：调整、巩固、充实、提高。
④ 2014 年 2 月，习近平总书记来到首都博物馆参观北京历史文化展览，习总书记同专家交流讨论，并强调，要在展览的同时高度重视修史修志，让文物说话，把历史智慧告诉人们。

参考文献：

[1] 程泰宁 . 程泰宁建筑作品选 2001~2004. 代序——东西方文化比较与建筑创作 [J]. 建筑论坛，2005.10.21：25-29.
[2] 转引自罗小未 . 外国近现代建筑史 . Walter Gropius. 全面建筑观 [M]. 中国建筑工业出版社，2004.8：73.
[3] 邹德侬，张向炜，戴路 . 20 世纪 50~80 年代中国建筑的现代性探索 [J]. 时代建筑，2007，(5)：9-10.
[4] 徐尚志 . 我国建筑现代化与建筑创作问题 [J]. 建筑学报，1984，(9)：10-12，19.
[5] 袁烽，林磊 . 中国传统地方材料的当地建筑演绎 [J]. 城市建筑，2008，(6)：12-16.
[6] 南京市地方志编纂委员会 . 南京建筑志 [M]. 方志出版社，1996.06：210-216.
[7] 转引自王军 . 梁思成的工作笔记 . 1957 年 4 月 26 日 . 城记 [M]. 北京：生活•读书•新知三联书店，2003：191.
[8] 董大酉 . 在一次创作讨论会上的发言 [J]. 建筑学报，1956，(5)：58.
[9] 程泰宁，费移山 . 跨文化发展与中国现代建筑的创新 [J]. 建筑论坛，2011.5.20：108-109.
[10] 邹德侬，张向炜 . 中国建筑 60 年（1949~2009）：历史纵览——第三章 改革开放第一个十年：建筑自发的中国特色探索（1980~1989）[M]. 中国建筑工业出版社，2009.10.1：124-132.
[11] 朱科业，姜学庆，龚永强，方霞 . 中国大学城建设特点及几点思考 [J]. 科技创新导报，2011，(30)：234.
[12] 罗西子 . 西方现代建筑技术发展及其对新中国建筑影响研究 [D]. 重庆大学，2017.9：82.
[13] 附录 . 中国近代以来建筑结构技术演进表（1840~2014 年）[J]. 建筑师，2015.4.20：128-129.
[14] [美] 朱迪狄欧（Jodidio），[美] 斯特朗（Strong）. 贝聿铭全集 [M]. 电子工业出版社，2012.1：197-202.
[15] 沈祖炎，陈扬骥，陈以一，赵宪衷，姚念亮，林颖儒 . 上海市八万人体育场屋盖的整体模型和节点试验研究 [J]. 建筑结构学报，1998，(1)：7-9.
[16] 林颖儒 . 上海八万人体育场马鞍型大悬挑钢管空间屋盖结构设计简介 [J]. 空间结构，1998.2，(01)：47-48.
[17] 秦启宏 . 现代的体育设施和谐的绿色景观 [J]. 上海市园林设计院，1997.6.9：39-41.
[18] 汪大绥，张富林，高承勇，周健，陈红宇 . 浦东国际机场（一期工程）航站楼钢结构研究与设计 [J]. 预应力技术，2004，(3)：27-32.

图片来源：

图 1、图 16、图 24、图 27：作者自绘
图 2：http：//www.sohu.com/a/205176644_220421
图 3：https：//dp.pconline.com.cn/sphoto/list_1983906.html
图 4：王昕，杨谦 . 创作中国建筑之路——以近代建筑师探索为例 [J]. 建筑与文化，2011，(1)：73.
图 5：黄元炤 . 董大酉：面对现实、拥抱"现代建筑"的设计姿态 [J]. 世界建筑导报，2015，(2)：22.
图 6：冯纪忠 . 武汉医院 [J]. 建筑学报，1957，(5)：13.
图 7：刘亦师 . 重谈和平宾馆——兼及北京现代建筑史研究 [J]. 建筑学报，2017，(12)：13.
图 8：王荣寿 . 北京电报大楼设计简介 [J]. 建筑学报，1959，(2)：8.
图 9：张永和，范陵译 . 张镈与张开济：对阵 / 分离——折射中国建筑在 20 世纪 50-60 年代的一段发展 [J]. 建筑学报，2009，(1)：17.
图 10：郑吉汉 . 昆明汽车客运站 [J]. 建筑学报，1984，(7)：70.
图 11：布正伟 . 自在表现的随机性与随意性——重庆机场航站楼设计 [J]. 建筑学报，1991，(11)：17.
图 12：李慧娴 . 沈阳新乐遗址展厅 [J]. 建筑学报，1986，(11)：37.
图 13：上海西郊宾馆七号楼及营房、食堂改造工程 [J]. 建筑学报，1989，(11)：36.
图 14：https：//bbs.zhulong.com/101010_group_201808/detail10029775/
图 15：刘纯翰 . 现时•现实•脚踏实地的路——敦煌航站楼建筑创作杂谈 [J]. 建筑学报，1989，(1)：33.
图 17、图 18：[美] 朱迪狄欧（Jodidio），[美] 斯特朗（Strong）. 贝聿铭全集 [M]. 电子工业出版社，2012.1：199.
图 19：http：//www.sohu.com/a/213347699_101437
图 20：李颖儒 . 上海八万人体育场马鞍型大悬挑钢管空间屋盖结构设计简介马鞍型钢管空间屋盖和膜层屋面结构 [J]. 空间结构，1996，(1)：48.
图 21，图 22：汪大绥，张富林，高承勇，周健，陈红宇 . 浦东国际机场（一期工程）航站楼钢结构研究与设计 [J]. 预应力技术，2004，(3)：27-29.
图 23：https：//www.sohu.com/a/215028238_660788
图 25：https：//bbs.zhulong.com/101010_group_201808/detail32383429/
图 26：http：//testen.chinacuc.sinomach.com.cn/ywly_8039/gcjs/mygc_6847/

作者：蒋博雅，南京工业大学建筑学院副教授，硕士生导师；黄宝麟，南京工业大学建筑学院硕士研究生；胡振宇（通讯作者），南京工业大学建筑学院教授，硕士生导师；于沛，南京工业大学建筑学院硕士研究生

现代主义建筑复杂性与城中村自生长活态研究

——从韧性理论到参数化实践

练茹彬　胡映东

The Complexity in Modern Architecture and Self-growing Vitality of Villages-in-the-city — from Urban Resilience Theory to Parametric Design Practice

■ **摘要：** 现代主义设计助力中国快速的城市进程和有序扩张，但城市因趋同而丧失多样性和复杂性。看似杂乱无章的城中村，却因其隐含着的自组织生长逻辑与秩序而依然迸发着活力。文章从现代主义 100 年对中国城市化的影响出发，聚焦城中村自生长现象，分析激发城中村活态的活力要素，利用深度搜索算法还原城中村的自生长过程，尝试建构具备自生长机制、能为住区带来持续活力的设计模型。

■ **关键词：** 现代主义　复杂性　城中村　自生长　活态　算法设计

Abstract： Although modernist planning theory has promoted the expeditious urban expansion in China, cities became analogous and lost diversity and complexity. Behind the seemingly chaotic circumstances, an underlying order dominates the bottom-up vitality of villages-in-the-city, making these corners vibrant. This paper starts with the impact that Modernism poses on the urbanism in China during the past 100 years, focuses on the self-growing phenomenon of villages-in-the-city, analyzes the key elements that provoke the vigor of villages-in-the-city, and utilizes the depth-first-search algorithm to simulate the self-growing process of villages-in-the-city, exploring ways of building a self-growing model that constantly brings vitality to the community.

Keywords： modernism, complexity, villages-in-the-city, self-growing, neighborhood vitality, algorithm design

　　吴良镛院士曾对《清明上河图》中体现出的道萨迪亚斯（Doxiadis）在 20 世纪 50 年代提出的人类聚居学思想评价道："各种各样的景观，各种各样的职业，各种各样的文化活动中心，各种各样的人物的特有属性，所有这些能组成无穷的组合排列和变化，它不是完善的蜂窝，而是充满生气的城市。"[1]（吴良镛，1996）

城市不能用树形图来简单解释，它是一个复杂而又精细的有机生命体[2]，有着自发更新的能力。我们所身处的城市究竟蕴含着怎样的潜力？在钢筋森林之外，城中村街区活态下或许蕴藏着城市活力的密码。

一、城市的现代性

百年前，现代主义建筑思潮如一股清风吹遍全球。中国第一批旅美的建筑学学生带回了现代主义建筑思想，现代主义建筑从此进入中国。强调功能、简洁、理性、经济的现代主义建筑代表了符合社会发展需求的先进生产力，城市化运动得以高效进行。1929年，CIAM提出了对现代主义城市规划产生巨大影响的《雅典宪章》，将现代城市在空间上划分为居住、工作、游憩和交通四个功能分区。工业与科技带来的秩序被运用在城市规划中。

现代主义建筑思想的广泛运用，使得中国在短短几十年内走完了西方国家一百年的城市化进程。根据国家统计局于2019年8月15日发布的经济社会发展报告[3]，2018年末我国常住人口城镇化率达到了59.58%。新中国成立70年来，我国经历了世界历史上规模最大、速度最快的城镇化进程。

中国城市在规划下飞速扩张。规划自上而下、充满秩序、无所不能，却带来了千城一面的城市趋同化问题。拔地而起的城市不再具有丰富的文化印记，街巷失去了往日的活力。我们的城市具有了现代性，却失去了复杂性（图1）。

第二次世界大战后，欧洲城市的众多区域亟需更新。政府通过在城市边缘大规模建设社会住宅的方式，缓解了大量人口涌入城市所造成的住房紧张。然而，在城市边缘集中的社会住宅逐渐成为低收入家庭的聚集区，造成了严重的社会空间隔离[4]。1970年代，因为大规模的城市扩张，郊区无序蔓延，美国的许多城市存在严重的空心化问题。人们白天在市中心工作，下班后驱车回到郊区，内城丧失活力，毫无人气；而郊区的房屋之间距离遥远，人们不再具有传统的邻里关系，人与人之间缺少交集。

而中国北京在1998年开始的以回龙观、天通苑为代表的经济适用房建设，也因为规划的失败，缺少配套设施，形成了几十万人口的"睡城"。

自上而下的城市更新以一种规划好的方式对城市进行干预，往往与这个体系本身的发展逻辑相冲突。早在1960年代，美国学者雅各布斯（Jacobs）就曾提出过有关城市多样性的理论[5]。她曾对美国城市大规模的改造运动提出批判，指出这是一种浪费的方式，缺乏弹性和选择性（Jane Jacobs，1962）。在美国黑人聚集区域的改造中，仅有的少数成功案例来自政府、开发商与社区组织的联手。依靠自上而下的力量是远远不够的，社区的参与度对于改造的成功起到了重要作用。城市街区的活力并非来源于规划的有序，而是产生于人们身处其中的生活场景，而正是城市空间的多样性使其成为这些场景发生的容器。希腊学者道萨迪亚斯在20世纪50年代提出人类聚居学城市化思想[6]，强调人道主义关怀（Constantinos Apostolos Doxiadis，1961）。1960年代，美国学者芒福德（Mumford）也提出要以人的尺度从事城市规划。城市应该是有生活气息的地方，具有邻里中心、适合步行，人们在街道上、

图1 从南到北、从东到西千城一面：分别为深圳、哈尔滨、成都、重庆

公园中、路旁咖啡馆里可以有很多相遇的机会[7]（Lewis Mumford, 1961）。1960 年代末起，混合居住与多样性逐渐成为欧洲城市更新的主要方向。政府主张恢复内城活力，保留历史悠久的街区和社会生活特色，并改善社会住宅的居住环境，缓解社会隔离。1980 年代，德国西柏林的国际建筑展将"内城作为居住的场所"作为主题。1990 年代，新城市主义思想（New urbanism）形成，提倡重建丰富多样的、适于步行的、紧凑的、混合使用的社区，并大力发展 TOD 模式（Transit-oriented development），利用公共交通来协调城市交通拥堵与用地不足的矛盾[8]。

当我们聚焦中国城市，阅读城市空间里由生活带来的种种矛盾与生命力，试图理解和尊重城市的真正价值时[9]，会发现快速城市化中形成的城中村是一个特殊的存在。城中村像是城市里的最后一座座孤岛，还保留着复杂性与可变性。不同于国外的贫民窟，中国的城中村有着极快的人口流动速度。城中村里居住着经济上处于社会底层的人口，却迸发出城市空间所缺失的活力。

二、城中村的复杂性

（一）城中村的发展背景

城中村是我国自 20 世纪 90 年代起出现的城乡特殊过渡空间。城市快速扩张，位于城郊边缘的农村被城市包围，形成了地理上属于城市、行政管理体制仍属于农村的城中村区域。城中村产生的根本原因是我国特殊的城乡二元土地制度[10]（张京祥、赵伟，2007）。城市的土地归国家所有，城市边缘的农村土地归农民公社所有，但政府制度规定该土地只能用于住房用途。在这种政策限制下，农民只能通过修建住房来利用村民公社的土地。

早期的城中村有着非常深厚的农业社会结构，城中村的形成过程是村落社会关系在城市化背景中被重组的过程[11]，建立在同乡同族、亲友关系上的社会结构对于城中村的发展至关重要[12]（李培林、项飙，2000）。蓝宇蕴将城中村描述为一种特殊的城市社区："既是工业化的社区，又保留着乡土生活的秩序和原则。"[13]（蓝宇蕴，2002）随着大量外来务工人员进入城中村，村内人口结构发生变化，城中村原有的农业社会结构正在逐渐瓦解。对于这些外来务工人员来说，城中村最大的价值在于廉价的住房和低成本的生活空间。城中村生长的动力来自城市内部的住房需求，在城乡二元土地政策的限制下，村民通过改造加建自家住房来提高容积率，越来越多的人住了进来，城中村逐渐演变为自下而上形成的大型居住区（图 2）。

（二）城中村的活力来源

城中村杂乱无章、隐患丛生的居住环境让它成了城市管理者眼中的"城市毒瘤"。近年来，越来越多的学者却意识到城中村存在的价值。作为中国特有的城市形式，城中村像是主流城市空间的异托邦[14]，具有一种复杂而又多样的活态。那么，究竟是什么因素激发了城中村的场地活力？

1. 对外开放的街区形式

作为自发形成的大型社区，城中村具有普通居住区所缺少的开放空间感受。与毫无根基的新区规划相比，城中村由自然农村演化而来，是一种有根的城市化，具有很强的包容性[15]。城中村在空间上不是一个有封闭边界的居住区，而是一个具有高可达性的开放街区（图 3）。

2. 多元化、可共享的社区

混合居住模式促生了城中村社区的共享机制，形成了开放与交流、互助与共享的社区氛围，产生了活力四射的街道文化[16]。城中村虽然人口流动速度快，却具有良好的邻里关系。城中村的空间有着高度的"使用流动性"，这种使用流动性带来了一种"非限定性的生活分享机制"[17]，生活在城中村里的人们有着强烈的社区参与感，居民对社区的自发营建形成了城中村的主旋律：分享。

3. 人性尺度的街道与广场

城中村的街区符合人的尺度，街道网络适宜步行。城中村的建筑不是作为单体而存在的，它以一种配合的方式参与到整体空间的营造中，建

图 2　南方某城中村鸟瞰

图 3　南方某城中村街道

筑仅仅是生活的背景[18]。城中村的街道活力令人联想到《清明上河图》中描绘的北宋汴京临街商铺的场景——商铺向外延伸，侵占了街道空间。搭建出的空间缩减了街道的宽度，却形成了充满活力的步行景观。

4. 充满生活事件的公共空间

城中村的公共空间承载了商业、交通、娱乐等多种生活职能，容纳着极其丰富的生活事件。William Whyte 曾描述过小城市公共空间的关键活力要素：街头上的坐凳、阳光、树荫、卖食品的小推车，这些小空间对城市生活质量产生了重大影响[19]。在城中村的空间环境中，居民不是彼此之间毫无联系的孤立原子，而是共同组成了日常生活的图景。

5. 可改造加建的灵活空间结构

从社区营建的视角看，城中村最突出的特点在于居民对既有空间的灵活使用。城中村有着因地制宜的可变空间结构。随处可见的摆摊、加建和临时搭建的空间都是城中村的活力来源[20]。居民根据需求改变房屋功能，既有空间循环利用、应时应需、随拆随建，居民在对空间的改造上充分展现了创造家园的智慧。正如美国社会学家 Turner 所说："一旦居民掌握了决策权并且可以对住房的设计、营造维护和生活环境做出贡献时，就能激发个体和社会全体的潜能。"[21]（Jonathan H. Turner，1972）对土地的拥有权促进了居民参与住房规划，这种自下而上的改造形成了城中村独特的空间发展模式，是城中村保持活力的空间生长原型（图4）。

（三）城中村的自生长机制

城中村的场地活力表现形式复杂多样。在政府介入之前，这个自发形成的社区并未受到过多的外部干扰。因此，城中村活态的形成是依托于一种内部自发形成的连锁效应。我们认为，城中村居民自下而上进行应时应需的加建改造行为及引发的蝴蝶效应机制是城中村保持活力的最关键因素。

城中村居民对建筑进行的加建改造，使得空间具有了一种自发性的更新调节模式。20 世纪 70 年代形成的自组织理论提到，在没有外界指令的情况下，系统与外部保持交换的能力是一种自组织能力①（self-organization）。我们把自组织概念在城中村中的体现，归纳为一种城中村的自生长机制。

"自生长"概念最早来自对欧洲中世纪自发形成的城镇的描述。欧洲中世纪的城市具有以前的城市所没有的两个属性：市民阶级的居民和城市组织[22]。中世纪欧洲经济复苏，地中海沿岸产生的城镇贸易活动直接导致了城市化，往来的商贾成为新兴的市民阶级。城市缓慢地脱胎于公社组织（commune），并被赋予自治的权力。这些中古城镇中，街道由作坊与集市组成，市场的自发力量直接塑造了城市的形式，社会经济的构成方式深刻影响着空间的布局方式。与此相似，中国现代城市激增的住房需求与随之而来的商贸机会形成了城中村自生长的住区与街道。

自生长具有多重性质，这些特性主导着自发形成的城中村街区的自我更新。自生长的过程既混乱又有序，虽难以预测但具有生命周期。而我们所观察到的城中村活态现象正依赖于自生长机制对应的各种空间特性。

1. 自生长的不确定性

城市与街区的自生长并非能够完全预测的过程，而是混乱而复杂的。Michael Batty 提出，自发加建改造一个很小的空间，可以对周围人的行为产生蝴蝶效应般的影响，最后使整个区域的生活有所改变，这种影响的好坏取决于自发干预空间的方式[23]。城中村村民自用宅往往在结构中预埋富余钢筋，以便后续的多次加建。加建的行为并非完全导向好的结果，例如新建的阳台会影响楼下住户的采光，但向街道伸出的层层叠叠的阳台提供了与城市接触的视野，成为居民隔空交流的场所。

2. 自生长的修正性与活跃性

Alexander 在《建筑的永恒之道》中提到，一些自发建造的行为，如果修正与扩大了现有空间，便能够缓慢地产生一个比原有空间更大更复杂的空间。这些建造行为如果是着眼于使整体更加完整、更有生气的话，将转变那个整体，逐渐地诞生新整体[24]（Christopher Alexander，2002）。城中

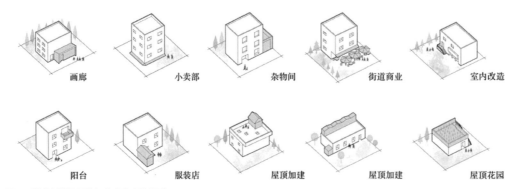

图4 某城中村常见的加建改造建筑类型

画廊　小卖部　杂物间　街道商业　室内改造

阳台　服装店　屋顶加建　屋顶加建　屋顶花园

村底层商铺改造的多样化是城中村商业发展的土壤，形成了活力四射的街道文化。而屋顶空间常被利用进行蔬菜种植，形成了充满生气的屋顶肌理。

3. 自生长的韧性

Davoudi 提到的有关城市韧性 (urban resilience) 的概念与"自生长"含义有相似之处。"城市韧性"是指城市空间在面对周围环境变化时，能够根据限制转变内在结构，做出自身调节以寻求稳定的性质[25]。城中村快速变化的人口结构促成了可变的空间结构，屋主能够根据租户数量的增减对空间的大小、用途做出调整。

4. 自生长的秩序性

中世纪自生长形成的城市，街道以教堂为中心向外发散，形成了蜘蛛网般的放射状道路系统。它们就像有机生长的脉络一般，在表面的杂乱背后，流露出一种整体的、内在的有机秩序。而城中村的路网往往以村落过去的公共空间为中心点，向四周发散。在广场上临时搭建的构筑物往往成为具有触媒效应的空间节点，形成人群的聚集。

在对城中村的整治中，规划者的干预应该与自生长的空间秩序相契合。这时自生长的机制就能够为设计所用，自上而下的规划也能留出余地给自由生长，两者相互补充，对城中村进行更合理的引导。

三、探索参数化模型的可行性

我们尝试把握自生长空间规律生成、演化的原理，建立一个具备自生长能力、继而能为城中村带来持续活力的模型，对城中村的自生长进行定量化和参数化的规划设计。自生长模型模拟的效应在于，从初始点起进行加建，对邻接区域形成影响，在边界条件限制下，程序不断迭代，直至构成一种新的空间平衡。

我们量化分析了城中村活态的空间规律，对应形成适应机器学习的导入要素。首先，给每栋自建房的宅基地留有边界与空地，为加建改造提供可能给。其次，我们通过计算机对边界条件的限制，避免加建房屋相互影响采光、通风的情况。因此，在输入边界条件时，将 6m 作为建筑生长的

最小间距，对底层扩建的范围做出限定；将楼高与楼间距的比值限制在 1.2 以下，对顶层扩建的高度做出限定；对生成的建筑群的布局进行日照遮挡分析，避免新建体块对既有体块的遮挡 (图 5)。

对城中村自生长的关键元素量化后，我们尝试利用深度优先搜索算法 (Depth-First-Search) 来还原城中村的自生长过程。深度优先搜索算法的基本思路是穷举，用问题的所有可能、按照一定的规则和顺序去试探，直到找到问题的解。我们首先将选取的三角形场地程序化生成 15m×15m 的基地网格，确定每个宅基地的相互连接性。基地的方形网格视作相互联系的端点联通图，以一个宅基地的四周作为联通方向，模拟自生长所形成的牵一发动全身的蝴蝶效应。

其次，根据前述城中村自生长特性提出的基本量化条件与边界条件分别输入解算程序。计算机通过迭代生成主体建筑位置、体量、层高，以及可以对主体建筑进行加建的区域和体积。

再次，通过迭代计算，保证每块宅基地有足够空间满足居民的自发搭建行为。同时，在限定条件下进行的持续加建改造，不会影响已有自搭建空间的使用与采光。在迭代程序中，若结果成立并执行下一次循环，则代表其仍有足够空间进行下一次加建；最后，当整个场地宅基地内的主体建筑都已经生成，我们就可以在允许加建的体积范围内随机布置前述的加建活力空间，实现建筑的不断生长 (图 6)。

至此，还原了城中村居民自发搭建形成的建筑生长过程。此时计算机生成的模型能够满足住房规范中的基本要求，并蕴含着城中村自发生长的逻辑与秩序。此设计是城中村改造的一次探索性尝试，通过对城中村自生长机制关键特性的提取，结合设计者的主观规划，模拟了建筑生长的过程。我们尝试以解决问题为导向，明确设计的逻辑，通过计算机对边界条件进行定量分析的方法，确认建造的可行性[26]，并反复修正和改进。设计意在通过对城中村的自生长进行合理的引导，保证其持续的生长活力，留住城中村自生长活态形成的复杂性与多样性 (图 7~ 图 11)。

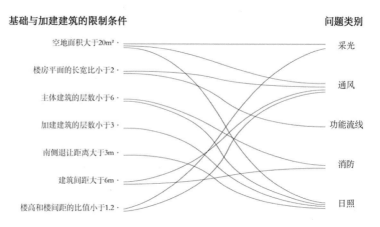

基础与加建建筑的限制条件   问题类别

空地面积大于20m² ·   采光

楼房平面的长宽比小于2 ·   通风

主体建筑的层数小于6 ·   功能流线

加建建筑的层数小于3 ·

南侧退让距离大于3m ·

建筑间距大于6m ·   消防

图 5　量化基本限制条件   楼高和楼间距的比值小于1.2 ·   日照

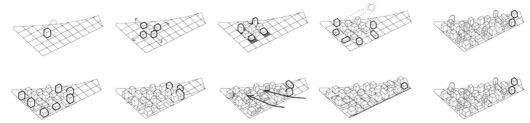

图6 模拟城中村自生长过程

图7～图10 还原城中村居民加建改造产生的活力空间

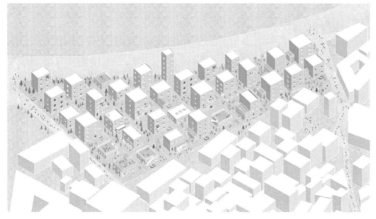

图11 根据算法生成的城中村模型

四、结语

雷姆·库哈斯在《广谱城市》里说："城市应该最古而又最新，最稳定又最具有活力；它还必须持续适应新的情况，尽管这种适应是一个复杂和充满妥协的过程，因为它必须秘而不宣，令肉眼无法察觉。"[27] 居民们并非仅仅是城市的使用者，同时也是城市的创造者，居民自下而上对环境的介入，其实给了城市一种最直接的理解与回应。

城中村作为自我更新的复杂有机体，其自生长的活力来源，从开放的空间心理感受、可共享的社区，到人性尺度的街道和广场，再到可以灵活加建改造的空间，可以作为自下而上空间生长的模式，运用到城市空间的微更新中。

反观百年现代主义，对城市的作用具有矛盾性。自上而下的规划在限制了城市发展的同时，现代主义建筑思想事实上促进了这种自下而上的自发行为。现代主义确立了功能主义的空间概念，抛却形式，功能对于空间的要求本身导致了空间的复杂[28]，这正是建筑自生长发生的基础。城中村其实是现代主义建筑在中国建筑实践中复杂性的一种表现形式。正如城中村居民对于功能的追求创造了复杂的空间，带来了持续的空间活力，现代主义建筑始终包含一定的复杂性，这种复杂性在某种程度上促进了城中村自生长机制的形成，促进了城市的自我更新。

注释：

① 自组织理论（self-organization）最早出现在生物学研究中，将复杂系统看作一个有机整体。20 世纪 70 年代，自组织的概念广泛发展，物理学、化学、经济学都有相似的研究发现。自组织理论直接影响了建筑学中参数化设计的基础理论。

参考文献：

[1] 吴良镛. 芒福德的学术思想及其对人居环境学建设的启示 [J]. 城市规划，1996（1）：35-41.
[2] Alexander，Christopher. A CITY IS NOT A TREE[J]. Ekistics，1967（23）：344-348.
[3] 中华人民共和国中央人民政府，国家统计局. 新中国成立 70 周年经济社会发展成就系列报告. http：//www.gov.cn/shuju/2019-08/16/content_5421576.htm. 中国政府网，2019-8-16.
[4] 陈珊. 欧洲城市更新与社会住宅共同作用的演变及其启示 [J]. 住区，2016（1）：28-34.
[5] Jane Jacobs. The Death and Life of Great American Cities[M]. The Vintage Press. December 1962.
[6] Mahsud，Ahmed Zaib Khan. Rethinking Doxiadis' Ekistical Urbanism[J]. Positions，2010（1）：6-39.
[7] Lewis Mumford. The City in History：Its Origins，Its Transformations and Its Prospects[M]. Harcourt Brace & World Inc，1961.
[8] VANDERBEEK，MICHAEL，and CLARA IRAZÁBAL. New Urbanism as a New Modernist Movement：A Comparative Look at Modernism and New Urbanism[J]. Traditional Dwellings and Settlements Review，2007（19）：41-57.
[9] 伍江，刘刚.“城市阅读”：一门专业基础理论课程的创设与探索 [J]. 中国建筑教育，2018（1）：94-97.
[10] 张京祥，赵伟. 二元规制环境中城中村发展及其意义的分析 [J]. 城市规划，2007（1）：63-67.
[11] 李培林. 巨变：村落的终结——都市里的村庄研究 [J]. 中国社会科学，2002（1）：168-179.
[12] 项飙. 跨越边界的社区：北京“浙江村”的生活史 [M]. 北京：生活·读书·新知·三联书店，2000.
[13] 蓝宇蕴. 都市村社共同体——有关农民城市化组织方式与生活方式的个案研究 [J]. 中国社会科学，2005（2）：144-154.
[14] M. Dehaene and L. De Cauter. Heterotopia and the City – Urban Theory and the Transformations of Public Space[M]. Oxford，UK and Cambridge Press. Blackwell，2008.
[15] 朱晓阳. 城中村该何去何从：有根的城市 [N]. 光明日报.2013.8.22.
[16] 吴昆. 城中村空间价值重估——当代中国城市公共空间的另类反思 [J]. 装饰，2013（9）：41-46.
[17] 张宇星. 城中村是来自未来的世界遗产. 中国城市规划设计研究院深圳分院设计中心. http：//www.360doc.com/content/16/0607/21/33073410_565887222.shtml. 2016-6-7.
[18] Roger Trancik. Finding Lost Space：Theories of Urban Design[M]. The Wiley Press，June 1986.
[19] William H. Whyte. The Social Life of Small Urban Spaces[M]. Project for Public Spaces. January 1980.
[20] 缪一新. 生长村落 活力城市——城中村改造概念设计 [J]. 住区，2012（5）：36-43.
[21] 马航. 深圳城中村改造的城市社会学视野分析 [J]. 城市规划，2007（1）：26-32.
[22] 亨利·皮雷纳. 中世纪的城市 [M]. 陈国梁译. 商务印书馆，2006.
[23] Michael Batty. Urban Regeneration as Self-Organization[J]. Architectural Design 82，2012（1）：54-59.
[24] 克里斯托弗·亚历山大. 建筑的永恒之道 [M]. 赵冰译. 知识产权出版社，2002.
[25] Simin Davoudi. Resilience：A Bridging Concept or a Dead End? [J]. Planning Theory and Practice，2012（3）：299-333.
[26] 庄惟敏. 建筑策划与设计 [M]. 北京：中国建筑工业出版社，2016.
[27] 雷姆·库哈斯. 广谱城市 [J]. 王群译. 世界建筑，2003（2）：64-69.
[28] 潘望. 现代主义建筑中的复杂性 [J]. 华中建筑，2010（9）：22-25.

图片来源：

图 1：http：//www.16pic.com/photo/pic_5630162.html
https：//www.quanjing.com/category/109039/21.html
http：//www.360doc.com/content/18/0412/13/26561818_745009344.shtml
http：//travel.qunar.com/youji/6861909
图 2：http：//www.jing111.com/a/2018/0401/120200.html
图 3：http：//news.sina.com.cn/c/2018-08-18/doc-ihhvciix0856303.shtml
其余均为作者自绘

致谢：感谢合作完成设计的潘玉喆同学，我们共同确定了设计方向，他编写了算法程序予以实现。

作者：练茹彬，北京交通大学建筑与艺术学院本科生；胡映东（通讯作者），博士，北京交通大学建筑与艺术学院副教授，中心主任，系副主任

"无人之境"

——万物互联时代的无人空间

于遨坤　徐跃家

"No Man's Land"
——Unmanned Space in the Era of Internet
of Everything

■ 摘要：在万物互联时代，科技更新和人们的需求推动了"无人之境"这一全新空间类型的出现。随着"无人之境"数量和类型逐渐增多，其对建筑学的影响也逐渐增大。本文分别从产生原因、发展趋势、未来构想等3方面对"无人之境"进行阐述，并试图探究"无人之境"对未来建筑与城市空间，以及对建筑学科发展的影响。

■ 关键词：无人之境　为人的无人空间　为无人的无人空间　未来的无人之境　无人建筑学

Abstract：In the era of Internet of Everything，driven by technological updates and people's needs，"no man's land"，a new type of space has appeared. As the amount and styles of "no man's land" gradually increase，its influence on architecture also increases gradually. This paper elaborates on the "No Man's Land" from three aspects：the reasons for its emergence，the trend of its development，the vision of its future. This paper also explores the impact of "no man's land" on future architecture and urban space，as well as on the development of architecture.

Keywords：no man's land，unmanned space for people，unmanned space for machinery，manned space in the future，architecture of unmanned space

随着"工业4.0"①时代的开启和5G技术的普及，人类步入了万物互联时代。由于物联网和人工智能等技术的发展，生产力被极大地解放，没有人的空间因此出现。为探寻这种现象给建筑和城市发展带来的影响，本文对"无人之境"展开了研究。

一、"无人"与"无人之境"

建筑自诞生时就将人作为空间服务的主体，建筑学现有指导空间营造的理论体系，都围绕着空间如何满足人的体验而展开。因此，人的存在对于空间有十分重要的意义。而"无人"是一种与"有人"相对立的状态，它意味着人不存在于空间中。

在本文的论述中，"无人"强调的是一种变化过程，它表达了人的存在对空间从"很重要"变为"不重要"，最终"完全无关"的过程。"无人之境"即与之相对应的空间，其内部也由"多人"向"少人"演变，最终形成"无人"的空间状态。

环顾"万物互联时代"出现的"无人之境"，已经部分实现了人在空间中由"重要"到"不重要"的转变，例如自动化生产线将工人众多的流水作业变成只有少数工人工作的"人机"协同生产线，自动快递分拣通过取代人工分捡大大减少整个物流流程中工人的数量。这些现象发生的原因，是人们需求的改变和科学技术的提升。随着 5G 技术进一步发展，可以设想，未来无人之境将实现从"人不重要"到"没有人"的转变，其转变的动力来自两方面：一方面是人的需求；一方面是设施的需求。

二、"无人之境"的近世

人的需求分为既有需求和新生需求。既有需求，例如从危险环境中"保护人"的需求和从劳动中"解放人"的需求，在"万物互联"时代会因技术的发展而得到极大的满足；新生需求，例如获得良好服务的需求，也会因社会的发展而逐渐增多。

设备的需求可以分为对内需求和对外需求两种。对内需求是指设备自身可以运转维护的需求，例如获得稳定且良好的动力供给，对外需求是指设备可以提供服务的需求，例如数据基站承担信息传输的功能。

（一）保护人、解放人、服务人：为人的"无人之境"

为了保护自身的生命安全，高危的工作环境是人们迫切希望将其转变成"无人之境"的空间。虽然人们可以通过现有技术手段改善环境或建立庇护所，但仍不能彻底消除人们长期处于高危环境中所面对的生命威胁。万物互联时代，随着智能控制系统和物联网技术的发展，可将人们从高风险环境中彻底解脱出来，通过将高危环境转变为"无人之境"，从而实现对人类生命安全的彻底保护。比如在极地建设无人值守的可移动科考站，通过物联网和 5G 技术，可以将各地的观测指标和实验数据实时传回，避免了科研人员深入危险的极地进行调研；通过灵敏度极高的机械手臂结合遥控系统，在未来可以将研究人员从具有放射性和有毒等各种潜在危险的试验室中解脱出来，形成"无人实验室"（图 1）。

人们通过推动科技发展带来生产力的解放，其目的在于提高生产效率的同时实现对人的解放。全自动机器生产的车间可以将工人从生产线上彻底解放，在这一过程中，诞生了"无人之境"。目前在智能系统加持下的工业 4.0，已经实现了从"少人"向"局部无人"的迈进。这一变化在 Amazon 智能物流仓库得到体现：在仓储管理系统（WMS）的指引下，Amazon Robot 将货物连带货架整个移动给复核人员，这个过程在降低订单交付成本的同时解放了拣选工人，[1] 并使仓库的拣选区成了"无人之境"（图 2）。虽然目前的"无人之境"大多数只实现了局部空间的突破，无法做到全面的"无人"，但罗兰·贝格公司的研究指出，基于云计算的供应商已经提供了开源的 AI 应用基础架构，着眼于人工智能和自动化的制造商，在未来将有能力以较快的速度在工厂中实现更高水平的工业自治。[2] 根据现有技术进行展望，未来制造业的发展会大大降低高智能机器人的配置成本，全机器人生产线的普及将使人们从工业生产中彻底解放出来。当人们从工业生产线上完全撤离时，完全独立的"无人之境"就此产生。

随着机器将人们从物质生产的劳作中解脱出来，人们便有了更高层次的需求，即获得服务的需求。围绕着"服务人"而产生的"无人之境"分为两类，一类是为人们提供物质服务的"无人之境"，一类是为人们提供精神服务的"无人之境"。

"万物互联"为人们提供物质服务的方式，主要集中在提供更多的商品信息和更舒适的商品获取方式上。当下物质的极大丰富，使商品本身的物质属性被弱化，人获取商品更多地是为了获得体验。无论是网购还是实体零售，现有的新型商业模式都在物质信息和获取途径方面，对人们的购物体验进行优化。在新型的

图 1　依靠机器人执行飞机试飞任务，保护飞行员　　　　　　　　　　**图 2　在无人仓库内运行的 Amazon Robot**

商业模式中，很多服务的提供过程并不需要服务人员在场，比如无人零售实体店"Amazon Go"。Amazon Go 实体店加载了"直接离店技术（just walk out technology）②"：安装在空间内的大量摄像头和传感器，可以精准地捕捉顾客行为，从而支持顾客在挑选好商品后直接走出商店。账单将由智能结算系统自动扣费，不需经过人工结算。没有员工的监视和排队支付的等待，Amazon Go 在满足顾客获得更优质的物质服务的需求时，产生了"无人之境"（图3）。

人们当下获得的精神服务主要来源于数字文化产业。在互联网平台的支持下，数字文化产业为人们搭建了一个内容极其丰富的虚拟世界，这个世界由数据构成，并通过屏幕与现实紧密连接。例如在网络直播中，人们通过屏幕观看的主播房间以虚拟的形式存在于互联网上，而现实生活中主播存在的房间则是真实的，物质的。[3] 如果说互联网为人们搭建了虚拟世界的骨架，那么当下3D 建模技术的突破、渲染引擎的迭代和 VR 技术的完善，都让这个虚拟世界的形象越来越真实。2020 年在第5代虚幻引擎的宣传中展示的两大核心技术 Nanite 和 Lumen③，都致力于使3D 建模空间拥有更贴近真实的表达（图4、图5）。这些都是人们为获得更加丰富的精神服务而产生结果，在需求实现的过程中，虚拟的"无人之境"与现实的差距逐渐缩小。

"无人之境"通过解放生产力，使人们将更多的资源和精力转移至更具创造力和价值的工作中。由"无人之境"提供的高品质服务可以使人们以更加良好的精神状态，面对未来世界的挑战。虽然短期内，现实世界中"无人之境"的主旋律仍然是人类与智能机器的合作，一旦"无人之境"成为纯粹的无人空间，其空间属性将会发生巨大的转变。

（二）提供动力、传输信息：为"无人"的"无人之境"

"无人之境"的正常运转需要数据和能源的支持。在寻找关于数据运转和动力支持的解决方案时，会产生一系列的"无人之境"。

维持"无人"运转状态意味着巨大且不间断的电能消耗。小到传感器上携带的微型太阳能电池，大到专为数据基站提供电力的无人值守风力发电厂，它们稳定的电力供给是保障"无人之境"正常运转的必要条件。未来，随着"无人之境"的增多，其对动力的需求势必会引发一系列"无人之境"的诞生。比如为无人驾驶汽车提供能源支持的无人充电站或无人加油站，为无人科考站提供动力的自发电电源组（图6）。

"无人"设备能够顺利执行任务的关键，是数据运算的支持和数据传输的顺利，其中最为核心的是数据运算。可以说，"智能时代"本质上是一个计算时代，而"万物互联"带来的计算量爆炸

图3　Amazon Go 无人实体零售店

图4　第四代虚幻引擎渲染效果

图5　第五代虚幻引擎渲染效果

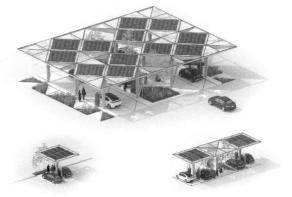

图6　丹麦 COBE 事务所设计的电动汽车充电站概念

使数据中心成为世界上增长最快的基础设施。[4]数据中心关注的对象并非人类,而是互相连接的计算机以及为其提供良好运行环境的设备。工作人员往往远离数据处理现场,通过高度集成的监控系统,维持着数据中心的运转。数据中心从诞生时,空间功能的特殊性即决定了它"无人"的属性,因此,数据中心的建造体现出了高度理性的特征:一切设计均以为计算机提供安全和高效的运行环境为目的,任何非必要的空间表达在这里被视为一种浪费。作为维持"万物互联"运转最重要的"无人之境",数据中心在不断地扩大自己的规模时,也支持了更多"无人之境"的诞生(图7、图8)。

(三)走向远端:无人之境何去何从

"万物互联"技术发展和人们新需求的产生,使现实世界和虚拟世界中的"无人之境"不断扩大。这已经成为一种既定的趋势。在现实世界中,"无人之境"的扩张不仅指无人之境在数量上会越来越多,新的建筑类型也会逐渐产生。在这种趋势下,不仅人们的生产生活模式会发生改变,现有的城市空间格局也会相应作出调整。

因为人们的需求,虚拟世界这类"无人之境"的发展,会越来越多地介入人们的现实生活中。

人们追捧的虚拟现实技术,在提供越来越逼真的感官体验时,势必会导致虚拟世界与现实的边界逐渐模糊。当虚拟现实技术可以做到完全模拟现实世界时,空间边界会被打破。就像《盗梦空间》中梅尔无法分清现实与梦境一样,高度仿真的虚拟世界可以为人们带来震撼的感官体验,但同时也隐藏着巨大的风险④。

三、无人之境的远端

如上文中提到的,当"无人之境"发展到一定规模,势必会对人们的生活模式和生活空间造成影响。"无人之境"的规模从小到大逐渐发展成"无人之域""无人之城"和"无人之极"时,其对建筑和城市空间格局的影响也从小到大递增。每次"无人之境"空间规模的升级,其影响都会产生质的飞跃。

(一)无人之域:无人的周遭

无人之域,即设立在人们生活周围的、由一系列无人空间构成的具有特定功能的独立的个体。根据与人类生活的亲密程度,可将"无人之域"分为两类,一类与人们的日常生活紧密相关,另一类无人之域与人们的日常生活不直接相关。

与人类生活密切相关的无人之域,例如既提

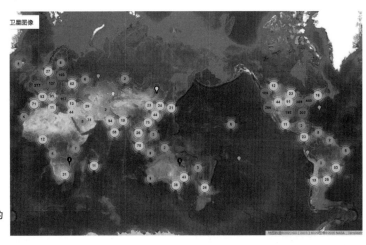

图7 截至 2020 世界各地已经建成的数据基站数量及分布图

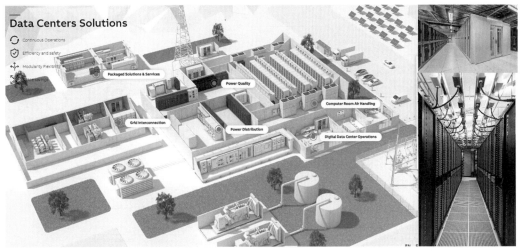

图8 数据中心内部展现了空间的高度理性

供堂食，又能完成独立送餐服务的无人餐馆；与物流相连的，可以进行自动配货、售卖的无人商店；自动为无人驾驶汽车充电的无人电源站等。它们充当着"客户端"的角色，分布于人们的生活环境。因为存在于人类的目光之下，它们在体现高效、便捷的应用价值时，也需要考虑空间表面对人们感知体验的影响，但其空间内核依然是高度理性的。

另一类无人之域与人们的日常生活不直接相关，比如无人工厂、无人值守的数据中心等。它们可以在距人们生活圈一段距离的区域正常运行，在让渡空间资源的同时，减少对人们生活的干扰。这类"无人之域"因为远离人们的目光，会更加强调空间的理性，放弃感知体验对空间设计的影响。

（二）无人之城：无人的领地

当远离"生活圈"的"无人之域"聚集并发展成规模可观的"群落"时，便出现了"无人之城"。维持城市的正常运转任务的"无人之域"，并不意味着在空间距离上要紧邻城市。"万物互联"时代，技术可以突破空间的限制，将"无人之城"与城市空间紧密相连。"无人之城"可以是具有单一功能的"无人之域"的集合，例如"无人工业城""无人物流城""无人生态种植城"等，也可以是多种功能的"无人之域"混合共生的生态圈。

"无人之城"与城市间的空间模式大致可分为两种，一种是"分散式"，一种是"集中式"。分散式"无人之城"与霍华德"田园城市"的空间模式类似，城市位于辐射的中心，具有单一功能的"无人之城"在城市外围布置，分布比较松散。例如将"无人工业城"布置在远离城市的下风向，"无人物流城"分布在港口和交通枢纽附近，"无人农业种植城"距城市较近，方便城市居民的出行需求等。分散式布局意味着"无人之城"在未来的扩张中限制较少，但

因为距离的关系运转效率有所损失。集中式即意味着各类"无人之域"集中建造在固定区域中，形成"无人之城"，城市围绕"无人之城"布置。比如三个相邻的城市一起划出一块土地，将与人们日常关系不紧密的"无人之域"迁移至此集中布置，集约成城。集中式的布局方式意味着更高效的效率运转和空间利用，同时也意味着未来"无人之城"的扩张有较大的空间局限。两种模式的"无人之城"均可以因地制宜地利用空间和自然资源，在提高经济效益的同时优化人们的生存空间（图9）。

（三）无人之极：无人的邦畿

当"无人之城"的规模扩大到一定程度，从"无人之城"转变成"无人之极"时，其空间格局和存在方式都会发生质变。"无人之极"的发展有三种可能趋向：其一，当"无人之城"的规模足够大且不依靠任何来源于外部的支撑时，可能会形成不从属于任何国家和地区、独立运转的"无人之极"；其二，当"无人之境"的规模超出了地球空间的容量，会将部分转移至太空等空间中，建立远离人们生存世界的"无人之极"；其三，当现实世界与虚拟世界之间的"次元壁"被打破，虚拟世界将不再是现实世界的附属时，成为和现实世界并行的"无人之极"。

根据当下世界对数据计算的需求进行推测，"无人数据城"是最有可能发展为"无人之极"的趋势。这种趋势现在已经初见端倪，各大互联网公司在国内不断新建和扩建数据中心时，也在积极地寻找合适的境外基地进行数据中心的建设。当分散布置的小型数据中心已经不能满足数据计算的需求，唯有"巨型"的超算中心能解决问题时，数据运算对环境和能源的高要求，会使合适的建设基地成为"必争之地"。为避免引起争端，将超算中心及其所在领土中立，统一为各国提供服务，从而形成"无人之极"，是较理想

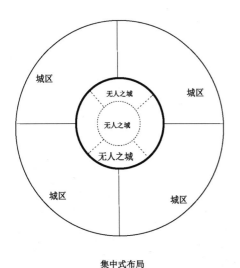

集中式布局

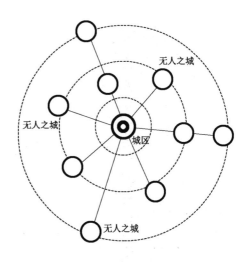

分散式布局

图9 "无人之城"集中式（左）和分散式（右）的空间模式图

的解决方案。

如果未来"无人之境"的扩展超出控制，地球的空间已经无法容纳其发展时，会向外扩展形成"无人之极"。在许多表现未来世界的科幻作品中，均表现出了人类的生存空间与"无人之境"极化与分离：人类仍生存于地球表面，"无人之境"建设在太空站或者深入地下，形成"无人之极"。在可控的情况下，人们可以重新获得对地球的主导权，一旦人们失去了对"无人之境""繁殖"的控制，"无人之极"入侵生活空间。现有人类生活空间的状态和格局将被打破，或许会导致极为不良的后果（图10）。

还有一种需要被考虑在内的"无人之极"，就是虚拟世界。现有技术的发展已经开始模糊虚拟与现实的边界，当技术达到可以欺骗人类感官，使人类完全混淆现实与虚拟时，虚拟世界将会作为"无人之极"而与真实世界相对存在。就像电影《头号玩家》中，"绿洲"具有完整的世界架构和独立的价值判断体系，以及现实世界相通的金融体系，已然成为人们生活的另一个平行空间。

四、由无人之境引发的空间思考

"无人"的特性决定了"无人之境"具有两个十分明显的空间特征：其一是高度自治，其二是高度理性。"无人之境"空间的高度自治体现在：当空间面对不同的工艺条件或功能需求时，会有特定的算法制定相应的空间规则，空间内发生的所有行为均严格按照规则进行，这一过程不需要人类的干预和协助，如上文所述的 Amazon 仓储空间就是应对空间内物品的定点运输而产生的高度自治空间。"无人之境"空间的高度理性体现在："无人之境"的空间表达是拒绝所有寓意的，它以满足工艺和功能需求为主要目的，不关注人们的空间体验和空间审美，一切对于工艺和功能的冗余空间表达，对于"无人之境"都是没有必要，且被排斥的。

未来"无人之境"主要因"人类需要而生"的现象有可能会被打破，机器的需求将成为"无人之境"产生的主要原因。当下，即使是因技术需求而产生的"无人之境"，依然在间接地满足人的需求。未来，类似《黑客帝国》中机器人可以进行自我更新和迭代，"无人之境"或许也会因自我升级而产生新的需求，从而源源不断地制造出新的无人之境。

未来"无人之境"会拥有庞大的数量和丰富的空间类型。当下科技手段是限制无人之境发展的主要因素，而每当"万物互联"技术产生突破时，都会产生更多的"无人之境"。即使未来人们对"无人"的需求被全部满足，无人之境的数量和类型依然会持续增长。这意味着，"无人之境"所涵括的一系列的无人空间，将为建筑设计和城市规划带来巨大的机遇与挑战。

未来虚拟世界这类"无人之境"与现实世界的边界会越来越模糊。在这次疫情导致的长期居家隔离中，"腾讯会议""钉钉"等软件突破了空间距离对人们工作和学习的限制，展现了虚拟世界和现实世界的相互影响。受此启发，人类未来的现实生活也许会越来越多地迁移到虚拟世界。而当技术手段足以使虚拟世界"以假乱真"时，我们是否要保留虚拟世界与现实世界之间的差别？当虚拟世界成为"充斥着""人类"的无人之境，与"空无一人"的现实世界同时存在时，到底哪个才算"无人"？虚拟世界在未来可能带来的消极影响，是我们在当下就应该谨慎思考的问题。

"无人之境"的发展趋势，会使"无人的空间"成为建筑学研究的重要方向。无论是对现实世界中的"无人之境"进行研究，还是像"筑梦师"⑤一样建造虚拟的"无人之境"，都会促进建筑学学科的完善。或许在不久的将来，"无人之境"将成为建筑学研究的重要对象，"无人建筑学"因此诞生。

图10　未来"无人之极"也许会向空中发展

注释：

① 工业 4.0（Industry 4.0），或称生产力 4.0，是德国政府提出的高科技计划，又称为第四次工业革命。罗伯特·博世有限公司的 Siegfried Dais 及利奥波第那科学院的孔翰宁组成的工业 4.0 工作小组，在 2013 年 4 月 8 日的汉诺威工业博览会中，正式提交了工业 4.0 的报告。

② "直接离店技术"由计算机视觉（computer vision）、深度学习算法（deep learning algorithms）和传感器融合技术（sensor fusion）等模块组成。

③ Nanite 虚拟微多边形几何体可以让美术师们创建出人眼所能看到的一切几何体细节，画面质量也不会再有丝毫损失。Lumen 是一套全动态、全局光照解决方案，能够对场景和光照变化做出实时反应，且无需专门的光线追踪硬件。该系统能在宏大而精细的场景中渲染间接镜面反射和可以无限反弹的漫反射。

④ 在《盗梦空间》中，男主角的妻子梅尔固执地认为自己和丈夫共同营造的梦境才是"真正的"现实，而现实世界则是梦境。最终梅尔为了前往"梦境"而选择在现实中死去。

⑤ 名词来源于电影《盗梦空间》，筑梦师负责建筑各级梦境中的大体环境框架和环境细节，以便目标人物进入这个梦境后会相信是在自己的梦里。

参考文献：

[1] Liam Young.Machine Landscapes Architectures of the Post Anthropocene[M]. Paul Sayer，Italy：2019.

[2] Bernhard Langefeld.The smart factory：No companies have so far reached the highest level of manufacturing autonomy[EB/OL]. https：//www.rolandberger.com/nl/Point-of-View/Autonomous-production-New-opportunities-through-Artificial-Intelligence.html，2019-08-08/2020-07-27.

[3] 朱文一. 从主播房间到太空房间——数字时代建筑学（2）[J]. 城市设计，2020（02）：40-45.

[4] Brian Davis.Big data，big business[EB/OL]. https：//www.abb-conversations.com/2018/01/big-data-big-business/，2018-01-12/2020-07-27.

图片来源：

图1：https：//www.wpafb.af.mil/News/Article-Display/Article/1935442/air-force-research-laboratory-successfully-conducts-first-flight-of-robopilot-u/

图 2：https：//money.cnn.com/2014/05/22/technology/amazon-robots/index.html

图 3：https：//www.geekwire.com/2018/new-compact-amazon-go-store-opens-door-locations-office-lobbies-hospitals/

图 4：https：//www.artstation.com/artwork/6arYlN

图 5：https：//www.unrealengine.com/en-US/blog/a-first-look-at-unreal-engine-5

图 6：https：//www.gooood.cn/ultra-fast-charging-station-by-cobe.htm

图 7：https：//www.datacentermap.com/

图 8：https：//www.pinterest.com/yuaokun/%E6%95%B0%E6%8D%AE%E7%AB%99/

图 9：作者自绘

图 10：https：//www.artstation.com/artwork/e5kd3?utm_campaign=digest&utm_medium=email&utm_source=email_digest_mailer

作者: 于遨坤，北京建筑大学建筑与城市规划学院，博士生；徐跃家（通讯作者），北京建筑大学建筑与城市规划学院，讲师，工学博士

"万物皆建筑"？

——万物互联时代的建筑学与建筑批评的新观法

孙志健　韩晓峰

Architecture is Everything?——New Perspectives of Architecture and Criticism in the Time of Internet of Things

■ 摘要：万物互联时代的建筑萌发了感知与身体之外的大量内容交互，信息爆炸带来理论传播与跨学科空前发展，建筑在"万物皆为建筑"的共识间难以呼吸，传统理论不断受到新技术的挑战而逐步丧失有效性；万物互联带来的线上活动逐渐沦为游离于时空的均质体验，实体公共空间面临巨大革命；建筑学的巨变同时引发建筑批评的危机，重塑我们的批评观。本文将从建构、类型和建筑评论三个层面浅谈万物互联时代建筑学的新观法。

■ 关键词：建构　万物互联　后人文　公共空间　自治　后批评

Abstract：The Internet of Things is evoking content interaction beyond perception and body and information explosion makes unprecedented development of theory dissemination and inter-disciplinary, so architecture is hard to breathe in the consensus of 'architecture is everything'. Conventional theory is losing its validity due to challenge of new techniques. Online activities are becoming tedious experience away from time and space and public spaces offline are facing tremendous revolution. The radical changes of architecture lead to crisis of critique as well and would reshape our values. This essay might talk about new sights about architecture of Internet of Things from three aspects: tectonics theory, typology and architectural review.

Keywords: tectonics, internet of things，post-humanism，public space, autonomy, post-critique

这是既振奋人心又危机四伏的时代：随着万物互联的到来，建筑思想的萌发途径与时俱进，百家争鸣的观点正以惊人速度通过自媒体传播，从过分强调指向性和自治性的批判主义到充斥虚无主义的当代建筑理论，建筑学步履愈加沉重，建筑在"万物皆为建筑"[①]的理论共识间逐步丧失得天独厚的本能，在盘根错节的跨学科间难以呼吸，建筑师们沉浸在彼此的思想理论中，观点流派四分五裂，这是建筑师与评论家共同面临的危机。身处万物互联时代，建筑物的使用方式发生巨变，1978年库哈斯还在叹喟"人们在室内几乎可享受本应发生在室外的所有生活，这座建筑就像一座城"，从前必须在公共空间完成的日常活动如购物、读书、教学或观演，如今都能足不出户在线完成，但这些活动逐渐沦为游离于时空的同质体验，局限于屏幕尺寸之地，呈现日益严重的相似性。万物互联时代改变的不只是生产方式，也改变了我们的存在和交换方式，甚至抵达空间的位置都更多基于感知与身体之外的内容交互，在这种前提下再来讨论文艺复兴时期的建筑理论是不适用的：森佩尔的"火炉"要素如今在住宅中不再紧要，简·雅各布斯的"街道眼"[2]概念在遍布天网天眼的当代城市被历史尘封，许多传统建筑观法的合法性与有效性正逐渐消解。正如Kenneth Frampton写的："建筑无一例外是地形（地形学）、类型（类型学）和建构（筑造学）三个因素持续交织作用的结果"，因此本文想从建构理论、类型学和建筑评论三个维度浅谈万物互联时代的建筑学及其评论的新观法。

一、万物互联时代的建构文化：建构不是静态的价值

（一）建构基本观念的挑战

"任何建筑的全部建构潜力就在于将自身本质转化成充满诗意和认知功能的构造能力。"[3]

——Kenneth Frampton

纵观19世纪以来的建构历史，第一代建构研究学者如爱德华·塞克勒（Eduard Sekler）认为"建构就是强化人们对形式与受力关系的体验，结构通过建造得以实现，并通过建构获得视觉表现"；卡尔·博迪舍（Karl Bötticher）将建构视为结构与装饰。第二代学者如弗兰姆普敦主张"建构文化就是建造的诗学"[4]，他强调建构既需要反映材料真实性、构件受力、构件连接关系和细部设计，还要有表现力和审美情趣，这种持久的表现力远远超越构造本身，所以经典建构学的基本共识是围绕人与人手的关系、建造逻辑以及重力传递展开的："结构受力应清晰可辨，重力传递路径必须视觉可读，建造过程和节点要得到诚实表达，材料本性要忠实遵循，这些构成了我们今天所说传统建构学的原则"[5]（图1）。

如今第三代建构研究学者通过数字化建构、人工智能建造、预制模块化等方向表现出探索建构的兴趣和拓展建构理论边界的雄心，不可不谓是对传统建构学基本共识的挑战，而"建构诚实性"是指建筑的结构构件等元素的存在是否有它的必要性，如果这些构件脱离结构的真实需求和功能

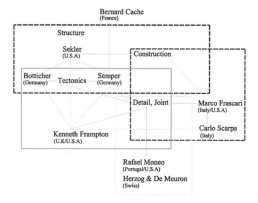

图1　建构理论的发展演化

性而仅作为装饰，它便会背离建筑存在的本意，但一些数字化的异形建筑明显扭曲了梁柱的直接受力途径，也使结构传力不视觉可读，造型牺牲了效率，而传统建构讲求直截的效率，必然挑战经典建构学的基本信念，例如竹里的梁弯曲的方式不是最有效的重力传递途径，而是传统建构理论所排斥的"手法主义"[6]，但它把传统木构、地方工艺、预制工业化与新技术、新形式结合为几何原型赋予了建造逻辑，表达出强烈在地感，显然体现了建造的诗意，似乎是另一种情境下对建构的解读，所以每代学者的拓展说明了建构绝非静态僵化的理论，而是一种随着实践不断动态演变的观念。

（二）"物性"的危机

"随着学科边界逐渐模糊，我们不难意识到仅通过实体，建筑是无法解决当前问题的。"[7]

——Ricky Burdette

从"物本论"（Object-Oriented Ontology[8]）到"超物论"（Hyperobjects），"物性"（Objecthood）在任何时代都是建筑学的重大议题，但物本论更多停留在理论层面，该理论奠基人Graham Harman说："一切不能被完全还原成它的组成部分或它对其他东西的效果的就是物。"而"超物论"在万物互联时代得以付诸实践，《超物》作者Timothy Morton说："超物就是与人类关联的大量散布在时间和空间之中的事物。"万物互联时代的机器掌握了建造智能，数字化工具投射到物中，物的创造似乎在新材料与建筑师的能动性结合下并非难事——这些物远不止是材料，它有大量数字化信息——这些工具的信息赋予了物质新的形式：巧妙的构件、变化的尺度、精准的节点、复杂的细节等。1968年曼弗雷多·塔夫里（Manfredo Tafuri）将物性的危机与"建筑历史学的衰落"[9]联系起来，而万物互联时代的物性危机似乎更多与建筑理论的没落相关——执迷于照搬二元论和辩证法过度简化本该深奥的话语讨论，正如Robert Somol在《关于"多普勒效应"[10]的笔记和现代主

义的其他状态》一文中所说："我们既不期许单体建筑扭转社会，也不犬儒地追随商业风潮，我们只是看腻了不少学生前仆后继地在设计中提出评论，而非用设计去回应评论。"如今不容置辩的共识是强调建筑的物性仿佛必然对社会、经济、政治、人类学和生态漠不关心，然而建筑师绝非程序员和金融分析师，我们的职责只是与他们协作而非取代他们，要了解他们以便清醒地介入，所以保持建筑设计的核心地位才是当务之急，只有强调物性才能防止建筑学迷失在通识学科的普遍性中，只有设计本身才能整合资源，因为"设计就是去设计一个能创造新设计的设计"，也是我们在万物互联时代保证建筑不沦为纯粹服务业的不二法门。

（三）建构的身体性的新解读

"我们对自己身体的认知不是一成不变的，而是在历史建构中不断演变的。"

——Antoine Picon

人文主义追求"本体论的纯洁性"和"人类主体的完整性"，人与自然、机器、动物之间被划上不可逾越的鸿沟，而这条鸿沟到了后人文主义时期渐趋暧昧，后人文甚至认为"人类主体不是一成不变，而是不断被重新构建的"——人类与机器共存进化，扩张了主体的范畴。中国语境中的建构文化强调"面向身体与地形"，人的身体是感知建构的核心，建构是连接身体与建筑的媒介，但后人文主义认为身体的认知是不断重构的，身体也不再仅是生物学概念而是动态变化体，以身体尺度作为建筑结构的参照的观法也在工业化批量装配的建造中消弭，甚至曾经作为身体延伸的外物也能成为身体的组成，有时机器作为建筑师身体的延伸甚至极大左右建筑师的思考。所以建构的身体性也会随着物质环境或历史文化语境演化，因此我们透过人文主义观法认为极大挑战建构基本信念甚至违背建构逻辑的建筑或许在后人文时期的观法下是存在合法性的。正如弗兰姆普敦在《建构文化研究》终章所说："此书是从建构的诗学角度重新解读现代主义运动，建构绝不是教条（formula）。"如果摒弃对时代和语境的讨论，只将建构作为排他的信条就会阻碍对建构理论的探寻，因为万物互联时代的建构文化必然被新语境重构，处于动态演化之中。

二、万物互联时代的公共空间类型：参与性自治

"参与性自治"（Engaged Autonomy）或许是针对如今万物互联时代建筑的一剂良药，因为形式势必离不开功能、组织、技术、政治和文化，如果新科技与跨学科逐渐扑灭我们关于形式和物质的讨论，建筑的文化影响力则无从谈起，而今天的建筑评判标准不再是指标的计量，更要包含场地文脉、建筑自治性等因素，例如 Rahul Mehrotra 在动态城市理论中阐释"参与性自治"的空间状态：在孟买，一个人坐在桌前，等到酷暑来临便支起凉棚避暑，雨季到来后他通过建造使自己与外部隔离——他用随身用具度过一年，同时构成城市的动态景观，这就是五种渐进的"参与性自治"的组织方式。

（一）图书馆：信息消费取代内向书库

"从前人们聚在一起是为了祈祷，后来人们祈祷是为了能聚在一起。"

——Émile Durkheim

在印刷术出现推动教育普及之前，知识是少数人享受的特权，图书馆鲜有公共性，功能以阅读和存储空间为主，存储空间甚至与阅览空间面积相当。如今电子书风靡一时，万物互联时代虚拟化的知识存储早已使阅读大众化，图书馆也改变了传统"内向型书库"模式，知识存储便捷的同时知识的生产消费也变得即时化，曾经重要的存储空间被从设计重心中剥离，活动和事件可以瞬间被记录、传播甚至二次加工成为"信息"，这些"信息"变得比书籍本身更重要，信息交流开始逐渐取代书本知识，所以图书馆空间从以前单一的书籍借阅和消费转变成更多元的公共社交空间。其实早在 1989 年 OMA 的法国国家图书馆竞赛设计便已打破了图书馆以纸质书籍阅读空间为主的刻板印象，充分表达了对公共性的诉求，库哈斯提取出公共空间和交通空间并赋予它们形式，最终做出林立书架悬浮不同公共空间的异质化形态，彼此相邻甚至穿越，这是集体性对万物互联时代阅读方式的消解。OMA 此后的西雅图中央图书馆的设计概念正是用媒体空间取代阅读空间，通过公众活动把图书馆塑造成万物互联时代信息生产、交锋和汇聚的场所，它不再只以阅览为核心，而更关注活动和事件。MVRDV 以"书山"为概念的天津滨海图书馆同样如此——只有低矮处的书本可读，高处的书架无法陈列书籍而是用打印图片来表达效果，读者从书架穿越各层的活动空间、电子阅览室、礼堂、休息室和屋顶露台，在其间漫步流连或驻足探讨，更多表达了市民在城市媒体化势不可挡的洪流下对公共性的强烈渴望（图 2）。

（二）办公空间：未预设的弹性的灵活性

"良好公共空间的思想是开放的，它不定义任何具体的活动，但总能适应任何事。"

——Michael Walser

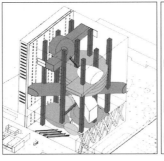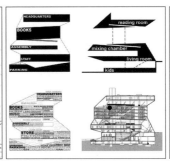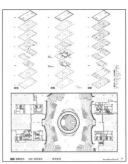

图2　Jusseiu 图书馆；法国国家图书馆；西雅图书馆；天津滨海图书馆

尽管办公建筑不会因电子邮件和电话会议的盛行而衰落，但它已逐渐从严丝合缝的格子间转变为包含不同办公类型的"间隙空间"，移动端交互技术和互联网技术加强了开放式办公的接受程度，通过偶然性活动和偶发的知识交流来提升工作效率，促进知识体系的建构，这是一种"弹性的灵活性"趋势——它与"僵化的灵活性"恰好相反，例如荷兰建筑师 Gerrit Rietveld 的施罗德住宅二层通过可滑动旋转的动态组件进行空间划分，但这是依据先验知识对空间不确定性进行预设，难以应对潜在未知情况，所以是僵化的灵活性。弹性的灵活性允许使用者不受建筑师主观控制，就需要办公空间适应各种未预设的功能，建筑师通过功能不明的空间来应对不确定性（图3）。

1965 年德国 Henn 的慕尼黑 Osram 总部有别于通过隔墙划分的等级森严的办公空间，而是在特定的大空间通过办公家具、屏风、大型盆栽有机灵活地布置出若干办公分区，石上纯也的 Kait Workshop 异曲同工——暧昧的大空间依然有工作区各自的领域感，这些弱边界由细柱、家具、植物和道具巧妙限定，Christian Kerez 的郑州 CBD 办公楼更是一改办公楼中心封闭的传统布局，通过柱子和预应力拉索不仅使人们视线自由穿越，极大丰富办公活动的可能性，还使厚重核心筒得以解放，产生明亮的公共空间。这种公共空间设计类似于荷兰建筑师 Herman Hertzberger 的戴尔艮住宅的餐厅空间，业主可以自由决定在何处休憩用餐，他称之为"多方面相关性"（polyvalence）——原意是法国乡镇常见的多功能大厅（sale polyvalante），可用

作婚礼聚会、戏剧表演或电影播放等多种功能——使用者可以自主决定空间使用、创意性地诠释空间、对空间进行改造甚至误用，但 Hertzberger 强调不需刻意制造灵活性来满足多样使用，因为灵活性的副作用是面积冗余。无论如何这些弹性的办公空间设计都是在应对新时代的多元性，正如库哈斯所说："我设计 CCTV 新楼的初衷就是为现代媒体建立新身份，公共空间是项目的重要理念，主楼里最高楼层不会留给管理者而是用作公共区域，最普通的办公空间设计我们花了最长时间，例如思考它如何适应未来数据网络化的灵活办公。"或许未来媒体办公就是如此：几乎没有封闭房间，员工在灵活布置的公共空间中坐卧行游，畅谈选题，然后到半私密玻璃间开小组讨论会，在私密空间撰写文稿，再回到公共空间共赏奇文——甚至创作过程可以任由市民观览，这就是万物互联时代办公建筑参与城市公共生活的新潜力。

（三）观演空间：建筑不再只是建筑师意志的延伸

"空间的本质其实就是意识形态通过日常活动的再生产的工具。"

——Henri Lefebvre

万物互联时代的观演建筑可以看作回应人类需求的机器吗？我们该如何应对建筑随着历史变换所产生的不确定性？1961 年英国建筑师 Cedric Price 设计的可提供文化艺术活动的剧场"欢乐宫"（Fun Palace）回应了这个问题，它不是传统的静态建筑，而能监测用户需求和环境变化实时调整形式，例如根据人群移动调整自动扶梯、下雨时自动展开雨篷、可随时拆卸的网格化结构，彻底改变了建筑师和使用者的关系，使用者不再是建筑师意识形态下的自愿的囚徒，而是真正通过自己活动改变空间的"新建筑师"，如果说传统建筑只是建筑师主观意志和教化的延伸，那"欢乐宫"剧场就是一个具有"自生长性"的硬件和软件结合的智能系统——建筑形态随着数据迭代不断改进。从"欢乐宫"获取"可变式空间"灵感的纽约 The Shed 更是通过开放基础设施的可移动钢斜

图3　施罗德住宅二层平面（左：隔板开启时，右：隔板关闭时）

架外壳、起重机和轨道为公共空间的未知未来提供永久的灵活性，用交互式适应性强的空间及时应对不断变化的使用需求，满足艺术家天马行空的创作需求。

人类中心论者总以为在〝观看建筑〞和〝理解建筑〞之间是一条坦途，人与人能轻易悲欢相通，然而这不可能实现——裹挟着主观立场的人们都会与建筑发生关联，正如走马观花的路人和身处剧院的观众对建筑的认知是截然不同的。以电影院室内空间为例，座椅排布模式早已成为范式，是我们习以为常的典型空间，所以人们总会不假思索地按照这种排布观影，如果突发奇想改变这种布局，它会显得无比另类，但观众还是冷静下来思考如何适应它，所以引入这种对传统的颠覆会使人们在惊讶之余重新关注空间本身，海德格尔曾说：〝惊奇是物质体验中的分裂，它会帮助人类理解出类拔萃的事物。〞所以惊奇就是万物互联时代由建筑师创造性产生的功效。例如库哈斯称台北艺术中心为〝20世纪大型表演空间的革命〞，因为它有别于传统剧场公共空间和后台的明确区隔——三个体量不等的剧院既可相互独立又能打通连接，通过公共流线鼓励市民互动并充分体验演员排练等艺术创作过程，后台空间首次成为媲美舞台表演的关注对象，又如库哈斯在广州歌剧院方案提出观众厅与舞台分离的理念，使观众厅与外部空间产生市民文化广场——堪称观演空间的设计革命，所以观演空间的中心未必总是观众厅，观演本身已成了一种社交活动，激发社交活动的〝事件〞的前厅才是真正的核心。

（四）博物馆空间：个体特殊性与参与互动性

〝建筑物必须利用它独树一帜的时空特性为身处其间的人们触发的纷繁复杂的行为活动创造可能性。〞

——Farshid Moussavi

传统的艺术博物馆空间在万物互联时代面临愈发严峻的时空限制和文化消费群体的问题，如今博物馆也开始摒弃物质的限制，以建筑物和画廊的交互式三维复制品的形式设想它们的虚拟版本，充分发挥观展的即时性和自由度，不少文化机构也着手研发〝无形〞的数字博物馆以基于网络的构架展陈各种由数码产品制造的虚拟藏品，博物馆的虚拟化是为了消弭所有地理和物质阻碍，在网络空间中营造全新的互动体验。例如1999年Asymptote Architecture设计的古根海姆虚拟博物馆就是一个以赖特的古根海姆博物馆为原型的螺旋形动态三维虚拟空间，人们可以通过基于虚拟现实建模语言（VRML）的界面实时探索这座博物馆，保证了特殊性、沉浸感和交互感，它绝不仅是通过数字技术展陈真实的艺术品，而是成为利用数字设备创作、存储和展现网络艺术的场所，是全球所有古根海姆博物馆的数字化枢纽，然而在完全自由的网络空间中建筑的真实尺度、空间的几何关系、物理空间的维度都不复存在，空间不再有主次高低，而是绵延不绝（图4）。

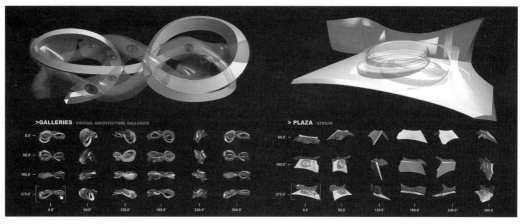

图4　古根海姆虚拟博物馆

三、万物互联时代建筑批评的新观法：后批评时代

〝建筑既可以是知识也可以是行动。他们认为建筑只是媒介的一种，所以建筑无法抵抗，也无法将自身区分于所处语境，这论调其实是在给建筑去势。〞[⑪]

——Michael Hays

万物互联时代的建筑愈发接近海杜克所隐喻的〝假面舞会〞，既是表演者又是观众，既是社会活动引导者也是参与者，既是建筑创作者又是被创造的对象，所以在高速迭代的今天建筑评论更应作为生产新论点的理论工具，再回过头来淘汰旧论点，然而在互联网高度发达的时代一座建筑的落成置于大众公共话语场

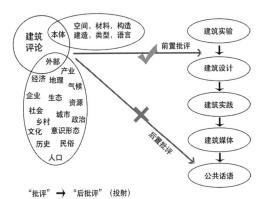

"批评" ——→ "后批评"(投射)

图5 "后批评"示意图

判断之下产生社会影响时，建筑评论显得颇为无力，它无法通过普适美学或理论介入设计去规训建筑的不妥之处，而更多沦为对建成物的不痛不痒的评述，这种建筑批评的观法对现实世界效果甚微。所以我们应提倡从批评向"后批评"转变——"后批评"首次出现是在 Rita Felski 的《批评的局限》中的文学概念，指"不僵化且具感性的方式介入社会现实"，在建筑学中是指"建筑师主体意识在实践场中的投射"，应该在设计之初优先植入一个"论点"，如此设计在前置论点的规训下不易引发公共话语的反弹，这时的建筑评论才具有效性，真正对建筑学产生作用。所以我们要将建筑与日常生活联系起来，而非仅理解它潜藏的宏大叙事，如此才能脱离传统建筑话语的桎梏——使建筑表达万物互联时代的作者身份、地域性、建构文化和时代特征（图5）。

注释：

① Aaron Tobey. Architecture's Everything, The MIT Press Journals, 2017 No.45 开篇引用 Kanye West 的一句"Everything can be architected"，一译作"一切皆为建筑"。

② "街道眼"是简·雅各布斯在《大城市的生与死》中的发明，全书三点重心分别是唤起人们对城市复杂多样生活的热爱、对"街道眼"的发现和反对大规模旧城更新计划。

③ [美]肯尼斯·弗兰姆普敦.建构文化研究——论 19 世纪和 20 世纪建筑中的建造诗学 [M].王骏阳译.北京：中

国建筑工业出版社.2007。

④ 同上。

⑤ 史永高.面向环境调控的建构学及复合建造的轻型建筑之于本议题的典型性 [J].建筑学报，2017（2）。

⑥ 手法主义的主要特点是追求怪异和不寻常的效果，如以变形和不协调的方式表现空间，以夸张细长比例表现人物等。

⑦《新闻周刊》(Newsweek) 杂志文章"明星建筑之死"(Death of Starchitecture) 引用伦敦政治经济学院城市项目系主任 Ricky Burdette 的名言。

⑧ OOO 即 Object-Oriented Ontology，译作"以物为导向的存在论"，一译为"物本论"，奠基人哈曼认为 OOO 是一种"万物理论"，绝不仅是物质的、固定的、无生命的实体。

⑨ 塔夫里说："今日建筑学状况是我们被迫回到纯粹建筑，一个缺乏乌托邦的形式事例，一种最优情况下崇高的无用性，然而除了将建筑学披上意识形态外衣这种故弄玄虚的尝试外，我们始终喜欢那些勇于讨论静默无声、无法实现的纯粹性的人的诚意。"

⑩ Sarah Whiting, Robert Somol. Notes Around the Doppler Effect and Other Moods of Modernism, Perspecta 33, 2005.

⑪ Michael Hays. Objects, Contexts, Canons and Experiments: Four Conversations on Theory and History, 2017.

参考文献：

[1] 于子涵，陈相营.媒体式图书馆的嬗变与登录——兼论天津滨海图书馆 [J].AC 建筑创作，No.204.

[2] 史永高.面向身体与地形的建构学 [J].时代建筑，2012（2）.

[3] 闫超，袁烽.后人文建构：论数字建造中的技术与文化映射 [J].时代建筑，2020（3）：6-11.

[4] 赵思嘉，董屹.从古根海姆虚拟博物馆看未来艺术博物馆建筑 [J].山西建筑，2010.

[5] 周榕.三亭——建构迷思与弱建构、非建构、反建构的诗意建造 [J].时代建筑，2016（3）：34-41.

[6] 林斌.以西雅图中央图书馆为例探析现代图书馆室内空间设计思路 [J].福建建材，2017.

[7] 周榕.库式话语与库式话语共同体 [J].世界建筑，2012（1）：19-21.

图片来源：

图 1：https://wenku.baidu.com/view/c356276abd64783e08122b32.html2

图 2、图 3：图源：Archdaily

图 4：https://www.e-flux.com/architecture/post-internet-cities/140714/learning-from-the-virtual/

图 5：作者自绘

作者：孙志健，东南大学建筑学学士，哥伦比亚大学M.S.AAD硕士在读；韩晓峰，东南大学建筑学院副教授，香港中文大学客座教授

解读由"卢绳日记"引发出的几件史料

——1950年代卢绳先生与颐和园测绘及建筑史教学

梁雪

Interpretation of Several Historical Materials Triggered by Lu Sheng's Diary
——Lu Sheng，Surveying and Mapping of the Summer Palace and the Teaching of Architectural History in the 1950s

■ 摘要：本文通过阅读《卢绳与中国古代建筑研究》一书中收录的卢绳日记、论文摘要等史料，解读和梳理原中国营造学社会员卢绳先生在 20 世纪 50 年代建筑界重新审视传统的背景下，带领天津大学的学生测绘颐和园、联系工匠制作古建筑模型等事件，以及卢先生对古建筑教学、古典园林设计等问题的看法和心得。最后，论及天大教师对中国古典园林研究的延续。
■ 关键词：卢绳　古建筑模型制作　中国古典园林　古建筑教学

Abstract：Through reading Lu Sheng's diary，academic papers and other historical materials，this paper interprets and sorts out Lu Sheng's role in surveying and mapping of Summer Palace and making ancient architectural models for teaching in 1950s，as well as his view and experiences on the teaching of architectural history and how to use the spirit of ancient architectural design. Finally，it discusses the follow-up research results of the teachers in Tianjin University on Chinese classical garden.

Keywords：Lu Sheng，ancient architectural model making. classical Chinese garden，teaching of architectural history

　　卢绳（1918~1977 年），字星野，南京人，1938~1942 年在中央大学建筑工程系学习，毕业后加入李庄中国营造学社任研究助理。其后历任中央大学、北京大学、唐山交通大学、中央美术学院等校的教职，1952 年开始任教于天津大学，直至 1977 年去世。

　　在 20 世纪 80 年代以前，以个人名义出版学术著作不是一件容易的事。现在所能看到的卢先生的主要学术成果包括：参与编写《中国古代建筑史》（建工出版社 1978 年版）和《中国古代建筑技术史》（科学出版社 1985 年版）。还有许多日记、诗稿和一些散论被收入《卢绳与中国古代建筑研究》（知识产权出版社 2007 年版）一书中。

在我读大学的80年代，有关古典园林方面的专著不多，其中有两本涉及北京保存至今的皇家园林，其中一本《清代的御苑撷英》由天津大学和北京园林局共同编著，是一本研究北京皇家园林"园中园"的专著，其中有关"颐和园内谐趣园"的部分注由卢绳执笔。

从书中得知，在20世纪五六十年代，天津大学建筑系的数届学生在卢绳、冯建逵、胡德君等老师的带领下曾经对北海的几个小型园林，以及颐和园的谐趣园等建筑群进行过系统测绘，仅涉及谐趣园的各种尺规测绘图纸就保留有60余张。

一、20世纪50年代，重新审视传统建筑的时代背景

现在许多人，包括从天大建筑学院毕业的同学，都不知道卢绳其人，很有必要介绍一下：

"卢绳是中国近现代建筑史上一位有影响的建筑史学家、建筑教育家。早年求学于中央大学建筑工程系，1942年毕业后即追随梁思成先生、刘敦桢先生，在中国最早的建筑学术团体——中国营造学社学习和研究中国建筑……，成为在中国建筑史现代体系的构筑中起到承前启后作用的关键人物"（图1）。

"1952年新中国大专院校系调整以后，卢绳作为天津大学建筑工程系中国建筑研究的第一人，为高校的建筑史学教育做了大量的工作，不仅开创了建筑学专业师生古建筑测绘实习的先河（图2），更为天津大学建筑学院（系）的诞生和学科建设做出了不可磨灭的贡献。"[①]

建国初期的50年代，国内的工科院校多以当时的苏联教学经验为导向。

1953年，"天大建筑系曾请苏联专家阿谢布柯布给全系师生作'民族形式与社会主义内容'的报告。当时不少教师在指导学生设计时，都以现代建筑形式为主，对中国传统建筑形式很不熟悉，听了这个报告后，都认为应该设计出自己民族形式的新建筑，于是所有建筑设计的教师都去听卢绳讲的'中国建筑'课。卢先生在当时的影响可见一斑。这种时代背景也影响到次年在天大召开的"教学改革"会。

"1954年，教育部曾在天津大学召开全国建筑学专业五年制教学计划修订会议。全国有7个建筑学系主任及代表参加。""会议上深入讨论了苏联教学计划中培养建筑师的教学目标，要求学生通晓建筑历史，掌握建筑理论，加强基本功训练。"

在这次制订的五年级教学计划里包括："三年级测绘实习三周，主要测古建筑，使学生对中国建筑造型与构造有进一步了解和掌握。"[②]

很不幸，在这次有日记可查的、"颐和园实习"后的第四年（即1957年）卢绳先生被划为"右派"，以后的社会动荡严重地影响了他才华的进一步发挥；在"文革"刚刚结束的1977年，正当许多老专家庆幸以后可以安心"治学"并为国家做贡献的时候，卢绳却在同年八月突然去世，身后留下许多未能整理出版的学术论文、诗词和随笔。

现在人们能够看到的《卢绳与中国古建筑研究》是他的家属在他去世30年后整理出来的，近年又有一些新的有关卢绳的史料陆续出版。

在李庄中国营造学社的房间

图1　卢绳先生在李庄中国营造学社的房间

1962年承德测绘合影（中立者为卢绳）

图2　卢绳先生1962年在承德避暑山庄测绘现场

二、为建筑系复制古建筑模型及对建筑史教学的意义

在梁思成等学者着手以现代视角审视中国传统建筑之后，对古建筑中的"斗栱"研究开始作为一把理解中国古代建筑演变的钥匙逐渐引起其他学者的重视。

梁思成先生更是把"斗栱"作为中国建筑特有的"文法"。

"我们的祖先在选择了木料之后逐渐了解木料的特长，创造了骨架结构初步方法——中国系统的'梁架'。在这以后，经验使他们发现了木料性能上的弱点。那就是当水平的梁坊将重量转移到垂直的立柱时，在交接的地方会发生极强的剪力，那里梁就容易折断。于是他们就使用一种缓冲的结构来纠正这种可以避免的危险。我们用许多斗形木块的'斗'和臂形的段木而上，愈上一层的拱就愈长，将上面梁坊托住，把它们的重量一层层地递减地集中到柱子上头。这个梁柱间过渡部分的结构减少了剪力，消除了梁折断的危机。这种斗和拱组合而成的组合物，近代叫'斗栱'。见于古文字中的，如栌、如栾等等，我们虽不能完全指出它们是斗栱初期的哪一种类型，但由描写的专词与句子和古器物上的图画看来，这种结构组合的方法早就大体成立。所以说是一种'文法'。而斗、栱、梁、枋、椽、檩、楹柱、棂窗等，也就是我们主要的'语汇'了。"③

作为早期中国营造学社的成员，卢绳先生受梁先生学术观点的影响应该在情理之中。在他所写的笔记《中国古代工程技术》一文中列有"斗栱的演变"一节，对宋代斗栱和清代斗栱在"用材制度"上的作用有清晰的论述（图3）。④

过去，学建筑的学生能亲自到颐和园、北海等皇家园林里参观的机会并不像今天这样容易，能够上手测量这种清式经典建筑的机会更是少之又少。从民国时期的"营造学社"时起，请老工匠制作古建筑模型或建筑构件就成为学者们了解古代建筑的有效手段和途径，1949年以后这种用古建模型进行教学的方法曾在一些高校的建筑系里试行。

现在天津大学建筑系馆的二层展厅中还保留着几组20世纪五六十年代制作的、木质的古建模型（图4）。

在笔者写作《颐和园中的设计与测绘故事》一书时曾翻看天大教授、古建筑学家卢绳先生写于1953年的一组日记⑤，了解到当年卢先生带领学生在颐和园参观、测绘以及筹划请北京工匠制作这批模型的一些往事，也算是理清了这些古建筑模型的"制作过往"，算是给这几件"古董"找到一些"历史出处"。

下面摘录几组卢先生的日记⑥：

"29/7 晨五时即起，赴东华门乘清华校车出城，六时三刻抵清华访吴良镛，见国骏、承藻、鸿宾、文澜等。近八时，同学皆至，陪同学参观清华初步、美术课成绩及设备。由宋泊、胡允敬、吴良镛等向同学讲话。

"九时许离清华，赴颐和园，上午许参观谐趣园，及玉澜堂、乐寿堂、颐乐殿等处建筑。见到伟钰、承藻亦来，午间在长廊吃饭。下午参观排云殿，即分组收集资料。时天已大雨，至四时放晴。一组收集石作，二组收集金属雕刻，三组外研装修，四组内檐装修，都有些成绩。四时半，稍候同学齐集，进交大小坐，六时十分，乘校车返西直门。在交大时打电话给故宫，告知明日准来。

"入城后晚饭毕返寓。刘敏来访，估计斗栱每攒需25工，料60至100板尺（每尺一万元，红松），工资在京四万，至津约需五万也。稍坐即辞去。九时许天津方面来十余人听报告，谈至十一时许寝。"

在随后的几天里，为了请这位木工去天津制作古建模型，卢绳先生与他又见了一次，估计是谈妥了做斗栱模型的工料与劳务费；然后是安排助手去清华等处商量借用那里已经有的木模型样本，又考虑请别的工匠绘制"古建彩画"教具，可见后来天大保存下来的古建模型之不易。

"3/8 ……六时返城，天又雨，回寓后又电话刘敏来谈，仍望其去津制模型，考虑后向任兴华联系。云尧又来，知徐公（指系主任徐中）未归，候余返津后再商量决定，十时半寝。"

"4/8 早起在寓备一函致莫宗江，托任兴华

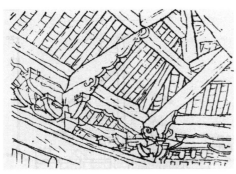

图3　卢绳先生所绘斗栱插图

图4　保留在天津大学建筑学院的"清式斗栱模型"

往清华时借清式斗栱四攒仿做；另备一函致文整会，亦借模型交兴华，并留下刘敏地址电话。早餐后，上文整会访马林老，知其只有辽元斗栱，并无清式者。又往北城发掘的元代木棺（漕运使署）。同刘醒民谈彩画事，以其太忙，只请画元明式彩画各一，每张价七二工（每工三万），连料共四十余万。找李良媛还书款。出来至北海看中国画展览。归午饭，下午下雨，在寓休息，任兴华借来清华初步及中国建筑史大纲。晚六时，余至政协文化俱乐部，梁、林、莫、赵诸公已先在。"

实际上，在天大建筑系的基础教育中，斗栱或西洋柱式都是教育建筑系初学者了解建筑尺度与细部的主要元素。在 90 年代大学一年级的教改之前，笔者就曾以"斗栱"为主题做过单色水墨渲染的范图，指导一年级学生的初步设计，这一作业在建筑系实行了许多年（图 5）。

有趣的是，导师彭一刚教授在 20 世纪 80 年代设计现在的天大建筑系馆时，把这东西方两种"建筑元素"都组合在系馆的建筑群中，并成为了解天大建筑系馆的一种实体构件。按彭老师的设计构想，这些元素（包括建筑系入口上方馆徽）"都是借助于符号化的语言来强化建筑物的个性。"⑥

在《卢绳与中国古建筑研究》一书中第一部分即谈及"中国古代建筑史学习中的几个问题"，收录了卢先生对中国古代建筑史教学的一些观点⑦：

1. 中国古代建筑史的学习目的

了解中国建筑的发展概况，并初步认识，吸收精华，帮助建筑创作。

2. 中国古代建筑史的学习方法

讲解建筑活动的概况，分析、讨论并总结创作经验。参观实物、看照片、放幻灯，通过描绘形象巩固学习，以为创作借鉴。

图 5　笔者为本科生教学所绘"斗栱单色水墨渲染"（范图）

3. 中国古代建筑的特征及创作方法

表现封建社会的阶级意识及统治思想。中国古代建筑发展慢，但木结构有一定的历史价值。

中国建筑在组织庭院、园林造型艺术、结构技术（木、砖、石）上的特征。

创作方法

（1）高度创造性（标准化、装配性、组合及造型的变化，砖石建筑借鉴于木构）。

（2）在结构与造型上，适用于美观统一的创作方法（造型、雕刻、轮廓加工、纹样、油漆加工及色彩）。

（3）建筑组合表达不同的气氛，解决礼仪上的种种适用问题。

4. 中国古代建筑的发展概况（略）

在天大建筑系（学院）一直延续着古建筑测绘的传统。这项教学实践不仅可以帮助同学理解古建筑构件等相关知识，也为社会做出了一定的贡献。对园林甲方来说，园林和建筑测绘是十分重要的档案资料，为以后制订园林景区的保护规划和实施古建复原打下了坚实的基础。

1957 年毕业、后来留校任教的荆其敏教授曾这样评价卢绳教授的建筑史教学：

"卢绳先生教授建筑历史并不是单纯地教授建筑历史，而是教你建筑设计中怎么运用中国建筑历史的财富，这个是最难的，这样的老师后来已经很少了，他把中国建筑史和建筑设计结合得非常好。我们现代建筑设计中最大的问题就是中国手法的断线，大家参考的资料都是西方的，做的设计都是西方的，中国的传统反而没有了，这是因为建筑历史教学脱离了设计，而卢先生在这一点上做得非常好。他不仅教授我们建筑史，还担任设计课（老师），非常认真地帮同学改图，是非常难得的老师。"⑧

三、对颐和园等古典园林的测绘及天大对中国古典园林研究的延续

从目前能找到的呈"碎片化"的学术成果看，卢绳先生对古典园林的研究主要集中在对承德避暑山庄和对北京皇家园林的研究⑨。如在 1956~1957 年，卢先生在《文物参考资料》上连续发表了《承德避暑山庄》《承德外八庙建筑》《北京故宫乾隆花园》等论文。而对颐和园的测绘和研究应该是贯穿了卢先生的研究生涯的。

除了《清代御苑撷英》中涉及颐和园谐趣园的相关文字与测绘图，在《卢绳与中国古建筑研究》一书中还可以找到卢先生论述园林的一篇论文提纲，题目为《清代苑囿概说》⑩，其中有几处涉及颐和园的谐趣园以及他对古典园林研究的一些心得：

1. 在苑囿建筑的特点中提及园林设计的题材,其中以谐趣园为例加以说明"建筑的朝向正直，

这是气候及形式使然，受轴线的约束，如颐和园内谐趣园的'饮绿''洗秋'以斜廊相接的缺点"。（笔者注，此处疑为笔误，实际上连接两个建筑的连廊并不是斜廊）。

2. 在苑囿建筑设计分析提纲下，有几处涉及颐和园和谐趣园。

园林叠石：

2.1 土石相间的叠法——用于较大土山，如北海白塔山、颐和园万寿山。于山腰用青石，以变黄土之色。

2.2 堆石不露土法——用于峰峦崖岫及依池馆舍，如谐趣园寻诗径、北海镜清斋、枕峦亭、濠濮间东山。

2.3 单块湖石，如颐和园乐寿堂青芝岫、朗润园青莲朵、长春园青云片（今在中山公园）。

园林用水：布置零星小型水面——以出奇趣，或环以建筑，如谐趣园。避暑山庄以洲、岛、堤、径分隔水面，亦有此意。

比较可惜的是，这部《清代苑囿概说》并未完成和出版。

天大建筑系的胡德君老师、彭一刚老师曾在他们求学的唐山交通大学受教于卢绳先生，并在以后的教学之余从事中国古典园林的研究，其研究成果曾在学界产生一定的影响。

在我求学的80年代，系里的胡德君老师曾经给研究生开过一门有关园林设计的专业理论课《园林建筑设计》，主要讲授园林建筑设计的方法和技巧，课上通过列举和分析大量古典园林案例来使学生了解，如何从古典园林建筑和现代园林建筑中吸取营养。其中，当讲到园林布局和空间组合形式一节时，特意提及颐和园里的几组建筑。

2000年胡老师出版了他写作的《学造园——设计教学120例》[11]。书中结合他给天大研究生开设的"造园设计教学"，从理论上阐明了学习园林建筑设计对培养未来高素质建筑师的作用，在深入分析中国古代自然风致式造园意匠的同时，介绍了造园的设计方法和技巧（图6）。

导师彭一刚先生则在1986年出版《中国古典园林分析》一书[12]，是从建筑师的角度来看待古典园林中的设计手法，也是目前国内学术界有关中国古典园林形态分析的代表作。在彭先生的这本书中也有许多分析实例取自于颐和园（图7）。

天大师生对颐和园的测绘历史可以追溯到20世纪50年代和70年代，当时曾经对园内的部分区域和单体建筑进行测绘，如前山区的杨仁风、画中游，后山区的谐趣园等；千禧年以后，从2005年开始天大师生又对颐和园内的大量古建筑进行详细测绘，并以计算机绘图提交测绘成果。

2005年以后，笔者曾参加2006年、2011年及2013年的三次测绘，并已完成和出版两本有关颐和园的随笔集，即2015年由北京三联书店出版的《颐和园测绘笔记》[13]和2019年由辽宁科技出版社出版的《颐和园中的设计与测绘故事》[14]。第一本书侧重于颐和园园林史的研究与古建测绘的过程记录，第二本书侧重于从现场体验与形态分析的角度研究颐和园的一些建筑组群，试图延续天津大学对古建筑测绘和研究相结合的传统（图8、图9）。

因为写作这两本书，我曾翻阅大量有关颐和园的建园史以及天大对颐和园的测绘资料。其中包括早年出版的《清代御苑撷英》和近年出版的《卢绳与中国古建筑研究》等，进一步加深了对老一辈学者的了解和敬意。

四、结语

由于特定的历史原因，在卢绳先生生前，他的许多学术成果还属于没有来得及整理的状态。此篇论文即想通过目前保留下来的卢绳先生的日

图6 胡德君先生著《学造园——设计教学120例》书影

图7 彭一刚先生著《中国古典园林分析》书影

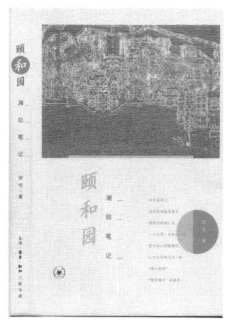

图8 笔者著《颐和园测绘笔记》书影　　　　　　图9 笔者著《颐和园中的设计与测绘故事》书影

记和笔记去寻找和还原卢绳先生对中国建筑史教学、中国古典园林研究以及对天大建筑教育的贡献。

2018年3月，天津大学建筑学院曾举办"卢绳先生百年诞辰"纪念活动和座谈会。会议期间，很高兴看到多年未见的、特意从加拿大赶回国内的卢绳先生的小女儿卢俄。

卢俄与我夫人在20世纪八九十年代同在天津大学图书馆技术部工作，当年两家多有走动。我也是在这期间多次听到卢俄讲起他父亲的往事。后来，了解卢绳先生往事的另一个渠道是我学习书画的老师王学仲先生，在卢先生生前他们是多年的好友，在卢、王所著的诗文集中还可以找到当年他俩互相唱和的诗文。当然，这些内容并没有包括在这篇论文中。

我于1980年来天津大学求学时，卢先生已经去世，但当时在系里任教的胡德君老师、彭一刚老师都是指导过我的老师，从他们身上依然可以感受老一辈学人的治学风范。

佛经上说：若不阐释源流当成不信之因。本质上，大学教育或学术研究实际是一个需要不断传承的过程。谨以此文向中国营造学社的先生们致敬！

注释：

① 卢绳著，《卢绳与中国古建筑研究》，知识产权出版社，2007年8月第一版，P3.
② 周祖奭，"天大建筑系发展简史"，收入宋昆主编《天大建筑学院院史》，天津大学出版社，2008年1月第一版，P7.
③ 梁思成著，林洙编，《大拙至美——梁思成最美的文字建筑》，中国青年出版社，2007年11月北京第一版，P89.
④ 卢绳著，《卢绳与中国古建筑研究》，知识产权出版社，2007年8月第一版，P6.
⑤ 这组日记的小标题为《北京"参观测绘实习团"日记（1953年）》，共收录日记23篇，引文中仅选取3篇日记。卢绳著《卢绳与中国古建筑研究》，知识产权出版社，2007年8月第一版，P324-325.
⑥ 彭一刚著，《创意与表现》，黑龙江科学技术出版社，1994年9月第一版，P61.
⑦ 卢绳著，《卢绳与中国古建筑研究》，知识产权出版社，2007年8月第一版，P2.
⑧ 卢绳著，《卢绳与中国古建筑研究》，知识产权出版社，2007年8月第一版，P377.
⑨ 天津大学建筑学院建筑历史与理论研究所主编，《天津大学古建筑测绘历程》，天津大学出版社，2017年10月第一版，P6.
⑩ 卢绳著，《卢绳与中国古建筑研究》，知识产权出版社，2007年8月第一版，P42-45.
⑪ 胡德君著，《学造园——设计教学120例》，天津大学出版社，2000年10月第一版.
⑫ 彭一刚著，《中国古典园林分析》，中国建筑工业出版社，1986年12月第一版.
⑬ 梁雪著，《颐和园测绘笔记》，生活·读书·新知三联书店，2015年2月第一版.
⑭ 梁雪著，《颐和园中的设计与测绘故事》，辽宁科技出版社，2019年2月第一版.

图片来源：

图1、图2：选自卢绳先生百年诞辰纪念材料
图3：选自《卢绳与中国古代建筑研究》
图4～图9：作者自拍

作者：梁雪，天津大学建筑学院教授，博士生导师